JN176570

最新
コンクリート工学

第6版

小林 一輔・武若 耕司 共著

CONCRETE ENGINEERING

森北出版株式会社

●本書のサポート情報を当社Webサイトに掲載する場合があります.
下記のURLにアクセスし,サポートの案内をご覧ください.

https://www.morikita.co.jp/support/

●本書の内容に関するご質問は,森北出版 出版部「(書名を明記)」係宛に書面にて,もしくは下記のe-mailアドレスまでお願いします.なお,電話でのご質問には応じかねますので,あらかじめご了承ください.

editor@morikita.co.jp

●本書により得られた情報の使用から生じるいかなる損害についても,当社および本書の著者は責任を負わないものとします.

■本書に記載している製品名,商標および登録商標は,各権利者に帰属します.

■本書を無断で複写複製(電子化を含む)することは,著作権法上での例外を除き,禁じられています.複写される場合は,そのつど事前に(一社)出版者著作権管理機構(電話03-5244-5088,FAX03-5244-5089,e-mail:info@jcopy.or.jp)の許諾を得てください.また本書を代行業者等の第三者に依頼してスキャンやデジタル化することは,たとえ個人や家庭内での利用であっても一切認められておりません.

第6版のまえがき

約2年前，森北出版の編集者の方から，土木学会や建築学会でのコンクリート関連指針などの規格改訂に合わせた本書の改訂を相談された．本書の著者である小林一輔先生は，私が大学院修士・博士課程に在籍していた5年間にわたってご指導いただいた恩師である．しかし，わが国のコンクリート工学界を牽引された著名な先生方の御一人である小林先生の著書に手を入れるということで，躊躇があった．

本書の初版が出版されたのは，今から40年近く前の1976年であり，その後，4回の改訂を経て，最後の改訂となった第5版は2002年に出版されている．このため，今回の改訂は13年ぶりとなる．そこで，改めて本書を精読した．そして感じたことは，先生が生前常々口にされていた「コンパクトな記述の中で如何に適切に事象を表現するか」ということを改めて体現できる平易な文章が綴られており，しかし，内容は豊富で読みごたえがあるということであった．また，初版の序文の中では，本著に対して「大学や高専などの学生のための教科書としてまとめたもの」と記述されているが，その内容は，設計や施工の現場において生じるであろうコンクリート工学上の問題の本質を端的に理解できるものとなっており，第一線で活躍している土木技術者にとってもバイブルであると感じた．

小林先生は，2009年9月に80歳でご逝去されたが，それまでの本書の改訂がほぼ5年ごとであったことを考えると，先生は，お亡くなりになる前にはすでに本書の次回改訂を検討されていたのではないかということも，第5版を読んで思った．そして，コンクリートをより良いものにしていきたいという先生の思いを引き継ぎ，後世に伝えていくことも，教え子としての重要な役割であるとの考えにいたり，著作権継承者である小林妙子様の了承を得たうえで，本書の改訂に携わることにした．

なお，前回の改訂から今回までの間には，既存構造物の劣化と維持管理にかかわる問題，耐震偽装の問題，東日本大震災の津波被害とその対応策に関連した問題など，社会資本としてのコンクリート構造物の信頼性を揺るがすような大きな問題が立て続けに起こった．本改訂は，小林先生の意志を尊重するため，大幅な構成の変更は行っていない．そのため，これらの難題・課題に対して直接の対応策を提案するものではないが，第5版出版以降の規格改訂内容を踏まえて，新たな知見を加筆したものである．

今後，安全・安心なコンクリート構造物を構築していくうえでの参考書の1つとして，本書を講義や実務などで活用していただければ幸いである．

最後になったが，本改訂にあたって大変お世話になった森北出版の加藤義之氏と二宮惇氏に厚く御礼申し上げる．

2015年9月

武若耕司

まえがき

本書は主として大学の学部，高専ならびにこれらに相当する学校におけるコンクリート工学の教科書としてまとめたものである．

本書はその方法如何により，週1時限の授業を1年間で終了するようなコースに使用することもできるし，6か月で終了するようなコースに用いることも可能である．

本書においてとくに留意した点は下記の通りである．

① できる限り箇条書きを採用し，必要以上に詳細にわたる記述は極力これを避けた．
② 最近のコンクリート工学の進歩に照らし，必要と考えられる事項は項目のみでも可能な限りかかげるようにした．
③ 土木学会コンクリート標準示方書の最新版ならびに日本工業規格の最も新しい動きに準拠した．とくに前者に関しては，その関連する主要部分はおおむね本書にとり入れた．
④ 教科書としての立場から，極力客観的な記述を心掛けた．
⑤ 繊維補強コンクリートやレジンコンクリートなどの新しい複合系コンクリートについてもその概要を記述した．

本書を執筆するに当たっては多くの文献を参考にした．引用させて頂いた著者の方々に心から御礼申し上げる．なお，全般にわたって参考にさせて頂いた単行書は下記の通りである．

- 土木学会：コンクリート標準示方書および解説
- 樋口芳朗・村田二郎・小林春夫：コンクリート工学（Ⅰ）施工（彰国社）
- 丸安隆和・水野俊一：コンクリート工学（コロナ社）
- 近藤泰夫・坂静雄：コンクリート工学ハンドブック（朝倉書店）

なお，本書は紙数の都合で，日本工業規格に規定されている各種の試験方法の詳細については記述を省略してある．したがって，授業に際しては土木学会コンクリート標準示方書（本文とともに規格・基準類を集録したもの）と併用されることを希望する．

著者の手落ちのために，誤りや不備な点があると思われるがご寛恕とご教示をお願いする次第である．

最後に本書の出版に当たり大変なお世話になった森北出版の方々，とくに太田三郎氏に深甚の謝意を表する．

1976年2月

著者（小林一輔）

目　次

第1章　総　論

1.1　定　義

広義のコンクリートとは，骨材をセメントペースト，アスファルトまたは合成樹脂などの結合材によって固めたものの総称であるが，一般にコンクリートといえば，セメントを結合材としたセメントコンクリートを指す．

コンクリートに関する主な用語について，土木学会コンクリート標準示方書に定められている定義を以下に示す．

- **コンクリート**（concrete）：セメント，水，細骨材，粗骨材および必要に応じて加える混和材を構成材料とし，これらを練混ぜその他の方法によって混合したもの，または硬化させたものである．
- **モルタル**（mortar）：セメント，水，細骨材，および必要に応じて加える混和材を構成材料とし，これらを練混ぜその他の方法によって混合したもの，または硬化させたものである．
- **セメントペースト**（cement paste）：セメント，水および必要に応じて加える混和材を構成材料とし，これらを練混ぜその他の方法によって混合したもの，または硬化させたものである．
- **無筋コンクリート**（unreinforced concrete）：鋼材で補強しないコンクリートである．ただし，コンクリートの収縮ひび割れその他に対する用心のためだけに鋼材を用いたものは無筋コンクリートとする．
- **鉄筋コンクリート**（reinforced concrete）：鉄筋で補強されたコンクリートである．
- **プレストレストコンクリート**（prestressed concrete）：PC 鋼材などによってプレストレスが与えられているコンクリート，広義には鉄筋コンクリートの一種である．
- **プレキャストコンクリート**（precast concrete）：工場または現場の製造設備により，あらかじめ製造されたコンクリート製品または部材である．
- **フレッシュコンクリート，フレッシュモルタル，フレッシュペースト**（fresh concrete, fresh mortar, fresh paste）：それぞれ，まだ固まらない状態にあるコンクリート，まだ固まらない状態にあるモルタル，まだ固まらない状態にあるペーストをいう．
- **レディーミクストコンクリート**：整備されたコンクリート製造設備をもつ工場から，荷卸し地点における品質を指示して購入することができるフレッシュコンクリートである．

- **マスコンクリート**：部材あるいは構造物の寸法が大きく，セメントの水和熱による温度の上昇の影響を考慮して設計・施工しなければならないコンクリートあるいはコンクリート構造物である．

1.2　セメントコンクリートの歴史

表 1.1　セメントコンクリートの歴史

年	できごと
1759年	イギリスの土木技師 J.Smeaton が水硬性石灰を用いてエディーストン灯台を再建
1796年	イギリスの J.Perker によるローマンセメントの発見
1824年	イギリスの J.Aspdin によるポルトランドセメントの発明
1829年	ロンドンのテームズ河底トンネル工事にポルトランドセメント使用
1844年	I.C.Johnson によるポルトランドセメントの改良
1855年	フランスの J.L.Lambot が鉄筋コンクリート製ボートを第1回パリ万国博に出品
1867年	フランスの J.Monier が鉄網をモルタルで包んだ植木鉢で，鉄筋コンクリートの特許取得
1873年	東京の深川清澄町に大蔵省土木寮建設局摂綿篤（セメント）製造所を創設
1875年	わが国におけるポルトランドセメントの市販開始
1882年	北陸線，旧長浜駅舎（無筋コンクリート）の建設
1882年	ドイツのセメント工場で高炉セメント（高炉スラグ 30%）開発
1892年	横浜築港における方塊コンクリートのひび割れ発生事件
1897年	小樽港北防波堤コンクリート工事の開始
1900年	わが国最初のコンクリートダム，神戸市の上水道用布引ダム（重力式，高さ 33.3 m）
1903年	琵琶湖疎水運河，山科日岡トンネル東口にわが国最初の鉄筋コンクリート単げた橋（メラン式，7.45 m）
1904年	わが国最初の鉄筋コンクリート鉄道橋となる島田川橋梁（アーチ橋）が，山陰線米子－安来間に建設
1907年	オーストリアの Spindel が早強ポルトランドセメントの製造
1909年	わが国最初の鉄筋コンクリート製道路橋となる広瀬橋が，仙台市に建設
1910年	神戸港において，港湾構造物としてはじめての鉄筋コンクリート製ケーソン防波堤の建設
1913年	八幡製鉄所で高炉セメントの市販開始
1914年	本格的なコンクリートミキサーの国産化
1915年	房総線，鋸山トンネルの覆工を現場打ちコンクリートで施工
1918年	アメリカの D.A.Abrams が水セメント比説を発表
1920年	わが国最初の鉄筋コンクリート T 型ばり鉄道橋（9.14 m@16 連）である房総線山生橋梁完成
1921年	アメリカの A.N.Talbot がセメント空隙説を発表
1927年	浅草－上野間に地下鉄開通
1928年	フランスの E.Freyssnet がプレストレストコンクリートを開発
1929年	浅野セメントが早強ポルトランドセメント（ベロセメント）の市販
1929年	日本建築学会が「コンクリート及び鉄筋コンクリート標準仕様書」制定

表 1.1　セメントコンクリートの歴史（つづき）

年	できごと
1931 年	土木学会が「鉄筋コンクリート標準示方書」制定
1931 年	国産計量装置（ウォーセクリーター：一種の計量器，セメントペーストをつくりミキサーに投入する装置）による材料重量計量で，お茶の水－両国間高架橋工事
1932 年	ノルウェーの I.Lyse がセメント水比説を発表
1934 年	浅野セメント，中庸熱ポルトランドセメントの市販
1934 年	ドイツ，アウトバーン計画開始（1942 年までに 3859 km）
1935 年	アメリカ，フーバーダム（アーチ形重力式，高さ 221 m，貯水量 367 億 t）完成
1938 年	アメリカ，ニューヨーク州道路舗装に AE コンクリートの使用
1943 年	水豊ダム（鴨緑江，重力式，高さ 106 m，堤頂長 900 m）完成
1949 年	レディーミクストコンクリートの市販開始（東京コンクリート業平橋工場）
1950 年	平岡ダム（重力式，高さ 58 m）に AE コンクリート使用
1950 年	コンクリートポンプの国産実用機開発
1951 年	わが国最初のプレストレストコンクリートであるプレテンション形式の長生橋の完成
1953 年	JIS A 5308「レディーミクストコンクリート」制定
1955 年	わが国最初の大アーチダム，上椎葉ダムの完成
1956 年	わが国最初の 150 m 級大ダム，佐久間ダム（重力式）完成
1963 年	黒部第 4 発電所，黒部ダム（アーチ式，高さ 86 m）完成
1965 年	三井金属，人工軽量骨材（メサライト）の市販
1973 年	日本鋼管，鋼繊維（テスサ）を市販
1975 年	花王石鹸，高性能減水剤（マイテー）を市販
1976 年	島地川ダム，RCD 工法による施工
1983 年	日本海沿岸の道路橋における塩害の顕在化
1983 年	関西においてアルカリ骨材反応による早期劣化が顕在化
1983 年	土木・建築両学会より「流動化コンクリートの施工指針」の制定
1984 年	NHK テレビ番組特集『コンクリートクライシス』の放映．コンクリート構造物の早期劣化が社会問題化
1986 年	建設省（現国土交通省）より，「コンクリート中の塩化物総量規制規準」および「アルカリ骨材反応暫定対策」の通達
1988 年	青函トンネル供用開始
1988 年	本州四国連絡橋，児島－坂出ルート供用開始
1989 年	東京大学において自己充てん性コンクリートの開発
1995 年	阪神淡路大震災で阪神高速道路神戸線の東灘高架橋倒壊（アルカリ骨材反応による劣化），山陽新幹線新大阪－新神戸間の高架橋倒壊（施工不良が表面化）
1997 年	東京湾横断道路（アクアライン）供用開始
1998 年	本州四国連絡橋，明石海峡大橋完成
1999 年	山陽新幹線福岡トンネル覆工のコンクリート片が落下，新幹線車両を直撃（コールドジョイント問題），高架橋床版からもコンクリート片落下相次ぐ（海砂中の塩分による鉄筋腐食）
2001 年	土木学会コンクリート標準示方書の新たな編として「維持管理編」を制定
2002 年	エコセメントの JIS の制定
2003 年	アルカリ骨材反応劣化にともなう鉄筋破断の問題の顕在化
2003 年	国土交通省が「道路構造物の今後の管理・更新等のあり方に関する提言」を提示

表 1.1　セメントコンクリートの歴史（つづき）

年	できごと
2005年	耐震偽装問題が社会問題化
2005年	「公共工事の品質確保の促進に関する法律」の制定
2008年	世界規模の金融危機（リーマン・ショック）の影響による日本経済の大幅な景気後退のため．公共工事の必要性が問われる
2009年	「コンクリートから人へ」のフレーズが誕生
2011年	東北地方太平洋沖地震とその後に発生した津波により，広範囲の構造物が倒壊し，1万8千人を超える人命が損失．また，津波により原子力発電所の原子炉炉心の溶解（メルトダウン）が発生．世界最大規模の原子力事故に発展
2012年	笹子トンネルコンクリート製天井板の落下事故が発生し，点検などの維持管理のずさんさが表面化
2012年	土木学会コンクリート標準示方書の新たな編として「基本原則編」を制定
2012年	制振システムとして鉄筋コンクリート製心柱を用いた世界一高い自立式電波塔である東京スカイツリーが竣工

1.3　セメントコンクリートの構成

コンクリートは，その体積の70〜75%を占める骨材とセメント硬化体および数%の粗大空隙からなっている（図1.1，1.2）．セメント硬化体を形成している主な固相は，ケイ酸カルシウム水和物（C-S-H）という微細な結晶と水酸化カルシウムである．これらの間隙には，毛管孔隙などの微細な空隙が存在し（図1.3），これらの大部分は水で満たされている．以上のセメント硬化体を構成する各相は水和反応の進行にともなってその体積が変化する．ケイ酸カルシウム水和物などの固相は増加し，毛管孔隙など微細空隙は減少する．この結果，セメント硬化体は次第に緻密な組織になり，コンクリートの強度や耐久性は次第に増大する．

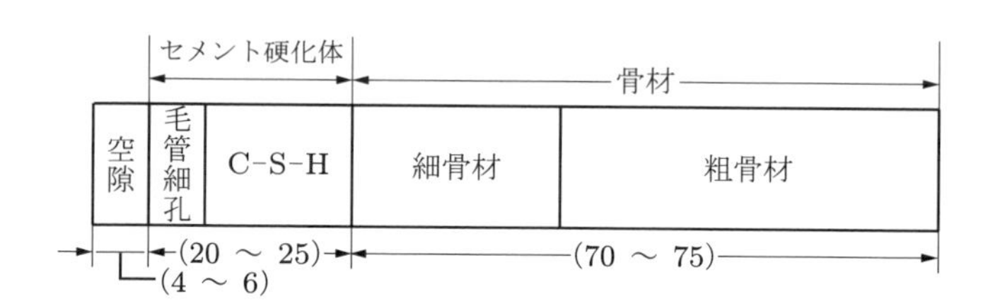

図 1.1　硬化コンクリートの構成

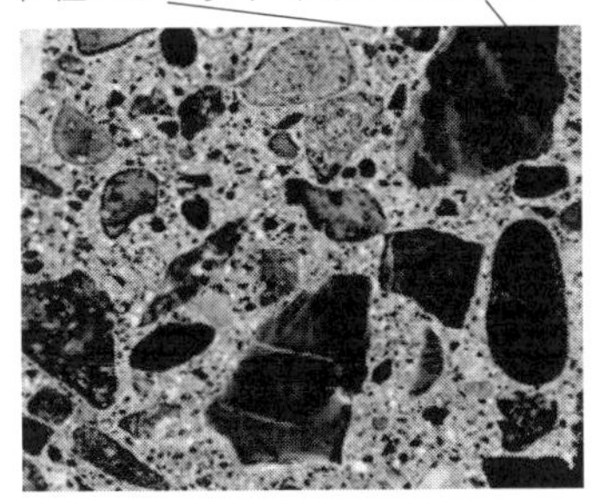

図 1.2　コンクリートの切断面

図 1.3　セメント硬化体のケイ酸カルシウム水和物（C-S-H ゲル）の例

1.4　コンクリートの特性

コンクリートの長所・短所をまとめると以下のようになる．

① 長所

- 形状および寸法に制限なく，自由な形状の部材や構造物をつくることができる．
- 材料の入手が容易である．
- 任意の強度のものができる．
- 安価である．
- 耐久性，耐火性，遮音性が優れている．
- 圧縮強度が大きい．
- 大断面で安定性を必要とする構造物または大きい曲げモーメントに抵抗するような剛性の高い構造物を経済的につくることができる．

② 短所

- 引張強度が小さい．
- 重量が大きい（重力ダムや港湾構造物などでは長所となる）．
- ひび割れを生じやすい．
- 強度の発現に時間を要する（施工日数が長い）．
- 完成後に鉄筋配筋状況，コンクリート品質など検査ができない．
- 現場施工で生産精度や品質の確保が難しい（施工が粗雑になりやすい）．
- 改造，取壊しが困難．

1.5　コンクリート構造物に期待される役割

今日の文明社会は，都市，道路，鉄道，港湾構造物，河川構造物，エネルギー施設などの社会基盤施設のうえに成り立っている．さらにまた，道路を例にとっても，その中には，橋梁，トンネル，土を盛った道，あるいは山を切り開いてできた道などの多数の構造物からなっており，これらが全体として交通と流通を支えている．このような状況の中で，コンクリートは，鋼，あるいは土構造とならんで，これらの構造物を構成する代表的な材料である．すなわち，今日の重要な社会基盤施設の多くは，コンクリートなしでは成立し得ず，コンクリート構造物は，社会基盤の中でなくてはならないものとなっている．

1.2節で示したように，コンクリートが現代のように，大量に，大規模に，工業的に社会基盤の建設に用いられるようになったのは19世紀末からである．これは，産業革命以降，人間の生産活動，経済活動の規模が飛躍的に拡大し，それを支える生産，流通の基盤施設が必要となったことと，セメントや鉄鋼が工場生産されるようになったことによる．また，20世紀に入ると，コンクリートと鋼材を組み合わせた複合構造である鉄筋コンクリート，プレストレストコンクリートが実用化されたことにより，コンクリート単体では不可能であった長スパンの構造物，耐震性のある構造物が可能となったことも，コンクリート構造物の用途拡大に大きく寄与した．

わが国においては，19世紀後半の開国による急速な近代化にともなう社会基盤の整備に始まり，第2次世界大戦後の復興と高度成長，さらには，現在にいたるまで幾度となく繰り返される巨大地震や津波，風水害などの人間社会の脅威となる大規模な自然災害の克服とそれらからの復興において，コンクリート構造物が果たしてきた役割は極めて大きい．

1.6　コンクリート構造物の要求性能と設計耐用期間

コンクリート構造物を建設するためには，あらかじめ構造物の要求性能を明確にしたうえで構造物を設計し，施工を行うことが必要となる．さらに，供用中の構造物では，要求性能が確実に担保されていることを維持管理によって確認し，もし，劣化などによって要求性能が確保されていない状況が生じていることが確認された場合には，補修あるいは補強などを適切に行い，要求性能を回復させなければならない．

構造物の形状，用途，設置環境などの違いによって，要求性能の詳細は自ずと異なるが，一般には，経済性，施工性，維持管理のしやすさ，景観などを構造物構築の前提条件としたうえで，「安全性」，「耐久性」，「使用性」，「復旧性」，「環境性」が，コンクリート構造物の要求性能として求められることが多い．ここで，これらの性能の定義は，以下のとおりである．

- **安全性**：想定されるすべての作用のもとで，構造物の使用者やその周辺の人々の生命や財産を脅かさない性能
- **耐久性**：想定される作用のもとで，構造物中の材料の劣化により生じる性能の経時

的な低下に対して構造物が有する抵抗性

- **使用性**：想定される作用のもとで，構造物の使用者や周辺の人々が快適に構造物を使用することができるための性能，および構造物に要求される水密性，透水性，防音性，防湿性などの性能
- **復旧性**：地震の影響などの偶発作用によって低下した構造物の性能を回復させ，継続的な使用を可能とする性能
- **環境性**：地球環境，地域環境，作業環境，景観に対する適合性を示す性能

また，通常，構造物は，それが供用されている間はこれらの要求性能を満足しておく必要がある．したがって，コンクリート構造物を設計する際に設定する耐用期間，すなわち，設計耐用期間は，一般には，供用を予定している期間（これを「予定供用期間」と称す）より長く設定して設計および施工が行われることで，構造物の健全性を確保する．

一般には，コンクリート構造物が適切な基準などをもとに設計，施工された場合には，設計耐用期間中に劣化が顕在化し，構造物の要求性能に大きな影響を及ぼすことはあまり考えられない．しかし，過酷な劣化環境下に建設される構造物に対して，設計耐用期間を予定供用期間よりも長く設定しようとすると，過度の対策を行う必要が生じ，著しくコストが上がり，必ずしも経済的であるとはいえない状況もある．そのような場合には，構造物の予定供用期間中に特定の部材の更新や補修・補強を行うことを前提とした維持管理計画を設定することで，構造物全体としては経済的かつ予定供用期間を確保できるようにすることも可能となる．

なお，設計段階で構造物の性能評価のために用いた劣化作用に関する予測値が，維持管理段階において得られた実測値と相違することにより，構造物の耐用期間の見直しが必要となる場合もある．その場合には，図 1.4 に示す「性能ケース②」のように，現状の構造物の耐用期間を見直すとともに，必要に応じて，予定供用期間を確保するための補修あるいは補強計画を立案し，耐用期間の延長を図ることが必要となる．

1.7　コンクリート構造物の性能確保のための作業の流れ

信頼性のあるコンクリート構造物とは，社会基盤施設としての役割・用途に応じた様々な機能を所要の供用期間にわたって十分に発揮し，またその機能が長期にわたって維持できるものでなければならない．図 1.5 は，信頼されるコンクリート構造物を構築し，維持していくための作業の流れを示したものである．

コンクリート構造物の建設にあたっては，その計画において定められた方針に基づき，設計および施工の各段階で所定の性能を確保するための作業を進めていくとともに，供用開始後は，適切な維持管理を行ってその性能を常に維持していく作業を行わ

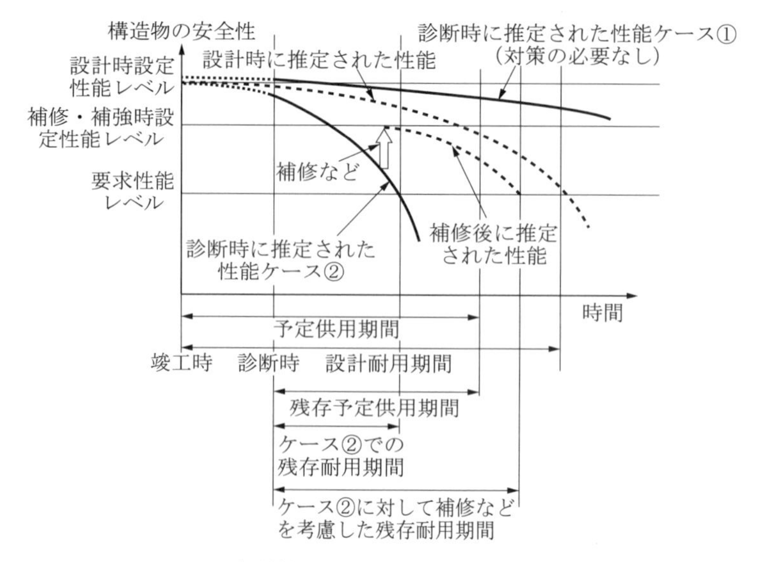

図 1.4　維持管理段階における耐用期間の見直し

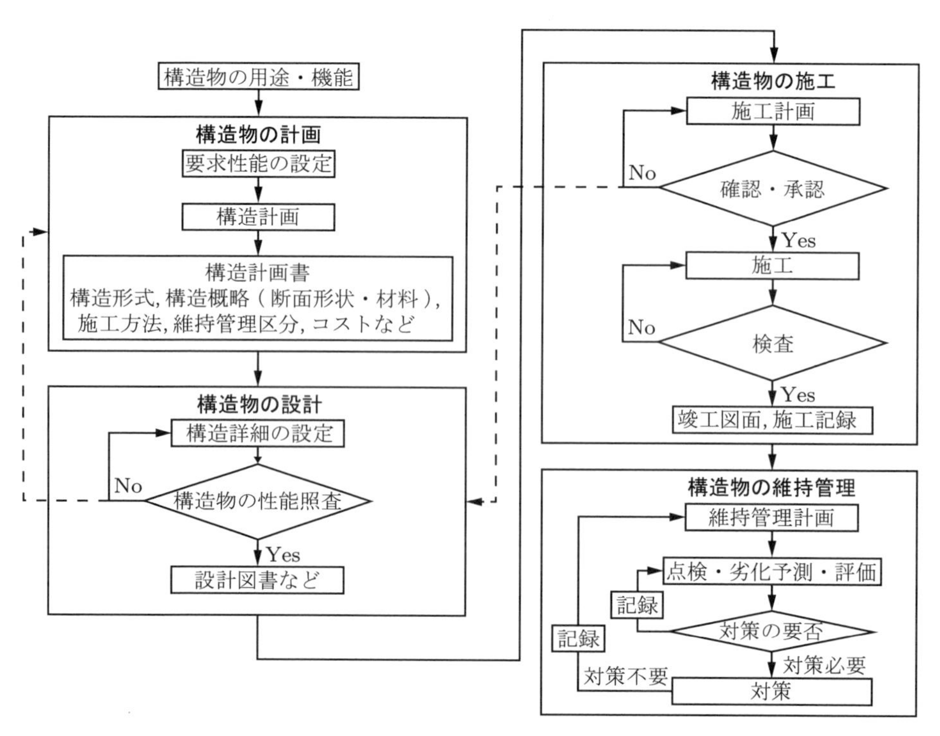

図 1.5　コンクリート構造物の構築および維持管理の作業の流れ

なければならない．また，これらの一連の作業では，各段階で得られた情報を次の段階に確実に伝達し，連係して作業を進めていくことが重要である． さらに，各段階での作業を円滑かつ手戻りなく進めるためには，各段階の作業にかかわる技術者の責任の所在を明確にするとともに，その責任に相応する権限が与えられた技術者を適切に配置する必要がある．

以下には，各段階の作業の概要を示す．

① コンクリート構造物の構造計画：構造物の建設に際しては，まず，国土計画や都市計画などの計画，立地条件などの調査の結果ならびに，法令・設計基準などに基づいて設定された配置計画や構造物の要求性能などを考慮して，構造種別および構造形式が決定される．これにより構造形式としてコンクリート構造が選定されると，そこから，コンクリート構造物の構造計画の策定が開始されることになる．構造計画の策定では，まず，構造物の使用目的，機能，用途，重要度に応じてコンクリート構造物の要求性能を設定し，その要求性能を満たすように，使用材料，施工方法，維持管理区分，環境性，経済性などの要因を考慮して構造計画を立案し，構造形式や主要な断面形状などの構造概略が決定される．

② コンクリート構造物の設計：コンクリート構造物の設計段階では，構造計画書で策定された方針ならびに項目に基づいて構造物の諸元を決定し，設計照査を行う．ここで，設計照査とは，設計条件，設計内容，使用する材料などの条件を明確にしたうえで，設計した構造物の性能を確認する行為のことである．設計照査によって構造物に要求される性能が確保されていることが確認されてはじめて，設計図などの設計図書が確定する．

③ コンクリート構造物の施工：コンクリート構造物の施工段階では，まず，設計図書に記載された設計条件やそのほかの設計段階での検討内容などを反映した施工計画を策定する．施工の作業は，策定された施工計画に基づいて実施され，施工請負者が行う品質管理と発注者側が行う検査により品質を確保させる．一般に，信頼性の高い工法を採用すれば，品質管理や検査にかける労力を少なくすることができる． なお，施工記録や竣工時に行う検査の記録には，構造物の供用中に行われる維持管理の作業が効率的に行えるように，施工状況に関する情報をまとめて記載しておくことも必要である．

④ コンクリート構造物の維持管理：コンクリート構造物が供用された後の構造物の維持管理段階へは，構造計画，設計，施工の各段階から図 1.6 に示すような図書が引き継がれる．維持管理段階では，まず，これらの図書に基づき，供用期間中の構造物の性能を確保し，安全を保証するための維持管理計画を策定することが必要となる．そのうえで，定期的な点検を実施して，異常を見つけた場合には，そ

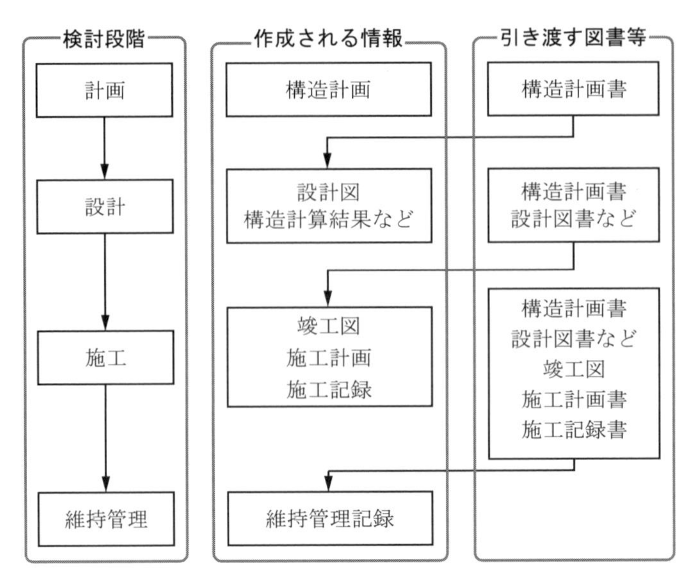

図 1.6　各作業段階で作成される情報と引き渡す図書

の原因を推定し，また，この異常によって要求性能が満足されなくなると判断された場合には，必要に応じて補修や補強などの対策をとることになる．

1.8　コンクリート構造物の構築における技術者の役割

信頼性のあるコンクリート構造物を実現するためには，コンクリート構造物の計画，設計，施工，維持管理の各段階に携わる技術者が，それぞれの立場に応じた役割と責任をきちんと果たしていくことも重要である．技術者には，上級技術者のように土木構造物に関する広範で高度な知識と豊富な実務経験を有する者と，コンクリート専門技術者やコンクリート技術者などのように，主に実務面での専門的な技術的判断能力を有する者に分かれる．

これらの技術者は，以下のように定義される．

- **上級土木技術者**　土木構造物に関する広範で高度な知識と豊富な実務経験を有する土木技術者である．上級技術者の能力は，公的認定機関の資格により保証される必要がある．たとえば，土木学会認定の特別上級土木技術者および上級土木技術者，または，国が認定する技術士資格などを有する者がこれに相当する．
- **コンクリート専門技術者**　コンクリート構造物に関する広範で高度な知識と豊富な実務経験を有し，その計画，設計，施工，維持管理において適切な技術的判断ができる技術者である．工事の規模，重要度，業務の内容などに応じ，土木学会資格では1級土木技術者，国，公的機関の資格では，技術士，1級土木施工管理技士，コンクリート主任技士，コンクリート技士，コンクリート診断士，プレストレストコンクリート技士，コンクリート構造診断士のほか，各種基幹技能者またはこれらと同等以上の技術力を有する者とする．

- **コンクリート技術者**　コンクリート構造物に関する基礎知識を有し，その計画，設計，施工ならびに維持管理に携わる技術者である．コンクリート技術者に必要な資格としては，土木学会認定2級土木技術者またはこれと同等の技術力を有する者とする．

また，コンクリート構造物に限らず，土木構造物の計画，設計，施工，維持管理の各段階の契約において，それぞれの段階における実務上の判断と責任を有している責任技術者と呼ばれる技術者が，各業務の発注機関側，請負者側，ならびに設計業務の場合には設計業務確認者，また，工事の場合には工事監理者の中にそれぞれ配置される．

コンクリート構造物の計画，設計，施工，維持管理に携わる責任技術者は，計画，設計，施工，維持管理の各段階において長期的かつ広い視野をもち，高度にして総合的な判断能力を有していなければならない．このような技術的能力を有する技術者は原則として上級技術者が相当し，土木学会認定の特別上級土木技術者や上級土木技術者，またはこれと同等以上の技術力を有する有資格者が，業務の規模や判断レベルの難易度に応じて配置されることになる．

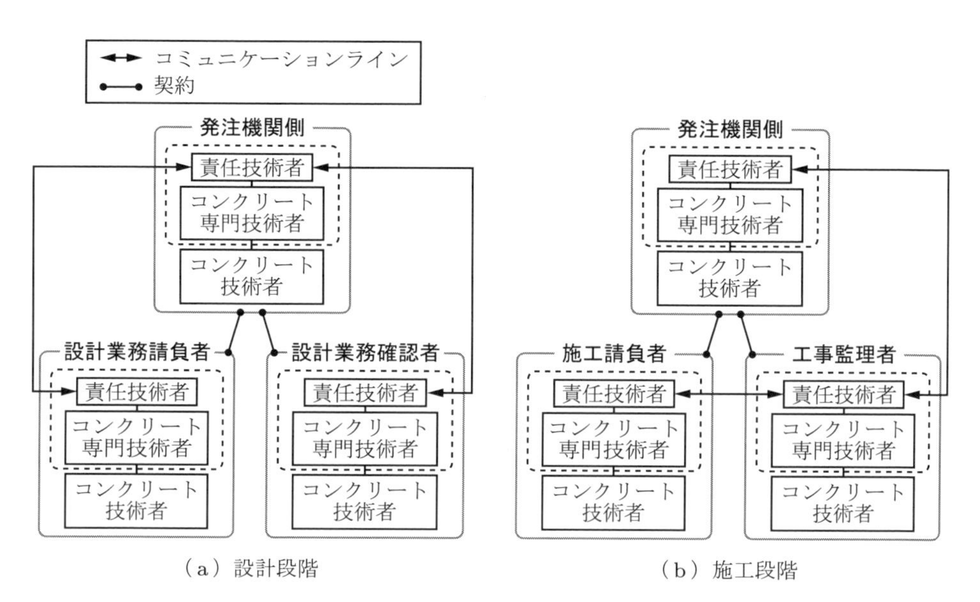

図 1.7　コンクリート構造物の設計および施工段階における標準的な組織関係と配置技術者の連携

一例として，設計段階および施工段階における技術者配置の概要を図 1.7 に示す．

1.9　コンクリート構造物の構築における環境への配慮

社会基盤整備は，人々の安全・安心を実現するとともに，わが国の社会および経済において極めて高い価値を創造するものであるが，一方で，様々な環境に影響を及ぼすこともまた事実である．特に，コンクリートは主要な建設材料であり，しかも多量に使用されることから，環境に対するコンクリート分野の社会的責任は重く，常に環境に配慮しながら，コンクリート構造物の計画，設計，施工，維持管理に従事する必要がある．

すなわち，今後のコンクリート構造物の建設にあたっては，社会および経済に環境を加えた「3 側面」を要素とする人間活動の持続可能性（サステナビリティ）を念頭においた整備を進めていくことが重要である．さらに，コンクリートに関連する研究技術開発やその展開における環境への積極的な取り組みを，社会基盤の利用者であり出資者でもある市民にわかりやすく説明するためにも，コンクリート構造物の環境性に配慮する共通の枠組みを構築することは重要である．

土木学会コンクリート標準示方書では，コンクリート構造物の計画，設計，施工，維持管理において配慮するべき環境を，地球環境，地域環境，作業環境，景観の 4 つに分類し，それぞれの環境を検討する意義，影響要因，検討の基本的な考え方を表 1.2 のようにまとめている．コンクリート構造物の環境性が要求性能の 1 つとして設定された場合は，設計耐用期間にわたり，要求される耐久性，安全性，使用性，復旧性，施工性，維持管理の容易さに加え，社会的状況や経済性などを考慮したうえで，環境負荷を低減して環境便益を高めるように，コンクリート構造物の計画，設計，施工，維持管理の各段階において環境性について配慮することが必要となる．また，その際には，環境性を構造物のライフサイクルで検討することが重要である．たとえば，建設時の性能を高めることで初期の環境負荷が増大してしまう場合でも，これによって維持管理における環境負荷を抑制できれば，ライフサイクル全体における環境負荷が削減できるような状況もあるためである．

このようなことから，コンクリート構造物の基本方針が検討される計画段階では，環境性の検討項目の中に高耐久化などによる効果も考慮に入れながら，温室効果ガスの低減，省資源・省エネルギー，低公害などについて，可能な範囲で目標を設定した構造計画を策定することが重要となる．

設計段階では，ある程度の仮定のもとに環境性を検討できるが，この段階での検討にあたって重要なことは，確定している条件と仮定している条件を明確に区別しておくことである．これに対して，施工段階では，選定した項目に関して客観的に妥当

表 1.2　環境区分とコンクリート構造物における検討段階の関係

環境区分	検討する意義	要　因	検討段階	検討方法
地球環境	地球環境を維持・保全し，地球における人類の健全で永続的な存在を担保する.	・温室効果ガス ・資源消費 ・エネルギー消費　など	・計画 ・設計 ・施工 ・維持管理	構造物のライフサイクルを通して，できる限り温室効果ガスの排出量，資源消費量，エネルギー消費量を抑制する. 要求される数値が，契約上定められているか，社会が合意した数値があれば，その遵守を義務づける.
地域環境	地球環境を維持・保全し，地域社会における住民の健全で快適な生活を担保する. 生物多様性の観点から，生育する動植物の保全を図り，種の保存を担保する.	・大気汚染物質 ・水質汚濁物質 ・土壌汚染物質 ・廃棄物 ・リサイクル ・副産物の利用 ・生物多様性など	・計画 ・設計 ・施工 ・維持管理	環境基準，排出基準を遵守基準として，工事環境を適合させる. 解体廃棄物に関しては，建設リサイクル法の遵守を義務づける. 動植物の種が保存される措置をとることを義務づける.
作業環境	工事環境を維持・保全し，工事従事者が健全で快適に作業できる環境を担保する.	・騒音 ・振動 ・粉塵 ・ばい塵　など	・施工 ・維持管理	環境基準，排出基準を遵守基準として，工事環境を適合させる. 労働安全衛生規則を遵守基準として，作業環境を適合させる.
景観	自然景観を阻害することがないようにする.	・景観 ・美観　など	・計画 ・維持管理	周辺の自然環境との調和を図る.

性のある方法で検討できる．その際，計画段階で目標値などが設定されていない場合は，設計段階での検討内容をもとに施工計画の中で環境負荷低減のための目標値を設定して施工を実施するのがよい．

維持管理段階では，すでに構造物は存在していることから，客観的かつ妥当性のある方法により環境性を検討できる．なお，構造物の維持管理は長期にわたるため，その間に，ほかの要求性能を満足したうえで，より経済的に環境負荷を低減して環境便益を高める技術が開発されている可能性がある．このような変化に柔軟に対応できる維持管理体制を構築しておくことが重要となる．

1.10　コンクリートに関する規準，規格と学協会

1.10.1　示方書（仕様書），指針

- 土木学会：コンクリート標準示方書，各種設計施工指針など
- 日本建築学会：建築工事標準仕様書（JASS 5 鉄筋コンクリート工事）など
- 日本コンクリート工学会：海洋コンクリート構造物の防食指針，コンクリートのひび割れ調査・補修指針など

- 日本道路協会：道路橋示方書，セメントコンクリート舗装要綱など

1.10.2　規格，法律

- 日本工業規格（JIS）：セメントコンクリートに関連する数多くの規格が制定されている．
- 土木学会，日本コンクリート工学会，日本建築学会などの学会や，農林水産省，厚生労働省などで定めている規格，法律

1.10.3　学協会

- 土木学会，日本建築学会
- 日本コンクリート工学会（コンクリートに関する専門学会）
- プレストレストコンクリート技術協会
- セメント協会
- 日本材料学会

演習問題

1.1 コンクリートとモルタルの違いを明確に述べよ．

1.2 フレッシュコンクリートとレディーミクストコンクリートについて説明せよ．

1.3 コンクリートの長所と短所を述べよ．

1.4 コンクリート構造物に基本的な要求性能としては，「安全性」，「耐久性」，「使用性」，「復旧性」，「環境性」が求められる．これらの性能それぞれについて，概要を説明せよ．

1.5 信頼性のあるコンクリート構造物とはどのような構造物のことかを説明せよ．また，信頼されるコンクリート構造物を構築し，維持していくために考えなければならないことを示せ．

1.6 コンクリート専門技術者の役割について示せ．

1.7 環境性がコンクリート構造物の要求性能の1つと設定された場合に，考慮しなければならない点を示せ．

第2章　材　料

2.1　セメント

2.1.1　セメントの種類

土木建築工事用のセメントは，次に示すポルトランドセメント6種，混合セメント3種，エコセメント2種が日本工業規格（JIS）に規定されている．

① ポルトランドセメント（JIS R 5210）
- 普通ポルトランドセメント
- 早強ポルトランドセメント
- 超早強ポルトランドセメント
- 中庸熱ポルトランドセメント
- 低熱ポルトランドセメント
- 耐硫酸塩ポルトランドセメント

② 高炉セメント［A種・B種・C種］（JIS R 5211）
③ シリカセメント［A種・B種・C種］（JIS R 5212）
④ フライアッシュセメント［A種・B種・C種］（JIS R 5213）
⑤ エコセメント［普通・速硬］（JIS R 5214）

なお，特殊な目的に対しては以下のようなセメントが用いられる．

① ごく短期間における強度発現を目的としたもの：超速硬セメント（ジェットセメント），アルミナセメント
② 耐食性を目的としたもの：耐酸セメント
③ 装飾を目的としたもの：白色ポルトランドセメント，カラーセメント
④ 岩盤などの注入や油井掘削用を目的としたもの：超微粒子セメント

2.1.2　ポルトランドセメントの製造

(1) 概　要　CaO，SiO_2，Al_2O_3，Fe_2O_3 を含む原料を所定の割合で混合・粉砕したあとに，半溶融状態（1400〜1450℃）になるまで加熱して原料を反応させ，焼塊（クリンカー）をつくる．これを冷却したあと，緩結剤として石こう（$CaSO_4 \cdot 2H_2O$）を3%程度加えて微粉砕したものがポルトランドセメントである．なお，普通ポルトランドセメントの場合，総量の5%以内であれば，高炉スラグ，フライアッシュ，石

灰石粉をそれぞれ単独または組み合わせて混合することができる．

(2) 原　料　石灰岩（主成分は$CaCO_3$）と粘土質原料（粘土，頁岩，粘板岩，ロームなどである．場合によっては高炉スラグ，石炭灰も使用される．主成分はSiO_2とAl_2O_3で少量のFe_2O_3を含む）のほか，粘土質原料中のSiO_2が不足する場合にはケイ石が，Fe_2O_3が不足する場合には鉄滓などが用いられる．原料の調合比を定めるために各種の比率や係数が定められているが，最も一般的なものは水硬率（hydraulic modulus）H.M.である．

$$\text{水硬率 H.M.} = \frac{CaO}{SiO_2 + Al_2O_3 + Fe_2O_3}$$

ポルトランドセメントの水硬率は，2.0〜2.3の範囲にある．ポルトランドセメントを1tつくるのに必要な原料の大体の量は，石灰岩1.2t，粘土0.3t，酸化鉄0.03t，これに，ケイ石を適量加え，合計約1.5tである（焼成によりCO_2，水分，有機物などが失われ，1tのセメントとなる）．なお，Fe_2O_3は原料の融点を下げるために使用される．

(3) 製造方法　原料処理工程の相違によって乾式法と湿式法に大別されるが，わが国のセメントのほとんどは図2.1に示すようなサスペンションプレヒーター付きキルン（SPキルン）による乾式法によって製造されている．

まず，乾燥させた原料を所定の割合に調合して粉砕し，均一に混合したのちサスペンションプレヒーター（予熱装置）に供給する．ここではロータリーキルン（回転窯）の排ガスと熱交換され，800℃近くまで予熱される．

その結果，粘土の脱水分解が行われるとともに，原料中の$CaCO_3$の大部分は，$CaCO_3 \rightarrow CaO + CO_2$の反応によって，その体積が約1/2に減る．原料はロータリーキルンの上部から装入され，下端からは微粉炭などの燃料をバーナーで吹き込んで燃焼させる．

その結果，装入された原料はキルンの回転とともに次第に移動して1450℃前後まで加熱され，半溶融状態になるまで焼き締められてクリンカー（図2.2）となる．クリンカーを急冷したのちに石こうを加えて微粉砕したものが，ポルトランドセメントである．

現在は，サスペンションプレヒーターを構成する熱交換機（サイクロン）の最下段に気流焼成炉を設けて，SPキルン方式の予熱機能を高めたNSP方式による製造が大勢を占めている．

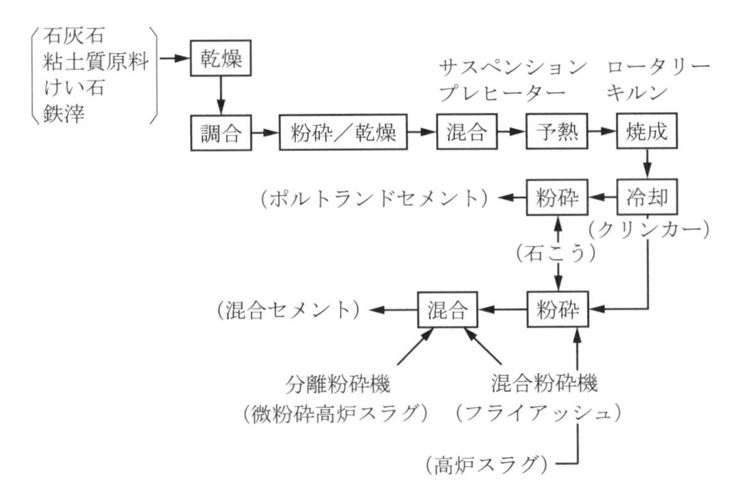

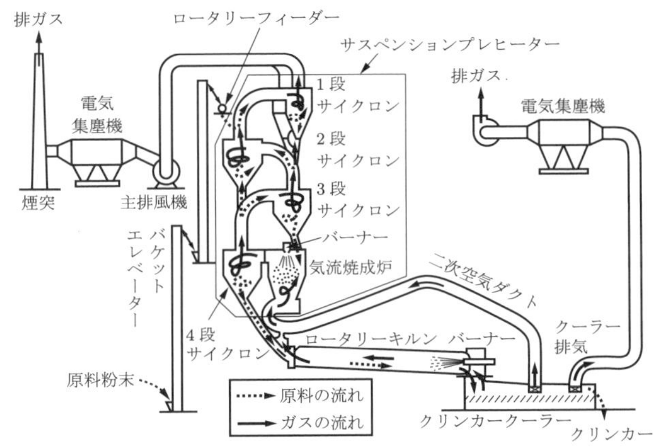

図 **2.1**　NSP 方式によるセメントの製造工程

図 **2.2**　セメントクリンカー

2.1.3　ポルトランドセメントの化学成分・化合物

表 2.1 はポルトランドセメントの化学成分の一例を示したものである．これらの成分の割合はセメントの性質に大きい影響を及ぼすので，セメント製造の際は厳重に管理されている．しかし，実際のセメント中では表 2.1 のような各成分がそのままの状態で存在するのではなく，原料中のこれらの成分が灼熱中に結合して多種の化合物を形成している．主要な化合物は次の 4 種であって，これらの化合物はそれぞれ表 2.2 に示すような特性をもっている．

ケイ酸三石灰　$3CaO \cdot SiO_2 (C_3S)$

ケイ酸二石灰　$2CaO \cdot SiO_2 (C_2S)$

アルミン酸三石灰　$3CaO \cdot Al_2O_3 (C_3A)$

鉄アルミン酸四石灰　$4CaO \cdot Al_2O_3 \cdot Fe_2O_3 (C_4AF)$

表 2.1　ポルトランドセメントの主成分［セメント協会資料］

種別＼化学成分	CaO	SiO_2	Al_2O_3	Fe_2O_3	SO_3
普通ポルトランドセメント	63〜65	20〜23	3.8〜5.8	2.5〜3.6	1.5〜2.3
早強ポルトランドセメント	64〜66	20〜22	4.0〜5.2	2.3〜3.3	2.5〜3.3

表 2.2　セメント化合物の特性

	早期強度	長期強度	発熱量	乾燥収縮	化学抵抗性
C_3S	大（3〜28 日の強度発現を支配する）	中	中	中	中
C_2S	小	大（28 日の強度発現を支配する）	小	小	大
C_3A	大（1 日の強度発現を支配する）	小	大	大	小
C_4AF	小	小	小	小	中

すなわち，C_3S はセメントの早期における強度発現を支配し，C_2S は長期強度の発現に寄与する（図 2.3）

C_3A の存在は 1 日以内の早強性に貢献するが，発熱量が多くなり乾燥収縮も大きくなる．したがって，セメントの種類によってこれらの含有比率を変化させ，それぞれ目的とする性質を発揮させるようにしてある（表 2.3）．

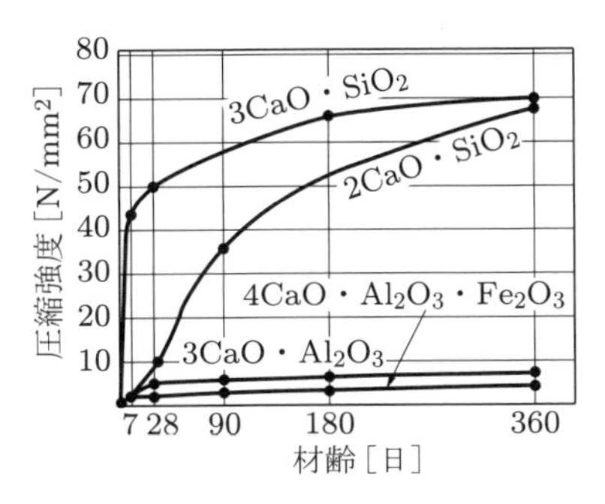

図 **2.3** クリンカー化合物の強度現特性

表 **2.3** 各種ポルトランドセメントの化合物組成の一例
[セメント協会資料による]

種　別	C_3S	C_2S	C_3A	C_4AF
普通ポルトランドセメント	50	26	9	9
中庸熱ポルトランドセメント	48	30	5	11
低熱ポルトランドセメント	27	58	2	8
早強ポルトランドセメント	67	9	8	8
白色ポルトランドセメント	51	28	12	1
耐硫酸塩ポルトランドセメント	57	23	2	13

2.1.4 ポルトランドセメントの水和

セメントに水が作用して凝結・硬化を生じるような反応を総称して水和反応（hydration）という．セメントに水が接すると，セメントを構成する各化合物の水和反応は次のような形で並列的に進行し，それぞれ水和物を生成する．

$$C_3S + H_2O \searrow$$
$$xCaO \cdot ySiO_2 \cdot zH_2O^* + Ca(OH)_2$$
$$C_2S + H_2O \nearrow \quad \text{(C–S–H)} \quad \rightarrow \quad \text{(水酸化カルシウム)}$$

$$C_3A + H_2O \rightarrow \left\{ \begin{array}{l} 4CaO \cdot Al_2O_3 \cdot 13H_2O \\ 2CaO \cdot Al_2O_3 \cdot 8H_2O \end{array} \right\} \rightarrow 3CaO \cdot Al_2O_3 \cdot 6H_2O + CaSO_4 \cdot 2H_2O$$
$$\downarrow$$
$$3CaO \cdot Al_2O_3 \cdot 3CaSO_4 \cdot 31 \sim 33H_2O \text{(エトリンガイト)}$$
$$\downarrow$$
$$3CaO \cdot Al_2O_3 \cdot CaSO_4 \cdot 12H_2O \text{(モノサルフェート)}$$
$$\uparrow$$
$$C_4AF + H_2O \rightarrow 4CaO(Al, Fe)_2O_3 \cdot xH_2O \rightarrow 3CaO(Al, Fe)_2O_3 \cdot 6H_2O + CaSO_4 \cdot 2H_2O$$

C_3S と C_2S は水和により C–S–H という記号によって総称されるケイ酸カルシウム水和物と水酸化カルシウムを生成する．C–S–H は種々の組成比をもち，大きさが 0.1〜1.5 μm 程度の微細な結晶であって，セメント硬化体の骨格となる重要な水和生成物である．水酸化カルシウムは C_3S と C_2S による水和物の約 1/3 を占める六角板状の結晶で，その大きさは 10〜100 μm 程度である．C_3A は各化合物中で最も急速に水と反応して C_4AH_{13} などの水和物を生成し，石こうが存在しない場合にはセメントの急結現象を引き起こす．

しかし，石こう（$CaSO_4 \cdot 2H_2O$）が存在すると，C_3A の表面にエトリンガイトと呼ばれる針状の結晶からなる薄層を形成し，C_3A の水和を抑制する．セメントの水

---

* $x/y = 1.2 \sim 2.0$, $y/z \fallingdotseq 1.5$

和は長期にわたって進行する．水和の過程をセメント粒子について追跡すると，表層部分から内部に向かって進行し，生成する水和物の体積は約2倍になる．このような水和過程によって粒子間の空隙（毛管孔隙）が，C–S–Hによって充てんされ，硬化が進行する（図2.4）．

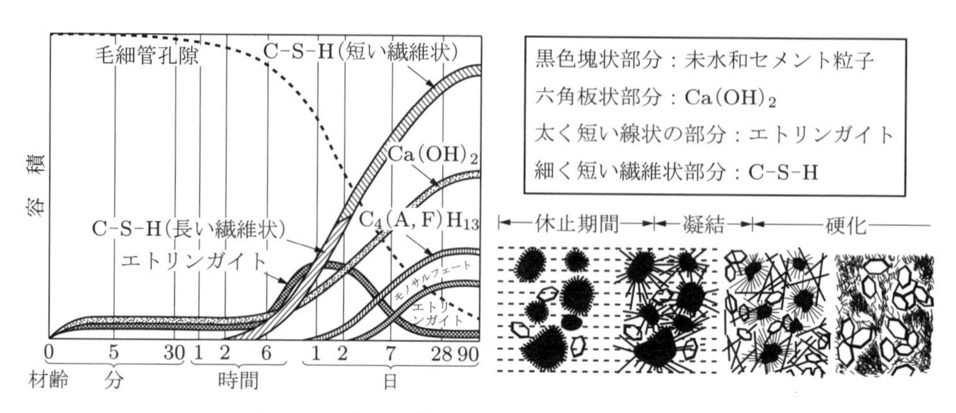

図 2.4　水和の進行とセメント硬化組織の形成

2.1.5　ポルトランドセメントの風化

セメントは，貯蔵中に空気にふれると水分を吸収し，軽微な水和反応を起こして $Ca(OH)_2$ を生じるが，これはさらに炭酸ガスを吸収して $CaCO_3$ を生成する．これを風化という．

$$Ca(OH)_2 + CO_2 \quad \rightarrow \quad CaCO_3 + H_2O$$

セメントが風化すると強熱減量が増加し，密度を減じ，凝結が遅延するほか，強度低下をきたす（表2.4）．軽微の風化を受けたセメントでは外観上の変化はほとんど見受けられないが，かなり風化が進行すると固形物を生じるようになる．

表 2.4　セメントの風化試験結果（一例）

貯蔵期間 [月]	強熱減量 [%]	凝結		強さ指数（新鮮なセメントを100とした場合）					
				曲げ強さ			圧縮強さ		
		始発（時-分）	終結（時-分）	3日	7日	28日	3日	7日	28日
0	1.03	1-32	2-43	100	100	100	100	100	100
3	2.23	2-10	3-30	87	81	77	81	75	63
6	3.39	2-22	3-41	76	73	67	75	67	56
10	4.47	2-50	4-57	61	68	66	62	63	55
12	5.27	3-43	6-01	51	54	56	60	52	43

2.1.6 セメントの品質とその試験

セメントの品質は，一般に密度，粉末度，凝結安定性，強さなどの物理的性質と化学分析結果によって判定することができる．表 2.5 に，JIS R 5210，5211，5213 に規定されているポルトランドセメント，高炉セメントおよびフライアッシュセメントの品質規格を示す．表 2.6 は，これらのセメントの物理試験および水和熱試験結果を，表 2.7 は化学分析結果を示したものである．セメントの品質は製造工場によって，ある程度の差がある．

(1) 密　度　ポルトランドセメントの密度は，一般に SiO_2 および Fe_2O_3 が多いものほど大きく，混合セメントでは混合材の量が多くなるほど小さくなる．セメントの密度は，コンクリートの配合設計の際の絶対容積の計算に必要である．密度の試験は鉱油を用いて置換法によって行う．

(2) 粉末度　ポルトランドセメントでは，一般に早強性のものほど粉末度が高い．セメントの粉末度は，これを用いたコンクリートの強度，乾燥収縮，耐久性などに影響を与える．粉末度の試験は普通，ブレーン方法（一定の空隙をもつように締固められた一定体積のセメント試料の空気透過度から粉末度を求める方法）によって行い，比表面積で表す．比表面積とは，セメント粒子を球と仮定したときのセメント 1 g 中の全粒子の表面積の和を cm^2 で表したもので，実際の比表面積ではない．

(3) 凝　結　セメントに水を加えて練混ぜてからある時間が経過すると，水和反応によって次第に流動性を失い固化することを凝結といい，その時間の判定方法は，JIS R 5201「セメントの物理試験方法」に規定されている．JIS では，凝結時間として始発（initial set）と終結（final set）を規定している．始発はコンクリートの施工可能な限界の時間の目安を与えるもので，早強タイプのセメントを除き，60 分以上と規定されている．終結はすべてのセメントについて 10 時間以内と規定されているが，始発のような工学的な意味はあまりない．

セメントによっては練混ぜたのち静置すると間もなく（注水後 5～10 分）軽い“こわばり”を生じ，一時的に凝結したようになるが，ふたたびやわらかくなり，以後は正常な凝結を示す現象がある．これを偽凝結（false set）という．偽凝結の原因は主としてセメントの粉砕の際に生じる石こうの脱水によるものであるが，セメント中のアルカリ分が多いときにも生じる．

表 2.5　各種セメントの品質規定

セメントの種類		化学成分 [%]					C_3S [%]	C_2S [%]	C_3A [%]	水和熱 [J/g]		比表面積 [cm^2/g]	凝　結		安定性		圧縮強さ [N/mm^2]				
		強熱減量	三酸化硫黄	酸化マグネシウム	全アルカリ †	塩化物イオン				7日	28日		始発 [分]	終結 [時]	パット法	ルシャテリエ法 [mm]	1日	3日	7日	28日	91日
ポルトランドセメント（JIS R 5210）	普通	3.0以下	3.0以下	5.0以下	0.75以下	0.02以下	–	–	–	–	–	2500以上	60以上	10以下	良	10以下	–	12.5以上	22.5以上	42.5以上	–
	早強	3.0以下	3.5以下	5.0以下	0.75以下	0.02以下	–	–	–	–	–	3300以上	45以上	10以下	良	10以下	10.0以上	20.0以上	32.5以上	47.5以上	–
	超早強	3.0以下	4.5以下	5.0以下	0.75以下	0.02以下	–	–	–	–	–	4000以上	45以上	10以下	良	10以下	20.0以上	30.0以上	40.0以上	50.0以上	–
	中庸熱	3.0以下	3.0以下	5.0以下	0.75以下	0.02以下	50以下	–	8以下	290以下	340以下	2500以上	60以上	10以下	良	10以下	–	7.5以上	15.0以上	32.5以上	–
	低熱	3.0以下	3.5以下	5.0以下	0.75以下	0.02以下	–	40以下	6以下	250以下	290以下	2500以上	60以上	10以下	良	10以下	–	–	7.5以上	22.5以上	42.5以上
	耐硫酸塩	3.0以下	3.0以下	5.0以下	0.75以下	0.02以下	–	–	4以下	–	–	2500以上	60以上	10以下	良	10以下	–	10.0以上	20.0以上	40.0以上	–
高炉セメント（JIS R 5211）	A種	3.0以下	3.5以下	5.0以下	–	–	–	–	–	–	–	3000以上	60以上	10以下	良	10以下	–	12.5以上	22.5以上	42.5以上	–
	B種	3.0以下	4.0以下	6.0以下	–	–	–	–	–	–	–	3000以上	60以上	10以下	良	10以下	–	10.0以上	17.5以上	42.5以上	–
	C種	3.0以下	4.5以下	6.0以下	–	–	–	–	–	–	–	3300以上	60以上	10以下	良	10以下	–	7.5以上	15.0以上	40.0以上	–
フライアッシュセメント（JIS R 5213）	A種	3.0以下	3.0以下	5.0以下	–	–	–	–	–	–	–	2500以上	60以上	10以下	良	10以下	–	12.5以上	22.5以上	42.5以上	–
	B種	–	3.0以下	5.0以下	–	–	–	–	–	–	–	2500以上	60以上	10以下	良	10以下	–	10.0以上	17.5以上	37.5以上	–
	C種	–	3.0以下	5.0以下	–	–	–	–	–	–	–	2500以上	60以上	10以下	良	10以下	–	7.5以上	15.0以上	32.5以上	–

† 全アルカリ [%] = Na_2O[%] + 0.658K_2O[%]

表 2.6 各種セメントの物理試験結果 (JIS R 5201) および水和熱試験結果 (JIS R 5203)

セメントの種類		密度 [g/cm³]	粉末度		凝結			圧縮強さ [N/mm²]					水和熱 [J/g]	
			比表面積 [cm²/g]	網ふるい 9μm 残分 [%]	水量 [%]	始発 [時-分]	凝結 [時-分]	1 日	3 日	7 日	28 日	91 日	7 日	28 日
ポルトランドセメント	普通	3.15	3450	0.5	28.2	2-13	3-15	–	28.1	43.7	61.3	–	–	–
	早強	3.13	4720	0.2	30.8	1-55	2-55	27.6	45.8	56.0	67.2	–	–	–
	中庸熱	3.21	3082	0.6	28.0	3-08	4-14	–	20.5	26.1	47.1	–	269	325
	低熱	3.22	3248	–	26.6	3-28	5-05	–	11.6	17.0	40.5	71.8	196	258
高炉セメント	B 種	3.03	3970	0.3	29.4	2-51	4-03	–	21.4	34.9	60.0	–	–	–
フライアッシュセメント	B 種	2.94	3630	1.3	28.2	2-48	3-53	–	23.1	36.1	55.5	–	–	–

表 2.7 各種セメントの化学分析結果 (JIS R 5202)

セメントの種類		化学成分 [%]													
		ig.loss	insol.	SiO_2	Al_2O_3	Fe_2O_3	CaO	MgO	SO_3	Na_2O	K_2O	TiO_2	P_2O_5	MnO	Cl
ポルトランドセメント	普通	1.5	0.2	21.2	5.2	2.8	64.2	1.5	2.0	0.31	0.48	0.26	0.13	0.10	0.005
	早強	1.2	0.2	20.5	4.9	2.6	64.9	1.4	3.0	0.25	0.44	0.25	0.13	0.08	0.005
	中庸熱	0.5	0.1	23.3	3.8	4.0	64.0	1.2	2.0	0.25	0.40	0.18	0.05	0.05	0.004
	低熱	0.7	0.1	25.4	3.5	3.5	62.5	1.1	2.2	0.22	0.38	–	–	–	0.004
高炉セメント	B 種	1.6	0.3	25.6	8.5	1.8	54.7	3.6	2.0	0.24	0.40	0.51	0.08	0.18	0.006
フライアッシュセメント	B 種	1.2	12.7	19.3	4.9	2.6	54.4	1.6	1.9	0.22	0.37	0.27	0.12	0.07	0.005

(4) 安定性　焼成が不十分なセメントクリンカーには遊離石灰が存在する．このようなセメントを用いると，その硬化過程において異常な体積変化を起こして膨脹ひび割れを生じる．これを調べる試験が安定性試験である．JIS R 5201 では，セメントペーストでつくったパット法（図 2.5）と，同じく膨張量を測定するルシャテリエ法を規定している．

図 2.5　パット法におけるひび割れの種類

(5) 強　度　JIS R 5201 では，水セメント比が 50%，セメントと標準砂の重量比が 1：3 のモルタルを用いて圧縮強度試験を行い，セメントの強度を調べるように規定している．

(6) 水和熱　セメントの水和反応によって凝結硬化中に生じる発熱を水和熱という．この発熱量はセメントの種類，化学組成，粉末度などによって異なる．

表 2.8 は，各種セメントの水和熱の測定値を示したものである．セメント化合物の影響に関しては C_3A による発熱が最も大きく，C_3S がこれにつぎ，C_2S が最も少ない．断面の大きいマスコンクリートでは，コンクリートの熱伝導率が低いため熱量が内部に蓄積し，外部との温度差が大きくなってひび割れを生じる恐れがある．このような場合には，発熱量の少ない低熱ポルトランドセメントまたは高炉セメントを使用する．

表 2.8　各種セメントの水和熱測定値［単位：J/g］［セメント協会資料］

材齢 セメントの種類	7 日	28 日	91 日
普通ポルトランドセメント	293～335	335～377	377～419
早強ポルトランドセメント	314～356	377～419	398～440
中庸熱ポルトランドセメント	230～272	293～335	214～356
低熱ポルトランドセメント	154～222	200～284	263～342
高炉セメントB 種	230～293	314～356	335～377
フライアッシュセメント B 種	230～272	293～335	314～356

測定方法は JIS R 5203 による．

(7) アルカリ量 セメントのアルカリ量は，次式に示すように Na_2O 量に，これと等価な K_2O 量を加えた R_2O 量によって表される．

$$R_2O\ [\%] = Na_2O\ [\%] + 0.658K_2O\ [\%]$$

アルカリ分が多いセメントを使用すると，コンクリートにアルカリ骨材反応を引き起こすばかりでなく，強度低下や異常凝結を生じる．JIS R 5210 では，セメント中の全アルカリ（R_2O）分を 0.75%以下と規定している．また，その附属書では，R_2O が 0.6%以下の低アルカリ形ポルトランドセメントを規定している．

2.1.7 高炉セメント

(1) 高炉スラグの潜在水硬性 高炉で銑鉄をつくるときに排出されるスラグを高炉スラグという．溶融状態のスラグを水で急冷すると，ガラス質の砂状のスラグ（水砕スラグ）ができる．水砕スラグの粉末は，そのままでは水硬性を示さないが，水酸化カルシウムやアルカリ塩類などが共存すると水硬性を発揮して硬化する．このような性質をスラグの潜在水硬性という．高炉スラグはすべて潜在水硬性を有するわけではない．たとえば，徐冷して結晶化したスラグには潜在水硬性はない．

(2) 高炉セメントの製造方法 高炉セメントは高炉スラグの潜在水硬性を利用した混合セメントであって，ポルトランドセメントクリンカーと水砕スラグを別々に粉砕したあとに所定の割合で混合してつくる．この場合，少量の石こうを添加する．JIS R 5211 では，表 2.9 に示すように高炉スラグの混合量に応じて，A 種，B 種，C 種の 3 種の高炉セメントを規定している．

表 2.9 高炉セメントの種類

種　類	高炉スラグの分量［質量%］
A 種	5 を超え 30 以下
B 種	30 を超え 60 以下
C 種	60 を超え 70 以下

(3) 高炉スラグの品質と高炉セメント 高炉セメントの品質は，高炉スラグの潜在水硬性によって支配される．急冷によって数%の結晶質部分以外はガラス質となっている水砕スラグのみが，潜在水硬性を有する．その理由は，ガラス質のスラグは，その中に含まれる各種の鉱物が構造上不安定な状態にあり，より安定な状態である結晶構造に移行しようとする結晶化エネルギーが保持されていることによって説明される．

したがって，ガラス質の多いスラグほど潜在水硬性が大きい．高炉スラグがガラス質になっている程度は，一般にガラス量で表される．わが国の高炉セメントに用いられている高炉スラグのガラス量は95%以上である．ガラス量がほぼ一定の高炉スラグの品質は，次式で表される塩基度によって支配される．

$$h = \frac{\mathrm{CaO} + \mathrm{MgO} + \mathrm{Al_2O_3}}{\mathrm{SiO_2}}$$

JIS R 5211は，使用する高炉スラグの塩基度を1.4以上（高炉セメントC種では1.6以上）と規定している．わが国の高炉スラグの塩基度は1.8〜1.9である．表2.10は，高炉スラグの化学成分の一例を示したものである．

表 2.10　高炉スラグの化学成分 [%]

SiO_2	Al_2O_3	CaO	MgO	S	塩基度
31〜35	12〜16	40〜44	4〜8	0.5〜1.0	1.80〜1.95

(4) 高炉セメントの特性　高炉セメントを用いたコンクリートの一般的特性は次のとおりである．

① 初期強度は普通ポルトランドセメントを用いた場合に比べて小さいが，長期にわたって強度が増進する．高炉セメントB種では材齢4週，C種では材齢3ヶ月で普通ポルトランドセメントと同等な強度に達し，それ以降は，これを上回る強度が得られる（図2.6）．また，近年は，初期強度を高めるためにスラグ混合率や粉末度などを調整し，初期強度の発現性の高い高炉セメントB種が開発されて，用いられるようになってきた．ただし，このようなセメントを使用する場合でも，7.5節で説明する初期の湿潤養生を十分に行うことが，重要である．

② 塩類，酸性水，海水などに対する化学抵抗性が優れている．高炉セメントはクリンカーの含有量が少ないために，セメントの水和反応によって生じる水酸化カル

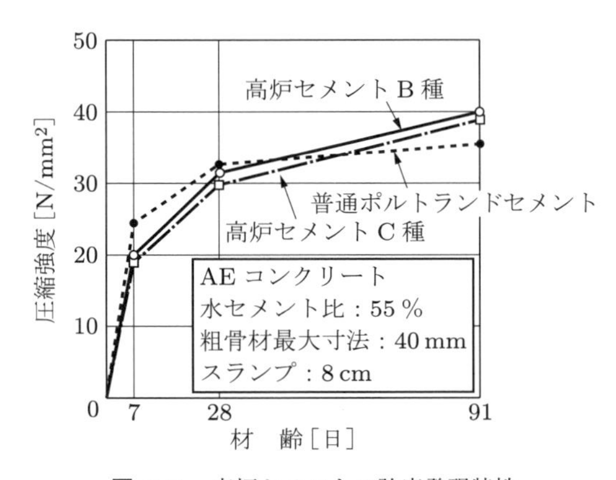

図 2.6　高炉セメントの強度発現特性

シウムの生成量が少ない．また，高炉スラグは，この水酸化カルシウムと結合してケイ酸カルシウム水和物をつくる．このために高炉セメントを用いると，緻密なセメント硬化体組織が得られる．このような傾向は，高炉スラグ含有量が多い高炉セメントの場合に顕著である．

③ 塩害に対する抵抗性が優れている．これは，高炉セメントが塩化物をフリーデル氏塩として固定するからである．高炉セメントC種を用いた硬化セメントペーストの塩化物イオンの拡散係数は，普通ポルトランドセメントを用いた場合の約1/10で，海洋環境における鉄筋腐食に対する抵抗性が大きい．

④ スラグ量の多いセメントは，一般に水和熱が少ないのでマスコンクリートに適している．ただし，上記の①でも示した初期強度を高めた高炉セメントB種を使用した場合には，水和熱によるコンクリートの温度上昇が普通ポルトランドセメントと変わらず，部材寸法や拘束条件，環境条件などによっては温度応力によるひび割れが発生することもある．このため，最近ではマスコンクリートに高炉セメントB種を用いる場合には，あえて従来の高炉セメントB種の品質に近い低発熱型の高炉セメントB種を用いる場合もある．

⑤ スラグ量が40%以上の高炉セメントはアルカリ骨材反応を抑制する．

⑥ 初期養生を十分に行わないと強度の発現が阻害される．

⑦ スラグ量が多いセメントほど所要の空気量のコンクリートを得るための単位AE剤量が増大する．

2.1.8 フライアッシュセメント

(1) フライアッシュとポゾラン活性　フライアッシュは火力発電所で微粉炭を燃焼する際に排出される石炭灰の一部で，煙道の電気集塵器で排煙中から捕捉された微粉分である．フライアッシュの平均粒径は10 μm前後で，その形状は球形である．反応性の高いガラス質のシリカを多量に含んでいるので，セメントに混入すると水酸化カルシウムと緩慢に下記の反応を起こし，不溶性のケイ酸カルシウム水和物をつくる性質（ポゾラン活性）がある．

$$2SiO_2 + 3Ca(OH)_2 \rightarrow 3CaO \cdot 2SiO_2 \cdot 3H_2O$$

この反応をポゾラン反応とよぶ．

(2) フライアッシュセメントの製造方法　フライアッシュのポゾラン活性を利用したセメントで，フライアッシュをポルトランドセメントクリンカーおよび少量の石こうと混合粉砕またはポルトランドセメントと均一に混合してつくる．JIS R 5213では，フライアッシュの混合量に応じて，A種，B種，C種の3種のフライアッシュセメントを規定している（表2.11）．

表 2.11　フライアッシュセメントの種類

種　類	フライアッシュの分量 [質量%]
A 種	5 を超え 10 以下
B 種	10 を超え 20 以下
C 種	20 を超え 30 以下

(3) フライアッシュセメントの特性

① 初期強度は低いが，長期にわたって強度が増進する．
② 水密性の大きいコンクリートをつくることができる．
③ セメントの水和熱を低減させるので，マスコンクリートに適している．
④ 初期養生を十分に行わないと，強度の発現が阻害される．

2.1.9　エコセメント

(1) エコセメントとは　都市部などで発生する廃棄物である都市ごみを焼却したときに発生する灰を主とし，必要に応じて下水汚泥などの廃棄物を従として加えたものを主原料として用い（1 t の製品を製造するための原料中に，乾燥状態の廃棄物を 0.5 t 以上用いる），製造されるセメントである．

なお，原料となる都市ごみの焼却灰や下水汚泥には，重金属や有機化合物ではダイオキシン類が含まれる場合もあるが，このうち重金属については，鉛，銅，カドミウム，水銀などのほとんどは，1300 ℃以上の焼成工程で塩化物としてセメントクリンカーから分離され，また，ダイオキシン類などの有害有機物も分解して無害化されることから，セメントの安全性も確保される．

(2) エコセメントの種類　エコセメントは，普通エコセメントと速硬エコセメントの 2 種類に大別されている．このうち，普通エコセメントは塩化物イオン量がセメント質量の 0.1%以下となるように製造工程で脱塩処理されたもので，普通ポルトランドセメントと類似の性質をもつので，一般の鉄筋コンクリートに適用することが可能である．

一方，速硬エコセメントは，塩化物イオン量がセメント質量の 0.5%以上，1.5%以下のもので，セメントの品質に影響を及ぼさない範囲で，脱塩処理を緩和して製造されたものである．このため，塩化物によるセメント硬化促進作用により速硬性を有するが，鉄筋腐食を引き起こす原因となるため，その使用は無筋コンクリートに制限される．

表 2.12 には，JIS R 5214 で示されているエコセメントの品質について示す．

表 2.12 エコセメントの品質

品質		普通エコセメント	速硬エコセメント
密度† [g/cm^3]		–	–
比表面積 [cm^2/g]		2500 以上	3300 以上
凝結	始発 [時-分]	1-00 以上	–
	終結 [時-分]	10-00 以下	1-00 以下
安定性	パット法	良	良
	ルシャテリエ法 [mm]	10 以下	10 以下
圧縮強さ [N/mm^2]	1 日	–	15.0 以上
	3 日	12.5 以上	22.5 以上
	7 日	22.5 以上	25.0 以上
	28 日	42.5 以上	32.5 以上
化学成分 [%]	酸化マグネシウム	5.0 以下	5.0 以下
	三酸化硫黄	4.5 以下	10.0 以下
	強熱減量	5.0 以下	3.0 以下
	全アルカリ	0.75 以下	0.75 以下
	塩化物イオン	0.1 以下	0.5 以上 1.5 以下

† 測定値を報告する.

2.1.10 白色ポルトランドセメント

普通ポルトランドセメントの色が灰緑色であるのは Fe_2O_3 と MgO の作用であるが，Fe_2O_3 の量を極端に減じることによって白色のセメントが得られる．

白色ポルトランドセメントは Fe_2O_3 の量を，普通ポルトランドセメントの 1/10（約 0.3%）以下に減じてつくったものである．色以外の性質は，普通ポルトランドセメントとほとんど変わらない．顔料によって自由に着色することができる（カラーセメント）．

2.1.11 超速硬セメント

通常のポルトランドセメントの原料以外に，ボーキサイトやホタル石なども原料として用い，短期間で高い強度が得られるように調整したセメントである．注水後 2～3 時間で 10 N/mm^2 以上の圧縮強度が得られる．凝結，硬化が早いため，作業時間の確保を目的として，凝結調節剤が使用される．緊急工事用に使用されるが，吹付けコンクリートやグラウトなどにも使用される．

2.1.12　耐硫酸塩ポルトランドセメント

下水，地下水，工場廃水などに含まれている硫酸塩の化学侵食に対して高い抵抗性を与えたセメントである．ポルトランドセメントの硫酸塩に対する抵抗性はアルミン酸三石灰（C_3A）の量を減じることによって改善されるので，JIS A 5210 ではこの量を 4%以下に制限している．

2.1.13　アルミナセメント

ボーキサイトと石灰石からつくったセメントである．超早強性で練混ぜ後 6〜12 時間で普通ポルトランドセメントの材齢28 日の強度に達するが，急結性のため使用方法が難しい．酸類（$\mathrm{pH} \geqq 4$），硫酸塩などに対する抵抗性が大きく，また耐火性に優れているので，耐火物や化学工場の建設工事に用いられる．アルカリ性が弱いので，鉄筋などの鋼材が腐食しやすい．

2.1.14　超微粒子セメント

岩盤のグラウトなどに適するように，通常のポルトランドセメントまたは混合セメントをさらに微粉砕してつくったセメントである．最大径が 40 μm のものから 10 μm 程度の製品が製造されている．岩盤から流出する地下水の止水に用いる場合には，短時間で硬化するように調整されたセメントが使用される．一方，油井掘削などの場合にはケーシングパイプと抗壁との環状空隙部を充てんするために，高温高圧下でも使用できるように反応速度が遅く，長時間粘性を低く保持できるような成分調整が行われる．

2.2　混和材料

2.2.1　概　説

セメント，水，骨材以外の材料で，コンクリートの性質を改善することを目的として，練混ぜの際に必要に応じてコンクリートの成分として加えられる材料を混和材料（admixture）という．

混和材料のうちで，使用量が比較的多くて，それ自体の容積がコンクリートの練上がりの容積に算入されるものを混和材といい，使用量が非常に少ないためにそれ自体の容積がコンクリートの練上がりの容積に算入されないものを混和剤といって，両者を区別することが多い．

混和材料には次のようなものがある．

- 混和材：高炉スラグ，フライアッシュ，膨脹材，シリカフューム，石灰石微粉末など
- 混和剤：AE 剤，減水剤，促進剤，遅延剤，急結剤，流動化剤，ガス発生剤，防水剤，防錆剤など

市販の混和剤は，一般に上記のうちの二種もしくはそれ以上の機能を有しているものが多い．混和剤に関する規格としては，JIS A 6204「コンクリート用化学混和剤」が制定されている．

2.2.2　混和材

(1) フライアッシュ　コンクリート混和材としてのフライアッシュの品質に関しては，JIS A 6201「フライアッシュ」の規定がある．JIS A 6201 では，フライアッシュの品質を強熱減量，粉末度，フロー値，活性度指数によってⅠ種，Ⅱ種，Ⅲ種，Ⅳ種の 4 種類に等級化しているが，一般にはⅡ種が用いられることが多い．表 2.13 にフライアッシュの化学成分の一例を示す．強熱減量として測定されるものの大半は炭素であるが，これは AE 剤を吸着して空気連行を妨げるので注意を要する．

表 2.13　フライアッシュの化学成分の一例

種　別	強熱減量 [%]	化学成分 [%]						可溶成分		密度 [g/cm^3]
		SiO_2	Al_2O_3	Fe_2O_3	CaO	MgO	SO_3	SiO_2	Al_2O_3	
フライアッシュ	0.90	59.7	25.8	5.8	3.3	1.1	0.05	31.5	13.0	2.17

(2) 高炉スラグ微粉末　水砕スラグを乾燥して微粉砕してつくった良質の高炉スラグ微粉末は，高炉セメントの原料として使用されるだけでなく，混和材としても用いられる．コンクリート混和材としての高炉スラグ微粉末の品質に関しては，JIS A 6206 において，その粉末度（比表面積）に応じて，4000，6000，8000 の 3 種類が規定されている．高炉スラグ微粉末混入の効果は，ポルトランドセメント重量に対する置換率が 40%を超えると顕著になる（図 2.7）．

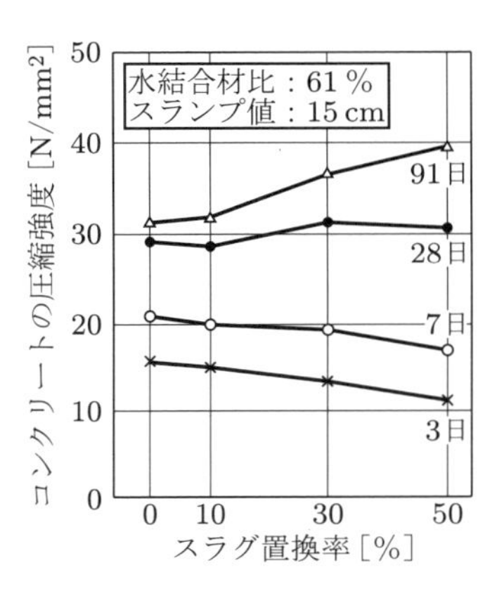

図 2.7　高炉スラグ微粉末の混和率とコンクリートの圧縮強度との関係 [鉄鋼スラグ協会資料]

(3) 膨張材　現在用いられているものは，カルシウムサルホアルミネート（CSA）系および石灰系の2種に大別される．

CSA系膨張材はボーキサイト，石灰石，石こうを粉砕・調合し，焼成して得たカルシウムサルホアルミネートクリンカーを主体としたもので，これをポルトランドセメントに適量混合し，水和すると32分子の結晶水をもつ複塩（$3CaO \cdot Al_2O_3 \cdot 3CaSO_4 \cdot 32H_2O$（エトリンガイト））を生成して膨張し，その後の乾燥収縮を補償する（図2.8）．膨張材は，乾燥収縮によるひび割れを防止する目的で，屋根スラブや工場・倉庫などの床コンクリートの施工に用いられるほか，その膨張性を利用して狭い空間を充てんするようなコンクリート施工に利用される．

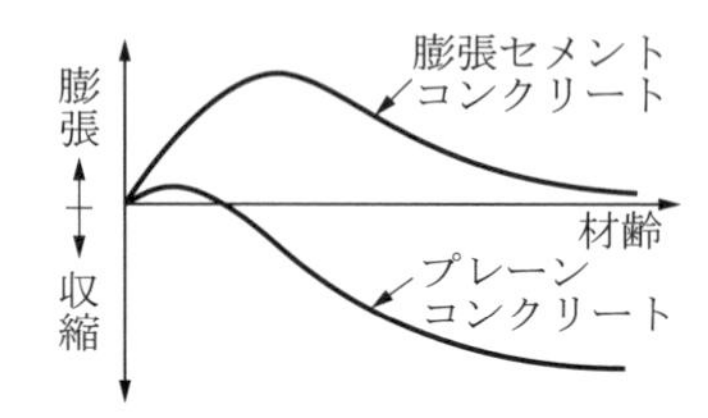

図 2.8　乾燥による膨張セメントコンクリートの容積変化

石灰系膨張材は石灰石，粘土，石こうを粉砕・調合して焼成して得たクリンカーを粉砕したもので，そのうちの約35%を占める酸化カルシウム結晶が膨張に関与する．性質および用途は，ほぼCSA系膨張材と同じである．

JIS A 6202「コンクリート用膨張材」に膨張材の品質に関する規定がある．

(4) シリカフューム　シリカフュームは，フェロシリコンや金属シリコンなどを製造する際に発生する副産物で，平均粒径が0.1 μm程度，比表面積は約20 m^2/g程度，密度2.2 g/cm^3程度の球状の超微粒子であり，非晶質の二酸化ケイ素（SiO_2）を主成分とする物質である．セメントの一部をシリカフュームで置換したコンクリートは，通常のコンクリートと比べて，材料分離が生じにくい，ブリーディングが小さい，強度増加が著しい，水密性や化学抵抗性が向上するなどの利点がある．その一方で，この使用が，コンクリートの単位水量の増加につながることに配慮する必要もある．

JIS A 6207「コンクリート用シリカフューム」にシリカフュームの品質に関する規定がある．

(5) 石灰石微粉末，その他　石灰石微粉末は，石灰石を粉砕して比表面積（ブレーン値）を3000～7000 cm^2/g程度としたものであり，一般に，フレッシュ時のコンクリートの材料分離やブリーディングの抑制を目的として用いられている．

また，その他に，ケイ酸質微粉末や天然ポゾランなどが混和材として用いられている．ケイ酸質微粉末は，石英などを主成分とするもので，オートクレーブ養生を行うコンクリートに高強度を付与する場合などに用いられる．天然ポゾランとしては，ケイ酸白土，火山灰，ケイ藻土などがある．

なお，これらの混和材はいまだ品質規格が整備されていないため，その使用にあたっては，事前に十分な調査や試験を行い，その品質と使用方法を確認しておく必要がある．

2.2.3 混和剤

(1) AE 剤，減水剤，AE 減水剤，高性能 AE 減水剤，流動化剤 いずれも JIS A 6204 に品質が規定されている混和剤である．表 2.14 は規定されている品質項目のうち，重要なものについて規格値を示したものである．

表 2.14 コンクリート化学混和剤の品質規格の一部*

種類＼品質項目		減水率 [%]	ブリーディング量の比 [%]	凝結時間の差［分］		圧縮強度比 [%]			
				始発	終結	1日	2日	7日	28日
AE 剤		6 以上	–	−60～+60	−60～+60	–	–	95 以上	90 以上
高性能減水剤		12 以上	–	+90以下	+90以下	–	–	115 以上	110 以上
硬化促進剤		–	–	–	–	120 以上	130 以上	–	90 以上
減水剤	標準形	4 以上	–	−60～+90	−60～+90	–	–	110 以上	110 以上
	遅延形	4 以上	100 以下	+60～+210	0～+210	–	–	110 以上	110 以上
	促進形	4 以上	–	+30 以下	0 以下	–	–	115 以上	110 以上
AE 減水剤	標準形	10 以上	70 以下	−60～+90	−60～+90	–	–	110 以上	110 以上
	遅延形	10 以上	70 以下	+60～+210	0～+210	–	–	110 以上	110 以上
	促進形	8 以上	70 以下	+30 以下	0 以下	–	–	115 以上	110 以上
高性能 AE 減水材	標準形	18 以上	60 以下	−60～+90	−60～+90	–	–	125 以上	115 以上
	遅延形	18 以上	70 以下	+60～+210	0～+210	–	–	125 以上	115 以上
流動化剤	標準形	–	–	−60～+90	−60～+90	–	–	90 以上	90 以上
	遅延形	–	–	+60～+210	0～+210	–	–	90 以上	90 以上

• 基準コンクリートのスランプは 8 cm（ただし，高性能 AE 減水剤では 18 cm，流動化剤では，スランプ 8 cm のコンクリートを流動化させて 18 cm の試験コンクリートにしたもの）．
• 単位セメント量は 300 kg/m^3（ただし，高性能減水剤および高性能 AE 減水剤の場合には 350 kg/m^3）．
• 材齢 2 日の圧縮強度比は 5℃における値．

この表に示されているように，AE 剤以外の混和剤はそれぞれ，標準型，遅延型，促進型または標準型と遅延型に分類されている．本来，この 3 つのタイプは，コンクリートの施工環境に応じて要求される凝結性能を満足させるためにつくられたものである．たとえば，遅延型は夏季の気温の高い条件下においてセメントの水和促進を抑制する場合に，促進型は冬季の気温が低いときに水和を促進させて強度発現を早めたい場合に適用される．

---

* JIS A 6204 では，AE 剤，高性能減水剤，硬化促進剤，減水剤，AE 減水剤中に含まれる塩化物イオン量［kg/m^3］によっても I 種（0.02 以下），II 種（0.02 を超え，0.20 以下），III 種（0.20 を超え，0.60 以下）に区分している．高性能 AE 減水剤と流動化剤については，I 種のみを規定している．

(2) AE 剤とその作用　コンクリートの品質改善を目的として，コンクリート中に多数の微小な独立気泡を分散させるために用いる界面活性剤を AE 剤という．AE 剤によってコンクリート中に導入された独立気泡をエントレインドエア（entrained air），これを含むコンクリートを AE コンクリートという．

エントレインドエアは，その大部分が 10～100 μm 程度の大きさの球状の気泡で，これをコンクリート中に容積百分率で 3～6%程度分散させると，次のような効果が得られる*．

① 気泡がセメント粒子および細骨材粒子の周辺に介在し，ボールベアリングのような作用をするので，コンクリートの流動性を増すことができる．この結果，所定の流動性を得るために必要なコンクリートの使用水量を，空気量 1% あたり 2～4%減じることができる．

② 使用水量の減少と，気泡の表面に水が吸着されることによって，コンクリートの打込み直後に起こる材料分離，すなわち，ブリーディングが少なくなる．

③ 寒冷時に起こるコンクリート中の水分の凍結によって発生する膨張圧を吸収し，凍結融解作用に対する抵抗性を増す．

AE 剤はセメント重量に対して，0.005～0.08%程度を水溶液として，コンクリートの練混ぜの際にミキサーに投入して使用する．AE 剤の種類は，陽イオン系，陰イオン系，両性系に分類されるが，主に陰イオン系のものが使用されている．化学成分は，樹脂酸塩系，アルキルベンゼンスルホン酸塩系のものが多い．

(3) 減水剤・AE 減水剤とその作用　セメント粒子を分散させることによってコンクリートのワーカビリティーを改善し，所要のコンシステンシーを得るのに必要な単位水量を減じる作用を有する混和剤を減水剤という．減水効果を高めるために AE 剤を添加した減水剤を AE 減水剤という．

減水剤をその主要成分によって分類すると，オキシカルボン酸塩系，リグニンスルホン酸塩系，ポリオール系などとなるが，前二者が最も一般的に使用されている．オキシカルボン酸塩系はそれ自体はほとんど空気連行作用がないが，リグニンスルホン酸塩系は多少の空気を連行する．

表 2.15　空気量の標準値

粗骨材最大寸法 [mm]	15	20	25	40	50	80
空気量 [%]	7.0	6.0	5.0	4.5	4.0	3.5

* 気泡はコンクリートのモルタル部分に導入されるために，所定の効果を発揮するものに必要な空気量はモルタルの多少，すなわち，粗骨材の最大寸法によって異なる．表 2.15 は粗骨材最大寸法による空気量の標準値を示したものである．

減水剤によるコンクリートの減水機構

セメント粒子は水との親和力により粒子間の凝集力の方が大きいために，練混ぜ水で容易に分離せず，図 2.9(b) の左図に示すように，その一部（10〜30%）が凝集してフロック状態になっている．

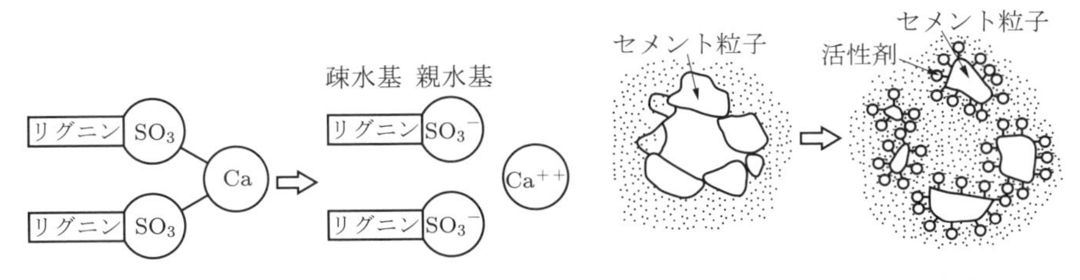

（a）活性剤の解離　（b）フロック構造の解放

図 2.9 陰イオン活性剤の作用（リグニンスルホン酸塩の場合）

この状態のセメントに陰イオン界面活性剤に属する減水剤を添加すると，水中で電離してマイナスイオンとなる（図 2.9(b) の右図）．これがフロック状態のセメント粒子の表面に吸着し，セメント粒子表面に帯電層を形成し，静電気的な相互反発作用によってセメント粒子が反発し合い個々に分散する．このとき，フロック中の水や空気が解放されるので，セメント粒子の流動性が増す．このために，コンシステンシーを一定に保った場合，コンクリートの単位水量を減じることができる．

減水剤を用いると，セメントの分散効果により，水和が有効に行われるので，単位水量の減少とあいまって単位セメント量も減じることができる．すなわち，減水剤を用いない場合に比べて，5〜10%少ない単位セメント量で必要な強度が得られる．このために，減水剤を用いると水和熱による温度上昇の抑制に有効である．減水剤は，メーカーの推奨量，標準添加量よりも過剰な量を添加すると，凝結の著しい遅延や硬化不良などのトラブルを起こすので注意を要する．

(4) 高性能 AE 減水剤とその機能　AE 剤，AE 減水剤に比べて減水率が格段に高く（図 2.10），かつ，スランプや空気量の経時変化の少ない混和剤で，ナフタリン系，ポリカルボン酸系，メラミン系，アミノスルホン酸系の 4 種が市販されている．その減水率は，減水剤（リグニンスルホン酸塩系）の場合が 12%程度であるのに対して，18%に達する．

したがって，この混和剤を使用することにより，コンクリートの高強度化と高流動化という 2 つの目的を達成することができる．しかし，使用量によっては，スランプ保持性能やワーカビリティーなどのコンクリートの品質が変動し，通常のコンクリー

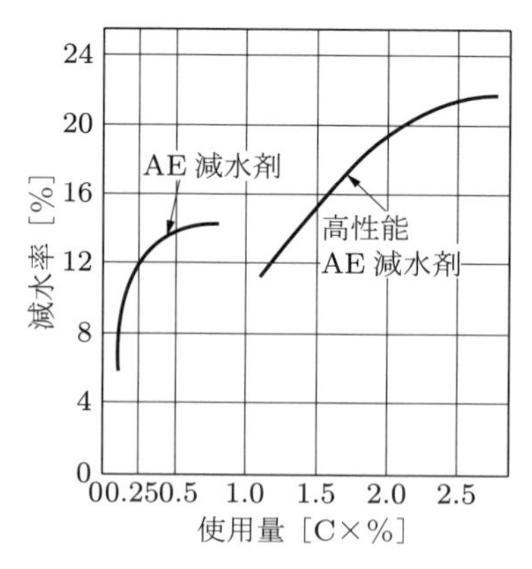

図 **2.10**　高性能 AE 減水剤の減水効果

トに比べて，温度，使用材料などの使用条件による影響を受けやすい．このために，土木学会では「高性能 AE 減水剤を用いたコンクリートの施工指針（案）」を定めている．

なお，単位セメント量が 300 kg/m^3 を下回るような低セメント量の配合に高性能 AE 減水剤を使用した場合には，セメントペーストの粘性が著しく低下して，骨材との一体性が損なわれてコンクリートのワーカビリティーが劣る．一方，使用量を抑えると，流動性の低下が早くなるといった問題が生じることもある．したがって，最近では高性能 AE 減水剤と通常の AE 減水剤との中間的な性能を有し，単位水量が 175 kg/m^3 以下の配合でも良好な作業性を有する AE 減水剤も使用されている．

(5) 流動化剤　一定水量のコンクリートに添加して，その流動性を著しく高めるために用いる混和剤である．これを用いることによって，コンクリートの品質を低下させることなく，コンクリートの打込み，締固めが容易になり，施工性を改善することができる．この効果は図 2.11 に示すように，あらかじめ練混ぜられたコンクリートに後から添加した場合の方が大きい（後添加効果）．なお，流動化剤の成分は，高性能 AE 減水剤の成分と基本的には同じと考えてよい．

(6) その他の混和剤

① 急結剤：セメントの凝結時間を著しく早める混和剤で，モルタルまたはコンクリートの吹付け工法，グラウトによる水止め工法などに用いられる．炭酸ソーダ（Na_2CO_3），アルミン酸ソーダ（$NaAlO_2$），ケイ酸ソーダ（Na_2SiO_2，水ガラス），塩化第二鉄（$FeCl_3$），塩化アルミニウム（$AlCl_3$）などを主成分としたものが市販されている．

② 水中不分離混和剤：コンクリートに粘性を与え，水中での材料分離を防止する混

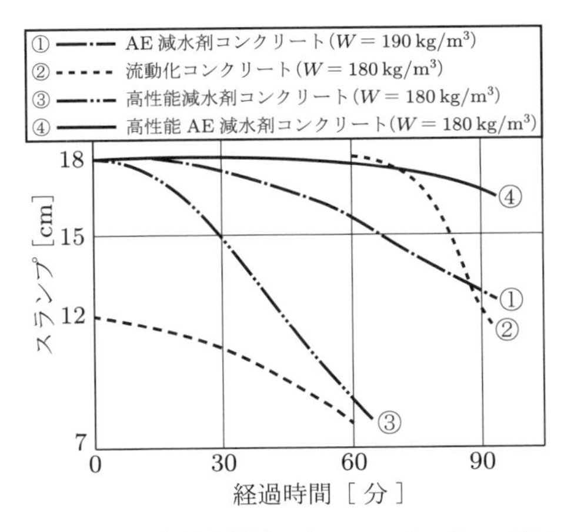

図 2.11 各種減水剤を使用したコンクリートのスランプの経過変化と流動化コンクリートの後添加効果

和剤で，これを添加した水中コンクリートは，高い粘稠性を有するために水中でも優れた分離抵抗性を示し，セメントペーストや骨材の分離，流出を防止する．水中不分離混和剤はセルロース系水溶性高分子を主成分とするものと，アクリル系の水溶性高分子を主成分とするものの2種類がある．

③ 超遅延剤：超遅延剤は，その添加量を調整することによって，コンクリートの凝結・硬化時間を数時間から数日間まで任意に遅延させ，しかもその後の強度の発現に影響を及ぼさない空気非連行型混和剤である．超遅延剤を用いたコンクリートの凝結試験結果を図2.12に示す．市販されている超遅延剤は，減水剤を有するオキシカルボン酸塩系のものと，減水性を有しない，ケイフッ化マグネシウムを主成分とするものがある．超遅延剤の使用例には次のようなものがある．

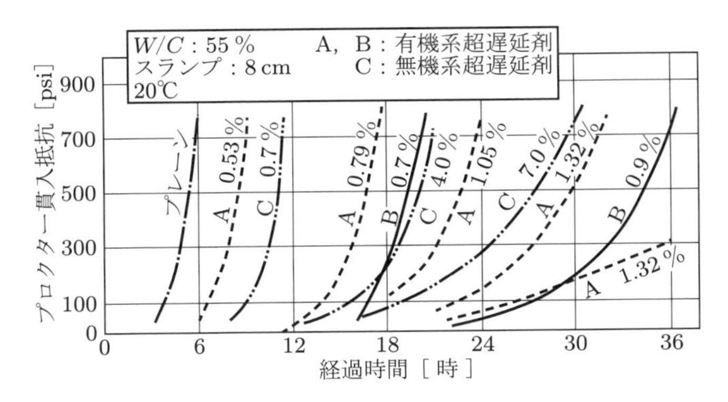

図 2.12 超遅延剤の種類と凝結時間

- 暑中コンクリートの輸送時間や施工時間を，通常の遅延剤に比べて大幅に延長する．
- 夜間工事を回避する．すなわち，その日の最後に打設したコンクリートに使用して凝結を一晩遅らせ，翌朝，通常のコンクリートを打継いで一体化する．
- 場所打ち杭の杭頭部に使用して，はつり作業を容易にする．
- スライディング工法のコンクリートに使用し，スライディング時期の管理を容易にする．

④ 発泡剤：セメントペースト中のアルカリと反応して化学反応によってガスを発生させる混和剤で，塗料用の金属アルミニウム粉末が最も一般的に用いられている．金属アルミニウムの場合には，以下のような反応により水素ガスを発生する．

$$2Al + 2NaOH + 2H_2O \ \rightarrow \ Na_2(AlO_2)_2 + 3H_2 \uparrow$$

発泡剤は，プレパックドコンクリート用注入モルタルや PC グラウトに用いられており，発泡にともなう膨脹作用によってモルタルやグラウトを粗骨材の間隙や PC 鋼材の周囲に十分にいきわたらせ，付着をよくする効果がある．アルミニウム粉末をこのような目的に使用する場合の使用量は，セメント重量に対して，0.005～0.02%程度である．アルミニウム粉末は発泡コンクリートの製造にも用いられる．

⑤ 防錆剤：鉄筋コンクリート用防錆剤は，海砂中の塩分に起因する鉄筋腐食を抑制する目的でコンクリート中に添加される混和剤である．JIS A 6205 に品質が規定されており，不動態皮膜形成型防錆剤，沈殿皮膜形成形防錆剤，吸着皮膜形成型防錆剤の 3 種類に分類される．現在市販されている防錆剤は，亜硝酸塩を主成分とするものであり，この場合には，鉄筋の表面を酸化させて不動態皮膜を形成することで，腐食を抑制する．ただし，海洋環境下のように，外部からコンクリート中に多量の塩化物イオンが侵入する環境では，防錆剤を用いても所定の効果が得られず，逆に，鋼材の局部的腐食が顕著となった事例も報告されているため，このような環境下での防錆剤の使用については，事前の効果検討が重要である．

⑥ その他の混和剤：乾燥収縮低減剤，水和熱抑制剤，防凍・耐寒剤などがある．

2.3　骨　材

2.3.1　概　説

モルタルまたはコンクリートをつくるために，セメントおよび水と練混ぜる砂・砂利・砕石その他これに類似の粒状の材料を骨材（aggregate）という．

骨材は下記のように粒径によって粗骨材（coarse aggregate）と細骨材（fine aggregate）とに区分される．

- 粗骨材：5 mm ふるいに重量で 85%以上とどまる骨材
- 細骨材：10 mm ふるいを全部通過し，5 mm ふるいを重量で 85%以上通過する骨材

骨材をその採取場所・製造方法によって分類すると表 2.16 のようになる．

表 2.16 採取地による骨材の分類

採 取 ＼ 種 類	粗骨材	細骨材
岩盤より採掘，クラッシャーによる破砕	砕石	砕砂
海底，海岸，河口部分	–	海砂
旧河床，旧海底の隆起部分	山砂利（陸砂利）	山砂（陸砂）
河川	川砂利	川砂

(1) 砕石・砕砂　わが国で使用されている粗骨材中に占める砕石の比率は 75%程度であり，特に関西地域ではこの比率が 90%に達している．一方，細骨材中に占める砕砂の比率は 35%程度である．これらの品質については，JIS A 5005「コンクリート用砕石及び砕砂」に粒度，石質および粒形についての規定があり，粒度に応じて表 2.17 に示す砕石 15 種，砕砂 1 種が定められている．

表 2.17 コンクリート用砕石および砕砂

種 類	粒の大きさによる区分	粒の大きさによる範囲 [mm]	種 類	粒の大きさによる区分	粒の大きさによる範囲 [mm]
砕石	砕石 4005	40～5	砕石	砕石 4020	40～20
	砕石 2505	25～5		砕石 2515	25～15
	砕石 2005	20～5		砕石 2015	20～15
	砕石 1505	15～5		砕石 2513	25～13
	砕石 1305	13～5		砕石 2013	20～13
	砕石 1005	10～5		砕石 2510	25～10
	砕石 8040	80～40		砕石 2010	20～10
	砕石 6040	60～40	砕砂	砕砂	5 以下

(2) 海 砂　全国の細骨材供給量のうち，約 1/8 が海砂であるが，特に西日本一帯で広く使用されてきた．しかし，近年，海洋環境保護の観点から，その供給は大きく減少している．また，海砂は塩分を含むことから，使用にあたっては，除塩により骨材中の塩化物イオン濃度を許容値以下とする必要がある．また，地域によって特徴もあり，たとえば，瀬戸内海沿岸を中心とする地域で使用されている海砂は風化花こう岩系の海底砂であって，川砂や山砂に比べて密度が小さく，多くの貝殻を含んでいるものもある．一方，北海道で使用されてきた海砂は海浜砂が主体である．

(3) 山砂利・山砂　全国の骨材供給量のうち，4〜5%を供給する．過去に河川であったところから採取されるものと，その昔海底に堆積していた砂層が地殻変動によって隆起して地上に現れたところから採取されるものとに大別される．前者は河岸段丘から産するものが多いが，特に旧河川敷のものを陸砂，陸砂利と称して山砂，山砂利と区別して取り扱うことがある．後者は比較的細粒のものが多く，泥分の含有量も高い．さらに，貝殻片を含むものもある．山砂，山砂利は関東および東北地方において特に使用比率が高い．

山砂としてはその他，花こう岩や砂岩などが風化して細粒化したものもある．

(4) 川砂利・川砂　乱掘により，橋脚基礎の洗掘などを生じたため採取が規制され，年々供給量が減少し，現在では，川砂が砂全体の約4%，川砂利が2%強の供給量に止まっている．全国では，中部地方が最も使用比率が高い．

2.3.2 骨材として用いられる岩石の種類

骨材として使用されている岩石で，最も多いものは砂岩と安山岩であるが，近年は石灰岩の使用が増加している．表2.18はわが国における骨材の使用状況と岩石種との関係を示したものである．

表 2.18　骨材に用いられる岩石の種類

岩石の分類／骨材としての使用状況	火成岩			変成岩	堆積岩
	火山岩	半深成岩	深成岩		
一般的に用いられている主要な岩石	安山岩	−	−	−	砂岩
骨材全体に占める使用比率は少ないが，全国的に用いられる岩石	玄武岩 粗面岩	輝緑岩 斑岩 玢岩	花こう岩 閃緑岩 蛇紋岩	粘板岩 片岩 片麻岩	石灰岩 頁岩・凝灰岩 礫岩
地域的に使用されている岩石	流紋岩	−	−	ホルンフェルス 千枚岩	チャート ドロマイト岩

砕石として供給される砂岩や粘板岩はお互いに混じり合っていることが多く，山砂利，山砂は安山岩などの火山岩と，砂岩などの堆積岩が混合していることが多い．

2.3.3 骨材の物理的性質とその試験方法

(1) 粒　度　骨材の大小粒の混合の割合を粒度（grading）という．粒度構成の適当な骨材を用いると骨材間の空隙が減少し，所要のワーカビリティーを得るのに必要な水量とセメント量を少なくすることができ，一般に良質のコンクリートを経済的につくることができる．

粒度の表し方　粒度はJIS A 1102「骨材のふるい分け試験方法」[*1]によって試験し，その結果を粒度曲線，粗粒率によって表す．

粒度曲線は横軸にふるいの呼び寸法を対数目盛でとり，縦軸に通過百分率または残留百分率をとって描く（図2.13）．

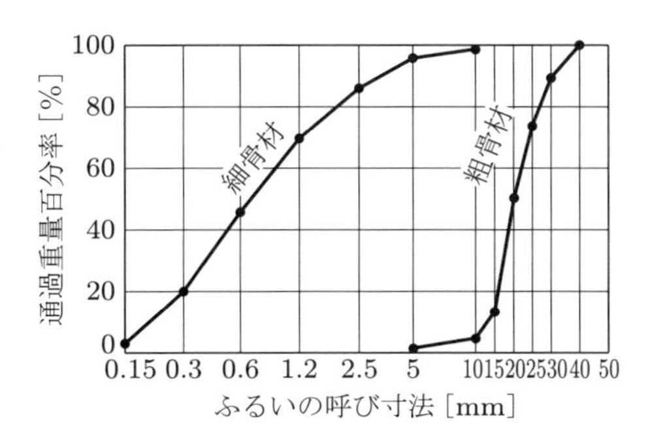

図 2.13　骨材の粒度曲線の例

粗粒率（fineness modulus）は80，40，20，10，5，2.5，1.2，0.6，0.3，0.15mmのふるいの一組を用いてふるい分け試験を行い，各ふるいにとどまる試料の累計重量百分率の和を100で割った値である．粗粒率が同じである骨材の粒度は無数に考えられるので，この値は必ずしも粒度そのものを定量化したものではないが，骨材の粒度の均等性を判断する場合には有効である．表2.19に粗粒率の計算例を示す．

骨材の粒度は所要のワーカビリティーが得られる範囲内で，コンクリートのセメントペースト使用量が最も少なくなるようなものがよい．

土木学会コンクリート標準示方書では，コンクリートに用いる細骨材の粗粒率が±0.2以上変化するとワーカビリティーに及ぼす影響も大きくなるとし，この場合には配合を修正する必要があるとしている．

表2.20，2.21に土木学会コンクリート標準示方書に規定されている粒度の標準を示す．

粗骨材の最大寸法　重量で90%以上が通るふるいのうち，最小寸法のふるいの目の開きで示される粗骨材の寸法を粗骨材の最大寸法[*2]という．

粗骨材の最大寸法は，所要のワーカビリティーを得るのに必要なコンクリートの単位水量，単位セメント量，水密性などと密接な関係がある．その標準値は部材の最小寸法，鉄筋の間隔などを考慮して，表5.2に示すような値が用いられる．

---

*1　JIS Z 8801-1「試験用ふるい—第1部：金属製網ふるい」に定める網ふるいのうち，0.15, 0.3, 0.6, 1.2, 2.5, 5mm ふるい（主として細骨材用），10, 15, 20, 25, 30, 40, 50, 60, 80, 100mm ふるい（粗骨材用）を用い，各ふるいにおける試料の通過百分率（または残留百分率）を求める．

*2　表2.19に掲げた粗骨材の最大寸法は30 mmである．

表 2.19　粗粒率の計算例

ふるいの呼び寸法 [mm]	粗骨材		細骨材	
	各ふるいにとどまる量 [%]	各ふるいにとどまる量の累計 [%]	各ふるいにとどまる量 [%]	各ふるいにとどまる量の累計 [%]
40	0	0		
30	9	9		
25	14	23		
20	23	46		
15	39	85		
10	11	96	0	0
5	3	99	4	4
2.5	0	100	10	14
1.2	0	100	16	30
0.6	0	100	24	54
0.3	0	100	26	80
0.15	0	100	17	97
粗粒率 (F.M.)	7.41		2.79	

表 2.20　細骨材の粒度の標準［土木学会コンクリート標準示方書］

無筋，鉄筋，舗装の各コンクリート		ダムコンクリート	
ふるいの呼び寸法 [mm]	ふるいを通るものの重量百分率	ふるいの呼び寸法 [mm]	粒径別百分率
10	100	10～5	0～ 8
5	90～100	5～2.5	5～20
2.5	80～100	2.5～1.2	10～25
1.2	50～90	1.2～0.6	10～30
0.6	25～65	0.6～0.3	15～30
0.3	10～35	0.3～0.15	12～20
0.15	2～10	0.15 以下	2～15

(2) 粒　形　骨材粒の形状は，球形または方形に近いものが望ましく，偏平なものまたは細長いものは多量のセメントペーストを要するので好ましくない．骨材粒の粒形を判定する目安となる値としては，一般に次式で与えられる実積率が用いられる．

$$\text{実積率}\ [\%]^{*} = \frac{W_D}{\rho_D} \times 100$$

ここに，ρ_D：絶乾密度，W_D [kg/L]：単位容積重量（絶乾）である．

JIS A 5005「コンクリート用砕石及び砕砂」では，砕石（20～5mm）に対して，その実積率は55%以上でなければならないと規定している．

＊ 骨材の単位容積中における骨材の実質部分の容積百分率である．

表 2.21 粗骨材の粒度の標準［土木学会コンクリート標準示方書］

(a) 一般のコンクリート

粗骨材の最大寸法[mm] \ ふるいの呼び寸法[mm]	ふるいを通るものの重量百分率									
	50	40	30	25	20	15	13	10	5	2.5
40	100	95～100	–	–	35～ 70	–	–	0～30	0～ 5	–
25	–	–	100	95～100	–	30～ 70	–	–	0～10	0～ 5
20	–	–	–	100	90～100	–	–	20～ 55	0～10	0～ 5
10	–	–	–	–	–	–	100	90～100	0～40	0～10

(b) ダムコンクリート

粗骨材の最大寸法[mm] \ ふるいの呼び寸法[mm]	粒径別百分率					
	150～80	120～80	80～40	40～20	20～10	10～5
150	35～20	–	32～20	30～20	20～12	15～ 8
120	–	25～10	35～20	35～20	25～15	15～10
80	–	–	40～20	40～20	25～15	15～10
40	–	–	–	55～40	35～30	25～15

(3) 骨材の含水状態　骨材の含水状態としては，図 2.14 に示す 4 種の状態が考えられる．

- 絶対乾燥状態：100～110 ℃の温度で定重量となるまで乾燥し，骨材粒の内部に含まれている水が完全に取り去られた状態
- 空気中乾燥状態：骨材粒の表面および内部の一部が乾燥している状態
- 表面乾燥飽水状態：骨材粒の表面に付着している水がなく，骨材粒の内部の空隙が水で満たされている状態
- 湿潤状態：骨材粒内部が水で満たされ，かつ表面にも水が付着している状態

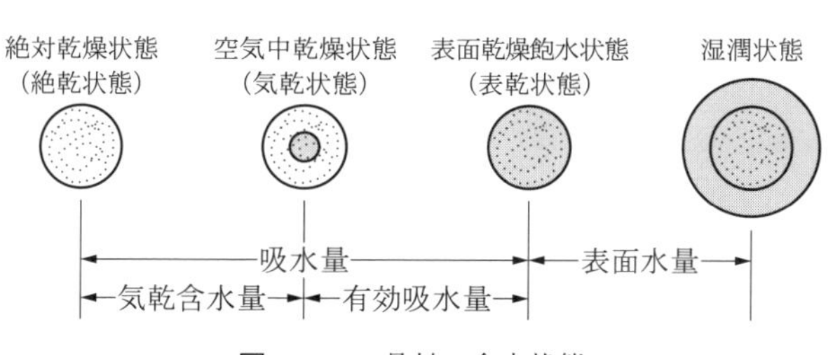

図 2.14 骨材の含水状態

(4) 吸水率と表面水率　吸水率は，表面乾燥飽水状態の骨材中に含まれている全水量（吸水量）を骨材の絶対乾燥状態の重量で除した値で，次式で与えられる．

$$\text{吸水率（重量百分率）} = \frac{B - A}{A} \times 100\ [\%]$$

ここに，A：絶乾状態の試料重量，B：表乾状態の試料重量である．

吸水率は骨材内部の空隙の程度を示し，骨材の良否を判断する目安を与える．吸水率の値は骨材の石質，寸法などによって異なるが，細骨材の場合，1～3%程度，粗骨材の場合，0.1～1%程度である．吸水率の試験方法は，JIS A 1109「細骨材の密度及び吸水率試験方法」および JIS A 1110「粗骨材の密度及び吸水率試験方法」に規定されている．

有効吸水量は，吸水量と気乾状態の骨材中に含まれている水量との差である．

表面水率は，骨材の表面に付着している水量（表面水量）を表面乾燥飽水状態の骨材重量で除した値で，次式で与えられる．

$$\text{表面水率（重量百分率）} = \frac{V_s - V_d}{W_s - V_s} \times 100\ [\%]$$

ここに，W_s：試料重量，V_d：W_s/表乾密度，V_s：試料の体積に等しい水の重量である．

コンクリートの配合は，表面乾燥飽水状態の骨材を前提として決められている．しかし，現場における細骨材は湿潤状態で表面水を有していることが多いので，この量に応じて練混ぜ水量を調整する必要がある．粗骨材は細骨材に比べて表面水が少なく，また乾燥も速いので，表面水の管理は比較的容易である．表面水率の試験方法は，JIS A 1111「細骨材の表面水率試験方法」に規定されている．

(5) 密　度　骨材は実質部分と間隙により構成されている．実質部分は普通，数種類の鉱物の集合体からなっている．間隙は孔や割れ目であって，表面に連絡しているものと，内部に閉じ込められているものがあり，これらは一般に空気と水によって満たされている．図 2.15 は実質と間隙との関係を単純化して示したものである．

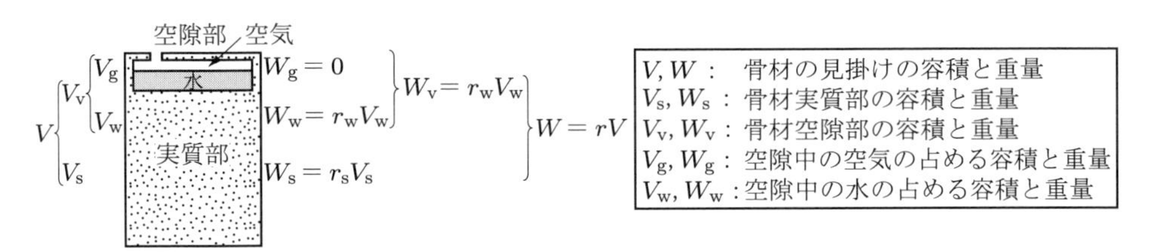

図 2.15　骨材の実質と空隙

骨材のような多孔質材料の密度の表し方としては，次の 3 種がある．

- 真密度（W_s/V_s）：石質部分の密度

- 表乾密度（$(W_s + W_{w.\,max})/V$）：表面乾燥飽水状態における見掛け密度
- 絶乾密度（W_s/V）：絶対乾燥状態における見掛け密度

骨材の密度としては，一般に表乾密度が用いられる．各種骨材の表乾密度のおおよその値は表 2.22 に示すとおりであって，一般に細骨材に対して 2.63 g/cm^3，粗骨材に対して 2.65 g/cm^3 と仮定してよい．

表 2.22 骨材の表乾密度 [g/cm^3]

種 別	平均値	範 囲
川・陸・山砂	2.60	2.5 ～2.7
海砂	2.55	2.55～2.65
砕砂	2.65	2.55～2.80
粗骨材	2.66	2.37～3.04

表乾密度は，実用上はコンクリートの配合計算に用いられるほか，吸水量とともに骨材の品質の目安を与える．

表乾密度の試験は JIS A 1109「細骨材の密度及び吸水率試験方法」*1 ならびに JIS A 1110「粗骨材の密度及び吸水率試験方法」*1 によって行う．

（6）単位容積質量 骨材の単位容積質量は，1 m^3 の容器の中に詰められた骨材の総質量のことであり，下記に示す骨材の空隙率の計算，骨材の量を容積で示す場合または骨材を容積で計算する場合などに必要である．単位容積質量は骨材の密度，粒度，粒形，含水量，試験方法などによって異なる．特に，細骨材における表面水は骨材粒の間隔を大きくするので細骨材の容積を増し*2，この結果単位容積質量が減少する．

骨材の単位容積質量は JIS A 1104「骨材の単位容積質量及び実積率試験方法」によって測定する．単位容積質量の大体の値は，細骨材で 1.50～1.85 kg/L，粗骨材で，1.55～2.00 kg/L である．

骨材の単位容積中の空隙の割合を百分率で表したものを空隙率*3 といい，次の式で計算する*4．

$$\text{空隙率 [\%]} = \left(1 - \frac{W_D}{\rho_D}\right) \times 100$$

ここに，ρ_D：絶乾密度，W_D [kg/L]：単位容積質量（絶乾）である．

---

*1 人工軽量骨材の密度試験方法は，別に JIS A 1134，1135 において規定されている．

*2 この現象を砂のふくらみ（bulking of sand）といい，砂の含水率（吸水率＋表面水率）が 5～6%程度のとき最も著しく，容積増加は 20～40%に達する．含水率がそれ以上になるとふくらみは減じ，水で飽和されると容積は乾燥状態の場合とほぼ等しくなる．

*3 空隙率 [%] = 100 − 実積率 [%]

*4 水を用いて直接求めてもよい．

粗骨材の空隙率は，プレパックドコンクリートの配合設計を行う場合に必要である．粗骨材の空隙率の大体の値は30～55%である．

(7) 物理的耐久性　凍結融解の繰り返しによる厳しい気象作用を受けるコンクリートには，十分に耐久的な骨材を用いなければならない．骨材の耐久性は，それと同じような骨材を用いた過去の経験からこれを判断するのが適当である．しかし，過去に経験のない場合には，骨材の安定性試験（JIS A 1122「硫酸ナトリウムによる骨材の安定性試験方法」），その骨材を用いたコンクリート凍結融解試験などの促進耐久性試験を行い，その結果から判断する．

一般に，頁岩，モンモリロナイトやローモンタイトを含む岩石，もろい砂岩，チャートなどは耐久性が劣る．

舗装用およびダム用コンクリートに用いる骨材は，すりへり抵抗の大きいことが必要である．土木学会コンクリート標準示方書では，ロサンゼルス試験機によるすりへり減量の限度を舗装用の粗骨材に対して35%，ダム用の粗骨材に対して40%と規定している．粗骨材のすりへり試験は，JIS A 1121「ロサンゼルス試験機による粗骨材のすりへり試験方法」による．

2.3.4　有害骨材とその判定方法

(1) 概　要　コンクリートの耐久性を著しく損なうような劣化を引き起こす有害鉱物を有害量含むような骨材を有害骨材という．有害鉱物としてすでに明らかにされているものを表2.23に示す．

表2.23　有害鉱物の種類と作用

有害鉱物	有害鉱物がコンクリートに及ぼす作用
火山ガラス，微小石英（潜晶質石英），結晶格子に歪みを有する石英	アルカリ骨材反応を起こす
モンモリロナイト，ローモンタイト	乾湿の繰り返しによって，コンクリートを劣化させる
含鉄ブルーサイト，硫化鉄	酸化・炭酸化・吸湿などによりコンクリートに体積膨張を起こす

図2.16は，アルカリ骨材反応を引き起こす有害鉱物と，これを含む岩石との関係を示したものである．モンモリロナイト，ローモンタイト，硫化鉄は，熱水変化作用を受けた安山岩などの火山岩，砂岩，粘板岩などの堆積岩，ホルンフェルスなどの変成岩に含まれていることが多い．なお，含鉄ブルーサイトは蛇紋岩に含まれている．

(2) 有害鉱物の組成・構造と有害量

● **火山ガラス**　非晶質で一定の化学組成を有しない．一般に，火山岩の石基や斑晶中に存在するが，砂岩や粘板岩などの堆積岩中にも含まれている．わが国の火山岩

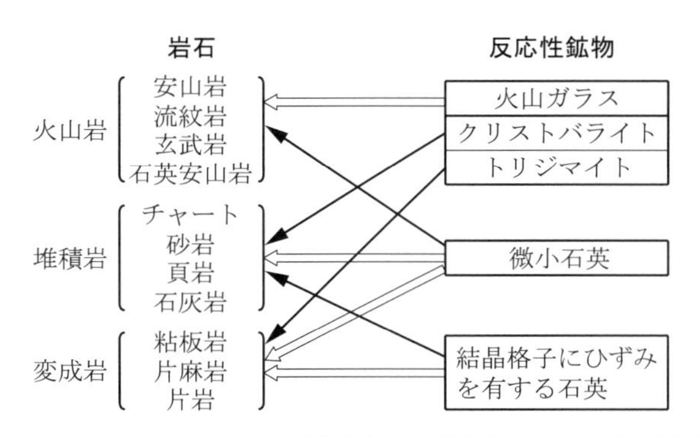

図 2.16 アルカリシリカ反応を起こす鉱物とこれらを含む岩石

系骨材に起因するアルカリ骨材反応の多くは，安山岩骨材中の火山ガラスによるものである．許容量は 20〜30%といわれている．

微小石英　石英の微結晶（5 μm 以下）の集合体で，結晶粒間に 1 μm 以下の細孔を有する．また，脈状，球顆状，鍾乳石状の微細な石英を，特にカルセドニーと呼んでいる．粘板岩，頁岩，チャート，砂岩などに多くみられ，潜晶質石英ともいう．石英は化学的に安定な鉱物であるが，微小石英は表面積が著しく大きく，しかも内部に細孔を有するために，反応性を有すると考えられている．許容量は 5%といわれている．わが国の堆積岩や変成岩系の骨材に起因するアルカリ骨材反応の多くは，粘板岩やチャート中の微小石英によるものである．

クリストバライト，トリジマイト　SiO_2 の化学組成を有する微細な結晶で，火山岩の石基や斑晶中にガラスと共存することが多く，反応性が高い．

モンモリロナイト　粘土鉱物の一種である．白色粉状の結晶（1 μm 〜数 μm）で，安山岩，流紋岩，凝灰岩などが熱水変質を受けて生成したものである．乾湿の変化によって多量の水を吸・脱水するので，モンモリロナイトを多く含んでいると乾湿の繰り返しによって岩石が崩壊することがある．安山岩，玄武岩，流紋岩などの火山岩では，モンモリロナイト量が 20%程度であれば劣化は生じないとされている．砂岩や粘板岩などの堆積岩中にモンモリロナイトが含まれている場合には，骨材としての使用は避けた方がよい．組成式は，$(Ca, Na)_{0.35}Al_2(Si, Al)_4O_{10}(OH)_2 \cdot nH_2O$ である．

ローモンタイト　濁沸石とも呼ばれる．白色板状あるいは柱状の結晶（数 μm〜数 mm）で，乾湿の繰り返しによって吸・脱水し，脱水したあと粉化する．多くは温泉熱水作用で生成する．ローモンタイトを 1〜2%含む火成岩系の骨材ではポップアウトを生じ，10%も含む場合には凍結融解作用によって劣化は著しく進行する．組成式

は $CaAl_2Si_4O_{12} \cdot 4H_2O$ である．

● **硫化鉄**　砂岩，頁岩，粘板岩などの堆積岩や火成岩に含まれている．黄鉄鉱（FeS_2）に代表される硫化鉄は，コンクリート中で，次のような反応によって石こうを生成し，これがセメント中の C_3A と反応してエトリンガイト（$C_3A \cdot 3CaSO_4 \cdot 32H_2O$）を形成するので，コンクリートは膨張し，ひび割れやポップアウトを生じる．

$$2FeS + 3.5O_2 + 4Ca(OH)_2 + 7H_2O \ \rightarrow \ 2Fe(OH)_2 + 4CaSO_4 \cdot 2H_2O$$

また，酸化作用によってさびを生成して褐色の汚染を生じるために，鉄筋の腐食発生と混同する恐れがある．

● **含鉄ブルーサイト**　蛇紋岩に含まれている．$(Mg_{10}Fe_2{}^{2+})(OH)_{24}$ という組成式を有する．コンクリートの表面で炭酸化した部分で，次のような反応によってコーリンガイトを生成し，その過程で体積膨張をともなうのでコンクリートにひび割れやポップアウトを生じさせる．

$$(Mg_{10}Fe_2{}^{2+})(OH)_{24} + \frac{1}{2}O_2 + CO_2 + 2H_2O$$
$$\rightarrow \ Mg_{10}Fe_2{}^{3+}(CO_3)(OH)_{24} \cdot 2H_2O \quad \text{（コーリンガイト）}$$

(3) 有害鉱物の判定方法

● **概　要**　骨材がどのような種類の岩石なのか，またその岩石がどのような鉱物から構成されているのかを把握する最も有効な手段は偏光顕微鏡観察である．鉱物の種類や存在形態によっては，X 線回折試験を必要とすることもある．偏光顕微鏡観察では，まず骨材として用いられている岩石の種類を調べることが大切である．岩石の種類によって，存在する可能性がある有害鉱物の種類と，岩石中における存在形態がある程度決まるからである．偏光顕微鏡による骨材の品質判定については，「コンクリート技術者のための偏光顕微鏡による骨材の品質判定の手引」（日本コンクリート工学協会）が参考になる．

● **有害鉱物の判定**　微小石英と火山ガラスは偏光顕微鏡によって判定するが，いずれにしてもある程度の経験が必要であり，特に火山ガラスの判定には熟練した専門家の助力が必要である．有害鉱物の判定については，日本コンクリート工学協会規準「骨材に含まれる有害鉱物の判別（同定）方法」，「有害鉱物の定量方法」が参考になる．

2.3.5　骨材中に介在している有害物質とその試験方法

(1) 概　要　骨材中には，鉄筋を腐食させる塩化物，コンクリートの硬化を阻害したり，強度に悪影響を与えたりする ① 有機不純物，② シルト，粘土，雲母片などの微細物質，③ 頁岩，石炭，亜炭などのぜい弱な物質などが含まれていることがある．

(2) 塩化物

● **海砂中の塩化物**　塩化物は海砂や河口から採取した砂に含まれている．これらの砂における塩分含有量は採取箇所，貯蔵条件，含水量によって異なる．海水中には約 1.9%の塩化物イオンが溶け込んでいるが，この量は NaCl 換算で約 3%に相当する．海砂に含まれている塩分（NaCl）の最大値を表面水率 10%と仮定して求めると，砂の絶乾重量に対して約 0.3%となる．

● **許容塩化物量**　鉄筋の腐食は海砂中の塩分（NaCl）が 0.04%以上になると発生し，腐食速度は 0.1%前後から顕著になる．土木学会コンクリート標準示方書では細骨材中の塩化物イオン量の許容限度として，細骨材の絶乾重量の 0.02%を規定している．この値は NaCl 換算では 0.03%になる．

● **塩化物含有量の試験方法**　海砂に含まれる塩化物含有量の試験は，土木学会規準「海砂の塩化物イオン含有率試験方法（滴定法）」または「海砂の塩化物イオン含有率試験方法（簡易測定器法）」による．

(3) 有機不純物　腐食土や泥炭などは，フミン酸その他の有機酸を含有している．これらの有機酸はセメントの水和反応を阻害するので，コンクリートの強度が減少したり，場合によっては硬化しないこともある．

砂に含まれる有機物の試験は，JIS A 1105「細骨材の有機不純物試験方法」による．これは比色試験であって，天然砂中の有機物含有量のごく概略の値を知ることができる．試験溶液の色合いが標準色よりも濃いときは，その砂を用いない方がよい．

(4) 有害な微細物質とぜい弱物質　シルト，粘土，雲母片などの微細物質，頁岩，石炭，亜炭などのぜい弱な物質をある量以上含んでいる骨材は，コンクリートの耐久性や強度に悪影響を及ぼす．土木学会コンクリート標準示方書では，骨材中の有害物質含有量の許容限度を表 2.24 のように規定している．

● **シルト，粘土などの微細物質**　骨材中に微細物質が有害量含まれていると，所要のコンシステンシーを得るための単位水量が増加し，また，これらがブリーディング水とともにコンクリート表層に移動して多孔質層を形成するので，強度，耐久性，すりへり抵抗性を減じさせるとともに，体積変化が大きくなってひび割れを生じやすくなる．雲母片は層状をなしていて吸水性が大きいので，コンクリートの耐久性，強度を害する．骨材中の微粒分量の試験は，JIS A 1103「骨材の微粒分量試験方法」による．

粘土塊量の試験は JIS A 1137「骨材中に含まれる粘土塊量の試験方法」に準じて行うが，試料は JIS A 1103 による微粒分量試験を行ったあとにふるいに残存したものを用いる．

表 2.24　有害物質含有量の限度

種　類	最大値 [%]	
	細骨材	粗骨材
粘度塊	1.0	0.25
微粉分量試験で失われるもの		1.0†2
コンクリートの表面がすりへり作用を受ける場合	3.0†1	
その他の場合	5.0†1	
石炭，亜炭などで密度 1.95 g/cm^3 の液体に浮くもの		
コンクリートの外観が重要な場合	0.5†3	0.5†3
その他の場合	1.0†3	1.0†3
塩化物（塩化物イオン量）	0.04	

†1 砕砂および高炉スラグ細骨材の場合で微粉分量試験で失われるのが石粉であり，粘土，シルトなどを含まないときは，最大値をおのおの 5 %および 7%にしてよい．
†2 砕石の場合で，微粉分量試験で失われるものが砕石粉であるときは，最大値を 1.5 %としてよい．
†3 高炉スラグ骨材には適用しない．

● **石炭，亜炭，頁岩などのぜい弱物質**　　これらを含んだ骨材は，コンクリートの強度，すりへり抵抗を減じる．試験は JIS A 5308 の附属書 2「骨材中の比重 1.95 の液体に浮く粒子の試験方法」による．

2.3.6　特殊骨材

(1) 高炉スラグ骨材　　高炉スラグ細骨材と高炉スラグ粗骨材がある．前者は熔融状態にある高炉スラグを冷水ジェットで急冷して，ガラス質の砂粒状にしたものであり，後者は熔融状態のスラグを空気中で徐冷して所定の粒度に破砕したものである．いずれも，JIS A 5011「コンクリート用スラグ骨材」に適合したものを用いる．

(2) 軽量骨材　　コンクリートの重量を軽減するために使用される密度の小さい骨材の総称である．強度上の区分から構造用と非構造用に分かれる．

JIS A 5002「構造用軽量コンクリート骨材」では，構造用の軽量骨材を表 2.25 のように区分している．土木学会コンクリート標準示方書では表 2.25 の区分のうち，[MA3, 17] と [MA4, 17] に適合するものを用いるように規定している．

構造用軽量骨材には，人工軽量骨材，天然軽量骨材，副産軽量骨材の 3 種があるが，一般的に用いられているのは人工軽量骨材である．人工軽量骨材は，膨張頁岩やフライアッシュなどを原料とし，高温焼成によって製造したものである．

(3) 重量骨材　　重量の大きいコンクリートをつくるためには，赤鉄鉱，磁鉄鉱，重晶石などの密度の大きい材料を骨材として使用する必要がある．表 2.26 は，各種重量骨材を用いたコンクリートの単位重量を示したものである．通常の骨材を用いた

表 2.25 軽量骨材の区分

事項	区分	範囲	
		細骨材	粗骨材
絶乾密度による分類 [g/cm^3]	L	1.3 未満	1.0 未満
	M	1.3 以上 1.8 未満	1.0 以上 1.5 未満
	H	1.8 以上 2.3 未満	1.5 以上 2.0 未満
		モルタル中の細骨材	粗骨材
実積率による分類 [%]	A	50.0 以上	60.0 以上
	B	45.0 以上 50.0 未満	50.0 以上 60.0 未満
コンクリートの圧縮強度による分類 [N/mm^2]	4	40 以上	
	3	30 以上 40 未満	
	2	20 以上 30 未満	
	1	10 以上 20 未満	
コンクリートの単位容積質量による分類 [kg/m^3]	15	1.6 未満	
	17	1.6 以上 1.8 未満	
	19	1.8 以上 2.0 未満	
	21	2.0 以上	

表 2.26 各種重量骨材の密度および重量骨材を用いたコンクリートの単位重量のおよその範囲*

種別	重晶石	赤鉄鉱	磁鉄鉱
骨材の密度 [g/cm^3]	4.2〜4.7	4.4〜4.9	4.5〜5.2
コンクリートの単位重量 [kN/m^3]	33.0〜36.0	35.0〜37.0	35.0〜38.0

コンクリートの単位重量は 22.5〜23.0 kN/m^3 であるが，この表から，密度が 4〜5 g/cm^3 の重量骨材を使用することによって，単位重量が 33.0〜38.0 kN/m^3 の重量コンクリートが得られることがわかる．

2.4 水

2.4.1 概　要

コンクリートの練混ぜに用いる水は，一般に水道水と天然水（地下水，河川水，湖沼水など）であるが，上水道水以外の水の場合には，土木学会規準「コンクリート用練混ぜ水の品質規格（案）」，または，JIS A 5308 付属書 C（規定）「レディーミクストコンクリートの練混ぜに用いる水」の規定に適合したものを用いる．

また，コンクリート製造工場において発生する洗浄排水の上澄み水は，コンクリートの強度やワーカビリティーなどに悪い影響がないことを確かめれば，練混ぜ水とし

＊ コンクリートの場合，単位重量 [kN/m^3] で表現するのが一般的である（4.1.1 項参照）．

て利用できる．さらに，洗浄排水から骨材を取り除いて回収したスラッジ水については，スラッジ固形分率を1%未満で用いる場合にはコンクリートの品質に悪影響がないことを確かめたうえで練混ぜ水として利用できる．

練混ぜ水は，酸，油，塩類，有機物のほか，コンクリートや鋼材の品質に悪い影響を及ぼす物質の，それぞれ有害量を含んでいてはならない．一般に，飲用に供されている水は練混ぜ水として使用できるが，それ以外の水は水質試験によって使用の可否を判断する．

2.4.2 水に含まれている物質とそのコンクリートおよび鋼材への影響

(1) 塩化物　海水を鉄筋コンクリートに用いてはならない．鉄筋の腐食を考慮する必要のない無筋コンクリート構造物でも，海水の使用は長期強度の発現を阻害するばかりでなく，アルカリ骨材反応を促進したり，白華現象を生じるなど，コンクリートの耐久性を低下させるので，なるべく使用しない方がよい．感潮部の河川水も塩分濃度が高い場合があるので注意を要する．地下水にも塩分濃度が高いものがある．一般に，200 ppm 以上の塩分を含む水は使用しない方がよい．

(2) 有機物　糖類，パルプ廃液，各種の有機酸などの有機物はセメントの水和反応を阻害するので，コンクリートの凝結や強度の発現に悪い影響を及ぼす．湖沼水には有機酸の一種であるフミン酸が含まれていることが多い．

(3) 無機物　亜鉛や鉛などの化合物，炭酸塩，硫酸塩，リン酸塩，ヨウ化物などはコンクリートの凝結や強度の発現に悪影響を及ぼすのみでなく，乾燥収縮を増大させる．これらは工業排水や都市下水に汚染された水に含まれていることが多い．

(4) 懸濁水　濁った水は，懸濁物質が2 g/L を超えるときは，練混ぜに用いてはならない．

(5) 水素イオン濃度　pH が著しく低い酸性の水または高アルカリ性の水を練混ぜ水または養生に用いてはならない．JASS 5 では高耐久性コンクリートの水質基準において，練混ぜ水の pH の範囲を5.8～8.6と規定している．

(6) 練混ぜ水としての適否の判定　水質に疑いのある場合には，水質試験を行うとともに，純水を用いた場合と，試験水を用いた場合のモルタルまたはコンクリートの凝結時間と圧縮強度を比較して適否を決める．

2.5 鉄筋およびPC鋼材

2.5.1 鉄 筋

(1) 概 要　普通丸鋼と異形棒鋼とがあるが，これらはいずれも JIS G 3112「鉄筋コンクリート用棒鋼」の規定に適合したものであることが必要である．上記の JIS

表 **2.27**　鉄筋コンクリート用棒鋼

(a)　機械的性質（JIS G 3112）

種類の記号	降伏点または0.2%耐力 [N/mm²]	引張強さ [N/mm²]	引張試験片	伸び† [%]	曲げ性	
					曲げ角度	内側半径
SR235	235 以上	380〜520	2 号	20 以上	180°	公称直径の 1.5 倍
			3 号	24 以上		
SR295	295 以上	440〜600	2 号	18 以上	180°	径 16 mm 以下　公称直径の 1.5 倍
			3 号	20 以上		径 16 mm を超えるもの　公称直径の 2 倍
SD295A	295 以上	440〜600	2 号に準じるもの	16 以上	180°	D16 以下　公称直径の 1.5 倍
			3 号に準じるもの	18 以上		D16 を超えるもの　公称直径の 2 倍
SD295B	295〜390	440 以上	2 号に準じるもの	16 以上	180°	D16 以下　公称直径の 1.5 倍
			3 号に準じるもの	18 以上		D16 を超えるもの　公称直径の 2 倍
SD345	345〜440	490 以上	2 号に準じるもの	18 以上	180°	D16 以下　公称直径の 1.5 倍
						D16 を超え D41 以下　公称直径の 2 倍
			3 号に準じるもの	20 以上		D51　公称直径の 2.5 倍
SD390	390〜510	560 以上	2 号に準じるもの	16 以上	180°	公称直径の 2.5 倍
			3 号に準じるもの	18 以上		
SD490	490〜625	620 以上	2 号に準じるもの	12 以上	90°	D25 以下　公称直径の 2.5 倍
			3 号に準じるもの	14 以上		D25 を超えるもの　公称直径の 3 倍

† 異形棒鋼で，寸法が呼び名 D32 を超えるものについては，呼び名 3 を増すごとに上表の伸び値からそれぞれ 2%減じる．ただし，減じる限度は 4%とする．

(b)　引張試験 (JIS Z 2201)

試験片	標点距離 L	つかみの間隔 P	摘要
2 号 †	$8D$	約 $(L+2D)$	D, L, P
3 号 †	$4D$	約 $(L+2D)$	

† 呼び径（または対応距離）が 25 mm 以上の棒材に用いる．

では表 2.27 に示すように 7 種が規定されている．

(2) 標準寸法　直径は異形棒鋼では表 2.28 に示すように D 6〜D 51 の 12 種が規定されているが，普通丸鋼では直径 6，9，13，16，19，22，25，28，32 mm のものが市販されている．異形棒鋼，普通丸鋼ともに 19〜25 mm のものが最も多く用いられている．長さは表 2.29 のように規定されており，5.5 m のものが標準品である．

(3) 機械的性質とその試験　鉄筋の機械的性質は，表 2.28 の規定を満足するものでなければならない．これらの機械的性質の試験方法および試験片については，下記の JIS の規定に従って行う．

- JIS Z 2241 「金属材料引張試験方法」
- JIS Z 2248 「金属材料曲げ試験方法」
- JIS Z 2201 「金属材料引張試験片」
- JIS Z 2204 「金属材料曲げ試験片」

表 2.28　異形鉄筋の種類，単位重量，公称寸法およびふしの形状寸法（JIS G 3112, JIS G 3117）

呼び名 †1	単位重量 [kg/m]	公称直径 d [mm]	公称断面積 s [cm^2]	公称周長 l [cm]	ふしの許容限度 †2			
					ふしの平均間隔の最大値 [mm]	ふしの高さ 最小値 [mm]	ふしの高さ 最大値 [mm]	ふしのすきまの和の最大値 [mm]
D6	0.249	6.35	0.3167	2.0	4.4	0.3	最小値の2倍	5.0
D10	0.560	9.53	0.7133	3.0	6.7	0.4		7.5
D13	0.995	12.7	1.267	4.0	8.9	0.5		10.0
D16	1.56	15.9	1.986	5.0	11.1	0.7		12.5
D19	2.25	19.1	2.865	6.0	13.4	1.0		15.0
D22	3.04	22.2	3.871	7.0	15.5	1.1		17.0
D25	3.98	25.4	5.067	8.0	17.8	1.3		20.0
D29	5.04	28.6	6.424	9.0	20.0	1.4		22.5
D32	6.23	31.8	7.942	10.0	22.3	1.6		25.0
D35	7.51	34.9	9.566	11.0	24.4	1.7		27.5
D38	8.95	38.1	11.40	12.0	26.7	1.9		30.0
D41	10.5	41.3	13.40	13.0	28.9	2.1		32.5
D51	15.9	50.8	20.27	16.3	35.6	2.5		40.0

†1 再生異形棒鋼は，上表のD6，D10，D13の3種に限定されているが，ほかにD8が規定されている．
†2 異形棒鋼のふしと軸線とのなす角度は，45度以上でなければならない．

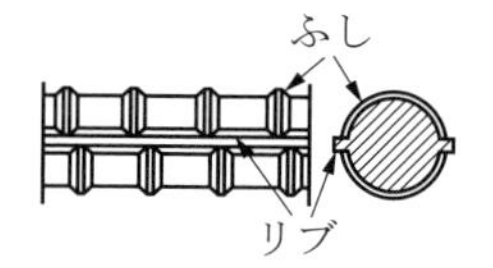

表 2.29　鉄筋の標準長さ

長　さ												
3.5	4.0	4.5	5.0	5.5	6.0	6.5	7.0	8.0	9.0	10.0	11.0	12.0

なお，異形棒鋼の引張強さ，降伏点は表2.28に示した公称断面積をもとにして算出される．

(4) 再生棒鋼　　鋼材製造中に発生する鋼くず，古い形鋼やレール材などを再圧延して製造するもので，これに関してはJIS G 3117「鉄筋コンクリート用再生棒鋼」に規定されている．

2.5.2　PC鋼材

(1) 概　説　　プレストレストコンクリートにプレストレスを与えるために用いる高張力の鋼材をPC鋼材といい，PC鋼線，PC鋼より線，PC鋼棒，異形PC鋼線，異形PC鋼棒などがある．

(2) 高張力鋼材の応力ひずみ曲線　　PC鋼材のような高張力鋼材は一般の軟鋼のように明瞭な降伏点を示さないので，0.2%の残留ひずみを生じるような応力度をもって降伏点応力度（0.2%耐力）とするのが普通である．

(3) PC 鋼線

① 直径が 9 mm 程度以下の高強度鋼線で，ピアノ線材をパテンティング（硬鋼線を引抜き加工に適する組織とするための焼入れ・焼戻し操作）を施したのちに冷間引抜きし，最終工程でブルーイング（加工ひずみ除去のための熱処理）を施したものが一般に用いられている．

② PC 鋼線は JIS G 3536「PC 鋼線及び PC 鋼より線」にその品質が規定されている．

③ PC 鋼線は単線のまま，または数本を平行にならべて一束にして用いるもので，プレテンション方式，ポストテンション方式のいずれにも用いられる．

(4) PC 鋼より線

① 2 本の素線をより合わせて 2 本よりとしたもの，3 本よりとしたものと，1 本の素線のまわりに 6 本の素線を S よりに巻き付けた 7 本よりのものなどがある（表 2.30）．素線の冷間引抜きのあとに，より線加工を施し，最終工程においてブルーイング加工を行って製造する．

② PC 鋼より線は JIS G 3536 にその品質が規定されている．

③ 細い PC 鋼より線はプレテンション方式，ポストテンション方式に用いられる．

表 2.30　PC 鋼線および PC 鋼より線の種類

<table>
<tr><th colspan="3">種　類</th><th>記　号</th><th>断　面</th></tr>
<tr><td rowspan="3">PC 鋼線</td><td rowspan="2">丸線</td><td>A 種</td><td>SWPR1AN，SWPR1AL</td><td></td></tr>
<tr><td>B 種</td><td>SWPR1BN，SWPR1BL</td><td></td></tr>
<tr><td colspan="2">異形線</td><td>SWPD1N，SWPD1L</td><td></td></tr>
<tr><td rowspan="5">PC 鋼より線</td><td colspan="2">2 本より線</td><td>SWPR2N，SWPR2L</td><td></td></tr>
<tr><td colspan="2">異形線 3 本より線</td><td>SWPD3N，SWPD3L</td><td></td></tr>
<tr><td rowspan="2">7 本より線</td><td>A 種</td><td>SWPR7AN，SWPR7AL</td><td></td></tr>
<tr><td>B 種</td><td>SWPR7BN，SWPR7BL</td><td></td></tr>
<tr><td colspan="2">19 本より線</td><td>SWPR19N，SWPR19L</td><td></td></tr>
</table>

- 丸線 B 種は，A 種より引張強さが 100 N/mm^2 高強度の種類を示す．
- 7 本より線 A 種は，引張強さ 1720 N/mm^2 級を，B 種は 1860 N/mm^2 級を示す．

(5) PC 鋼棒

① 直径が 9〜40 mm 程度のもので，圧延棒鋼，引抜き棒鋼，熱処理棒鋼がある．素材としてはキルド鋼を用い，これを熱間圧延したのち，ストレッチング，冷間引抜き，熱処理のうちいずれか一つの方法またはこれらの方法の組み合わせによって製造する．

② PC 鋼棒は JIS G 3109「PC 鋼棒」にその品質が規定されている（表 2.31）．

表 2.31 PC 鋼棒の種類

種 類		記 号
A 種	2 号	SBPR 785/1030
B 種	1 号	SBPR 930/1080
	2 号	SBPR 930/1180
C 種	1 号	SBPR 1080/1230

記号中の数字の左側は 0.2%耐力，
右側は引張強さを示す．

③ 一般にポストテンション方式に用いられる．

2.5.3 PC 鋼材のリラクセーション

PC 鋼材に引張荷重を加えて，両端を固定したとき，時間の経過とともに起こる応力の減少を PC 鋼材のリラクセーションという．PC 鋼材ではこれを緊張したあとのリラクセーションが大きいとコンクリートのプレストレスは有名無実になるので，長時間にわたってリラクセーションの小さいことを試験によって確認しなければならない．上記の JIS では，それぞれこの値の最大値が規定されている．

演習問題

2.1 ポルトランドセメントは一般にどのような原料から製造されるかを述べよ．

2.2 セメント製造の際に，クリンカーに石こうを加える理由を述べよ．

2.3 普通ポルトランドセメントにおける代表的な化学成分をあげよ．

2.4 ポルトランドセメントを構成している 4 つの主要なセメント化合物の名称をあげ，普通ポルトランドセメントの場合におけるこれらの概略の百分率を示せ．

2.5 演習問題 2.4 の 4 つのセメント化合物が，ポルトランドセメントの強度発現，水和熱，化学抵抗性，乾燥収縮の諸性質に及ぼす影響を表に示せ．

2.6 C–S–H について説明せよ．

2.7 セメント中のアルカリ量はどのように表されるかを述べよ．

2.8 高炉セメント B 種と普通ポルトランドセメントの密度はそれぞれどの程度でどちらが大きいかを答えよ．

2.9 偽凝結について説明し，その主な原因について記せ．

2.10 高炉セメントの特性ならびに使用上の注意事項について述べよ．

2.11 セメントの風化とはどのような現象かを述べよ．また，風化によってセメントの性質はどのような影響を受けるかを述べよ．

2.12 高炉スラグの潜在水硬性について説明せよ.

2.13 エコセメントの種類とそれぞれの特徴を説明せよ.

2.14 混和材と混和剤とはどのような差があるかを説明せよ. また, おのおのについて種類をあげよ.

2.15 ポゾラン反応とは何かを説明せよ.

2.16 AE 剤の効果について説明せよ.

2.17 減水剤の種類と減水機構について述べよ.

2.18 高性能 AE 減水剤について説明せよ.

2.19 防錆剤について説明せよ.

2.20 骨材として用いられている主な岩石の種類を 3 種あげよ.

2.21 細骨材および粗骨材はそれぞれ「……5 mm ふるいを重量で 85%以上通過する骨材」および「5 mm ふるいに 85%以上とどまる骨材」と定義され, いずれも“100%”としていない. その理由を考えよ.

2.22 山砂をコンクリートに用いる際に注意すべき点をあげよ.

2.23 海砂をコンクリートに用いる際に注意すべき点をあげよ.

2.24 有害鉱物の種類とその判定方法について述べよ.

2.25 骨材を表乾状態にするための方法を述べよ.

2.26 骨材の密度としては, 一般に表乾密度を用いる理由を述べよ.

2.27 砂の表面水率の測定方法を説明せよ.

2.28 表 2.20, 2.21 の標準粒度（ダムコンクリートを除く）の粒度曲線を描き, さらにこれらの標準粒度の上限および下限の骨材の粗粒率を計算せよ.

2.29 表 2.32 の粗骨材の最大寸法を求めよ.

表 2.32　粗骨材のふるい分け試験結果

ふるい呼び寸法［mm］	50	40	25	20	15	10	5
ふるいを通るものの百分率	100	96	65	47	30	17	0

2.30 実積率によって骨材のどのような性質を知ることができるかを答えよ.

2.31 細骨材が表面水を含んでいるときの容積増加（bulking）について述べよ.

2.32 コンクリートの耐久性に及ぼす海砂中の塩分の影響について論ぜよ.

2.33 鋼材の引張強度と伸びとの関係について考察せよ.

2.34 異形棒鋼を使用することの利点について述べよ.

2.35 PC 鋼材のリラクセーションが小さいほどよい理由をあげよ.

第3章　フレッシュコンクリートの性質

3.1　概　説

フレッシュコンクリートは，型枠のすみずみや鉄筋の周囲に十分にいきわたるようなやわらかさをもち，締固めや仕上げが容易であり，しかも運搬，打込み，締固め，仕上げなどの作業中における材料分離が少ないものでなければならない．フレッシュコンクリートの性質を表すために，次の用語がある．

① コンシステンシー（consistency）：変形あるいは流動に対する抵抗性の程度で表されるフレッシュコンクリートの性質である．

② ワーカビリティー（workability）：コンシステンシーおよび材料分離に対する抵抗性の程度によって定まるフレッシュコンクリートの性質であって，運搬，打込み，締固め，仕上げなどの作業の容易さを表す．

③ プラスティシティー（plasticity）：容易に型に詰めることができ，型を取り去るとゆっくり形を変えるが，くずれたり，材料が分離したりすることのないような，フレッシュコンクリートの性質である．

④ フィニッシャービリティー（finishability）：粗骨材の最大寸法，細骨材率，細骨材の粒度，コンシステンシーなどによる仕上げの容易さを示すフレッシュコンクリートの性質である．

3.2　ワーカビリティー

3.2.1　作業に適するワーカビリティー

均等質なコンクリートを容易につくるためには，作業に適するワーカビリティーのコンクリートを用いることが極めて重要である．作業に適するワーカビリティーは，構造物の種類，断面および施工方法によって異なる．たとえば，舗装版の施工に適したワーカビリティーのコンクリートが，鉄筋コンクリート床版の施工に適するとは限らない．

3.2.2 ワーカビリティーに影響を及ぼす諸要因

ワーカビリティーに影響を及ぼす主な要因は，コンクリートの配合，粗骨材の最大寸法，骨材の粒度，骨材の形状，混和材料の種類および使用量，セメントの粉末度，コンクリートの温度などである．以上のうち，特に AE 剤や減水剤はワーカビリティーの改善に有効である．

3.2.3 試験方法

ワーカビリティーそのものを測定する満足な方法はまだない．一般にはコンシステンシーを測定し，さらにそのときコンクリートの状態を観察すれば，ワーカビリティーの適否をおおよそ判定できる．

3.3 コンシステンシー

3.3.1 概　要

① コンシステンシーの小さいコンクリートを用いれば，コンクリート作業は容易となるが，材料分離の傾向は大きくなる．

② コンクリートのコンシステンシーは一般に，スランプ試験（slump test）によって求めたスランプによって表されるが，硬練りのコンクリートに対しては，振動式コンシステンシー試験によって求めた VB 値，沈下度または VF 値によって表される．

3.3.2 コンシステンシーに影響を及ぼす諸要因

① コンシステンシーに影響を及ぼす要因は，単位水量，細骨材率，骨材の粒度と形状，セメントの粉末度，混和材料の種類および使用量，コンクリートの温度および空気量などである．

② 同じ水セメント比のコンクリートでは，一般に単位水量が小さいほど，細骨材率が大きいほど，骨材の粗粒率が小さいほど，骨材が角ばっているほど，セメントの粉末度が高いほど，コンクリートの温度が高いほど，コンシステンシーは大きくなる（図 3.1）．

③ 同じ骨材を用いたコンクリートのコンシステンシーは，単位水量が一定であれば，水セメント比（単位セメント量）が変わっても実用上は一定とみてよい（単位水量一定の法則）（図 3.2）．

3.3.3 試験方法

(1) スランプ試験　スランプは JIS A 1101「コンクリートのスランプ試験方法」によって求める．すなわち，図 3.3 に示すように，高さ 30 cm のスランプコーンにコ

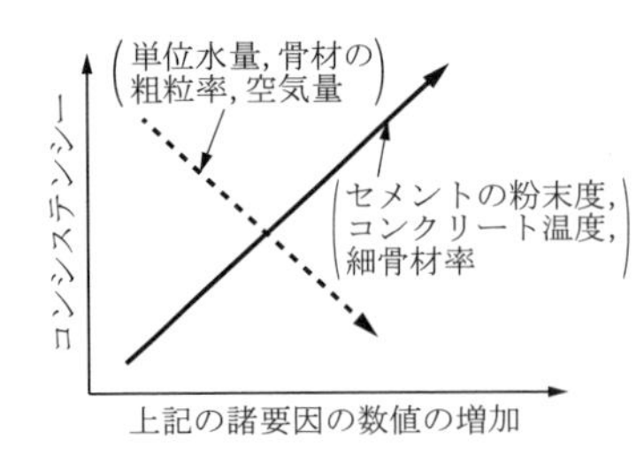

図 3.1　コンシステンシーに及ぼす各種要因の影響

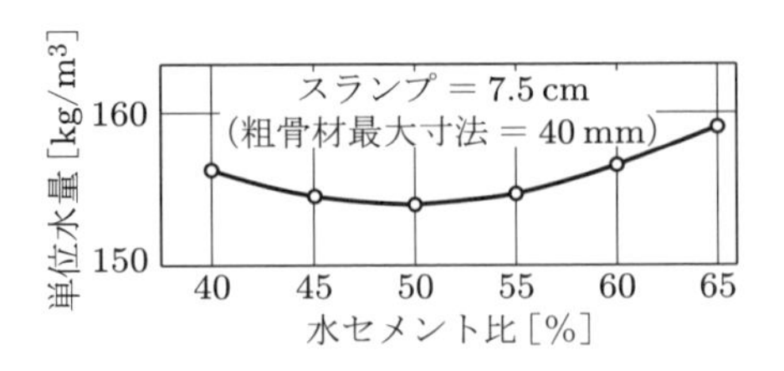

図 3.2　水セメント比と単位水量との関係

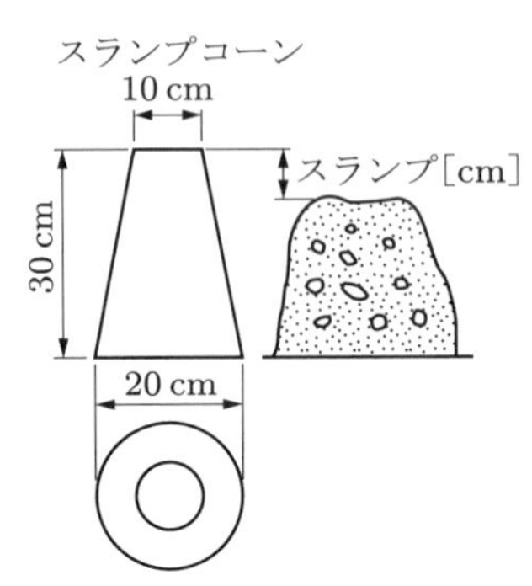

図 3.3　スランプ試験

ンクリートを充てんしたのちこれを引き上げ，コンクリートが自重によって変形したのちの沈下量を cm で表してスランプとする．

スランプ試験は，スランプが 3～16 cm の範囲のコンクリートのコンシステンシーを比較的鋭敏に示すが，この範囲外ではコンシステンシーを敏感に示し得ない場合が多い．

(2) Vee-Bee 試験（VB 試験）　図 3.4 に示すように，振動台（振動数 3000～3500 rpm，振幅 1～5 mm）上の円筒形容器中のスランプコーンにコンクリートを充てんし，これを引き上げたあとコンクリートに振動を与え，コンクリートが変形して円筒形となり，落ちつくまでに要した仕事量を時間［秒］で示し，これを VB 値* とするもので，スランプが 0 となるような超硬練りコンクリートのコンシステンシーを測定するのに適している．

(3) 振動台式コンシステンシー試験　土木学会規準「振動台式コンシステンシー試験方法（舗装用）」に規定されているもので，上記の Vee-Bee 試験を舗装用コンク

* この際，コンクリート上にすべり棒のついた透明円板をのせ，コンクリートとともに沈下させて，コンクリートが円板に一様に接触した時間をもって VB 値とする．

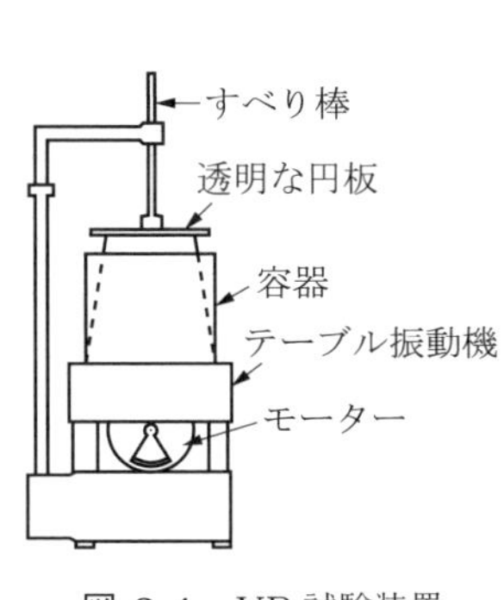

図 3.4 VB 試験装置

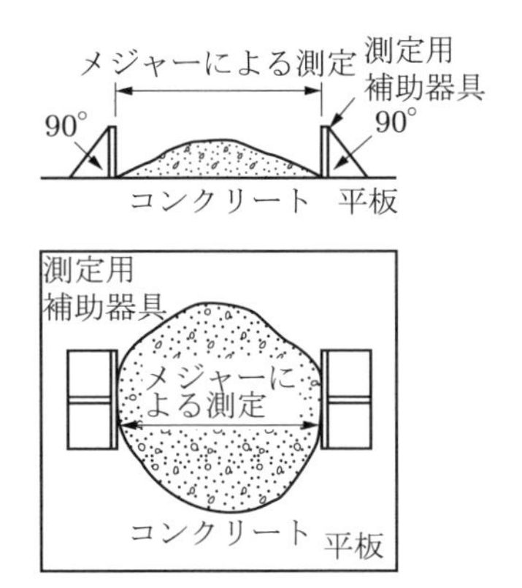

図 3.5 スランプフローの測定方法

リートに適するよう，改良したものである*．この試験では VB 値に相当する値を沈下度［秒］と呼んでいる．

(4) スランプフロー試験 高流動コンクリートのコンシステンシーを求めるための試験方法である．図 3.5 は，JIS A 1150「コンクリートのスランプフロー試験方法」に規定されている方法で，スランプコーンを引き上げたあとのコンクリートの高さの代わりに，拡がり幅を測定するものである．スランプフローの目標値としては 60〜65 cm 程度の値が用いられている．

3.4 材料分離

3.4.1 概 要

フレッシュコンクリートは，密度や粒径の異なる種々の固体材料と水との混合物であるから，運搬，打込み，締固め，仕上げなどの作業中に各材料が分離する傾向がある．また，コンクリートの打込みを終わったのちも，固体粒子の沈下にともなって水が分離して上昇する．この現象をブリーディング（bleeding）という．

3.4.2 コンクリートの取り扱い中における材料分離

① 硬化したコンクリートにおける豆板などの欠点は，コンクリートの取り扱い中の材料分離によって生じたものである．これらの欠点は，コンクリートの構造的な弱点となるだけでなく，水密性を著しく損なうとともに，鉄筋の腐食を早める．

② 一般に，コンシステンシーの小さいコンクリートほど，粗骨材の最大寸法が大きくなるほど，細骨材の粒度が粗くなるほど，単位骨材量が大きくなるほど，材料

---

* 振動台の振動数を 1500 rpm，振幅を約 0.8 mm とし，スランプコーンを上部内径 15 cm，高さ 23 cm に改めている．

分離の傾向は大きくなる．

③ 材料分離を少なくするためには，適当なワーカビリティーのコンクリートを用いることが重要であって，減水剤や AE 剤の使用は極めて有効である．

④ コンクリートの運搬，打込み，締固めなどの作業において，分離をなるべく少なくするための注意事項については，第7章を参照のこと．

3.4.3　コンクリート打込み後の材料分離

① ブリーディングによってコンクリートの上部が多孔質になり，強度，水密性，耐久性が損なわれる．さらに，骨材粒の下面に水膜を生じるので，これらとセメントペーストとの付着が弱められる結果，強度や耐久性が小さくなる．

② ブリーディングによって水平に配置された鉄筋の下側に水膜を生じるので，鉄筋の付着強度は著しく損なわれる．

③ ブリーディングは一般に単位水量と水セメント比が大きいほど，砂の粒度が粗いほど，打込み時の気温が低いほど著しい．また，振動締固めやこて仕上げなどを過度に行うとブリーディングは多くなる．ブリーディングは，一般にコンクリート打込み後2〜4時間で終了する（図3.6）．

④ ブリーディングを少なくするためには，適切な粒度の骨材を用いてなるべく硬練りとし，さらに減水剤，AE 剤を使用するのがよい．

⑤ ブリーディングによって，水とともにコンクリート表面に浮かび出て沈殿した微細な粒子をレイタンス（laitance）という．レイタンスは，個々に水和・凝結して結合力を失ったセメントの微粒子群と砂中の微粒子の混合物である．このような表面に新たなコンクリートを打継ぐ際には，必ずレイタンスを除去しなければな

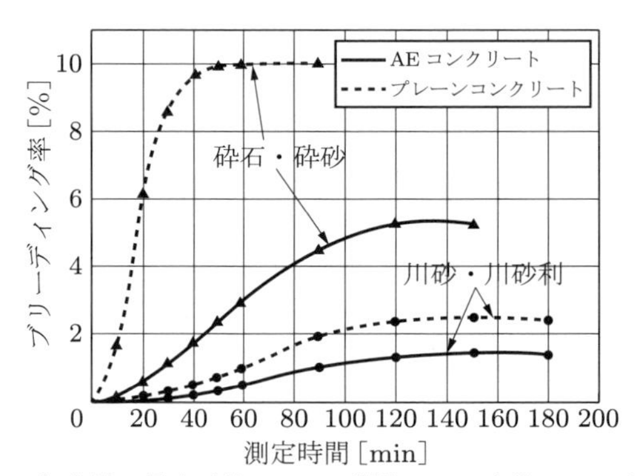

図 3.6　ブリーディングに及ぼす骨材の種類の影響

らない.

3.4.4 材料分離の測定法

① 材料分離の程度は肉眼でもある程度判定できるほか,次の試験によって定量的に知ることができる.

- JIS A 1123「コンクリートのブリーディング試験方法」
- JIS A 1112「フレッシュコンクリートの洗い分析試験方法」

② JIS A 1123 によるコンクリートのブリーディング試験は,コンクリートを容量約 14 L の容器に打込み,一定時間ごとに上面にしみ出た水をピペットで吸い取って測定し,その結果をブリーディング量またはブリーディング率で示す.

$$\underset{[\mathrm{cm^3/cm^2}]}{\text{ブリーディング量}} = \frac{\text{最終時まで累計したブリーディングによる水量 } [\mathrm{cm^3}]}{\text{コンクリート上面の面積 } [\mathrm{cm^2}]}$$

$$\underset{[\%]}{\text{ブリーディング率}} = \frac{\text{最終時まで累計したブリーディングによる水の質量 } [\mathrm{kg}]}{\dfrac{\text{コンクリートの単位水量 } [\mathrm{kg/cm^3}]}{\text{コンクリートの単位質量 } [\mathrm{kg/cm^3}]} \times \text{試料の質量 } [\mathrm{kg}]} \times 100$$

3.5 コンクリート中の空気泡

3.5.1 概 要

AE 剤によってコンクリート中に連行した微小な空気泡(エントレインドエア)は,フレッシュコンクリートのワーカビリティーを著しく改善する.この効果は特に単位セメント量の少ないコンクリートまたは砕石コンクリートの場合に顕著である.

3.5.2 空気量に影響を及ぼす諸要因

使用材料に関する要因(AE 剤,骨材,セメント,混和材),施工に関する要因(温度,練混ぜ,運搬,打込み,締固め),フレッシュコンクリートの性質に関する要因(コンシステンシー)がある.

① AE 剤の種類と使用量:AE 剤の使用量と空気量はほぼ正比例するが,その比例定数は AE 剤の種類によって異なる.

② セメントの種類:一般に,粉末度の高いセメントほど空気が入りにくく,また混合セメントでは,スラグ,フライアッシュなどの混合材の多いものほど所要の空気量を得るのに要する単位 AE 剤量が多くなる.

③ 骨材の粒度および量:特に,細骨材の粒度と量が空気量に大きい影響を及ぼす.0.15〜0.6 mm 程度の粒の多いものは空気連行能力が大きく,0.15 mm 以下の微

粒分が増すと空気の連行性は低下する（表3.1）．また，細骨材率を大きくするほど空気量は増加する．

④ コンクリートの温度：練混ぜ時のコンクリート温度が高くなると空気が入りにくくなる．温度が10℃だけ上昇すると，空気量は約1%減少する（図3.7）．したがって，所要の空気量を得るのに要する単位AE剤量は夏期には増大し，冬期には減少する．

⑤ コンシステンシー：スランプの大きいコンクリートほど空気を連行しやすいが，ある限度以上のスランプではかえって空気は入りにくくなる．

⑥ コンクリートの練混ぜ：エントレインドエアはコンクリートを練混ぜる際の物理的作用によって生じるので，練混ぜ方法，練混ぜ量，練混ぜ時間などによって空気量が変化する．練混ぜ時間が空気量に及ぼす影響は，コンクリートの配合，練混ぜ量，ミキサーの種類などによって異なるが，一般に2〜4分で最大の空気量となり，その後は徐々に減少する．

⑦ 練混ぜ後の放置，運搬，打込み，締固め：練混ぜ後1時間程度静置すると空気量は2割程度減少する．運搬や振動締固めの間に失われる空気量は，練混ぜ直後の空気量の1〜2割程度である．ただし，以上のようにして失われる空気量の大部分は，気泡径の大きいエントラップトエア（entrapped air）である．

表3.1　砂の粒径と空気量との関係

砂の粒径 [mm]	空気量 [%]
1.2〜0.6	15〜20
0.6〜0.3	30〜35
0.3〜0.15	45〜50
0.15以下	0〜 1

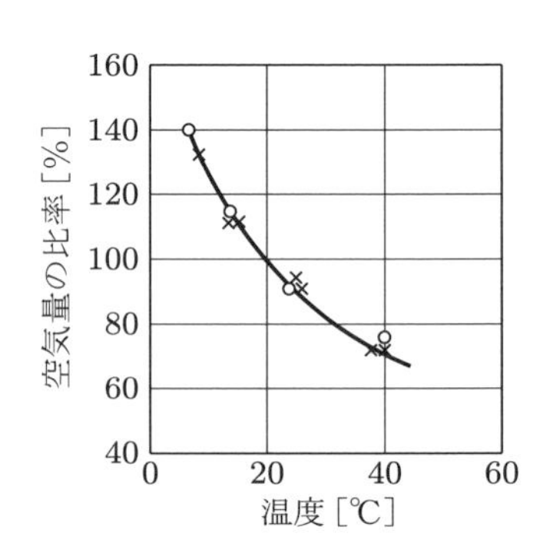

図3.7　コンクリートの温度と空気量との関係

3.5.3　空気量の測定方法

JIS A 1116「フレッシュコンクリートの単位容積質量試験方法及び空気量の質量による試験方法（質量方法）」，JIS A 1128「フレッシュコンクリートの空気量の圧力による試験方法（空気室圧力方法）」，JIS A 1118「フレッシュコンクリートの空気量の容積による試験方法（容積方法）」の3種がある．これらの方法の特徴を表3.2に示す．

表 3.2　各種の空気量試験方法の比較

	原　理	特　徴	適用条件
質量方法 (JIS A 1116)	一定容積の容器にコンクリートを充てんして，単位容積質量を測定し，この値と理論値から計算によって空気量を求める．	① 操作が簡単である． ② 試験誤差が大きく，精度が悪い． ③ 秤量が大で感量の小さい秤を要する．	① 下記の 2 つの方法では適用困難な最大寸法の著しく大きいコンクリートにも適用できる． ② 下記の方法のための器具がない場合，空気量の概略を把握するときに用いられる．
空気室圧力方法 (JIS A 1128)	大気圧下で一定容積の容器に充てんされたコンクリートに，空気室 v で一定圧 p となっている空気圧を加え，このときの p の低下を測定し，ボイルの法則を適用して空気量を求める．	① 操作が簡単で，特に熟練を要しない． ② 試験に要する時間が短い． ③ 空気量が多いとき精度が悪くなる． ④ 圧力計（ブルドン管）は狂いやすいので検定を怠らないこと．	① 多孔質骨材を用いたコンクリート，硬練りで粗骨材量の多いコンクリートには適しない（これらに対しては容積方法を用いる）． ② 試験が容易なので 3 種の中では最も一般的に用いられている．特に，現場の管理試験に適している．
容積方法 (JIS A 1118)	一定容積 V のコンクリートの試料を一定量の水で希釈してその中の気泡を完全に追い出し，この量 v を水でおきかえて，空気量 [%] $(= v/V \times 100)$ を求める．	① 操作は簡単であるが，重量物を扱うので，労力を要する． ② 空気を追い出す関係で，試験に時間がかかる． ③ 精度がよく，測定値の信頼性が高い． ④ 器具の故障がほとんどない．	① 最大寸法の特に大きな場合以外，どのコンクリートにも適用できる． ② 試験に時間を要するので現場にはあまり用いられないが，精度が優れているので実験室における試験に適している．

3.6 初期ひび割れ

3.6.1 沈下ひび割れ

打込み後 1～2 時間以内でコンクリートがまだ固まらないうちに，主として鉄筋などに沿って表面に生じるひび割れを沈下ひび割れという．これはコンクリートを打込んだのちの沈下収縮（3.4.1 項を参照）が鉄筋の真上とその周辺部とで異なることによるものである（図 3.8）．この種のひび割れは一般にその幅が大きいことが特徴であ

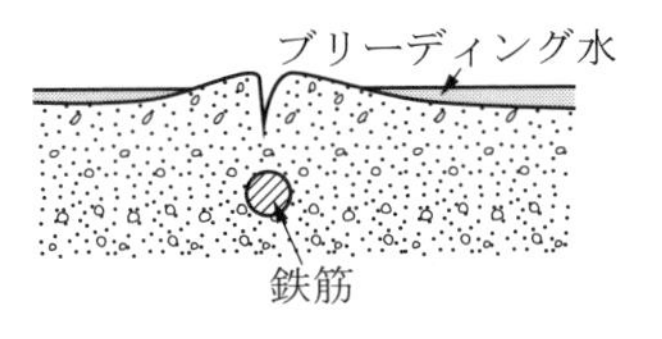

図 3.8　沈下収縮の一例

るが，これが発生したら，ただちに再仕上げを行えばこれを補修することができる．

3.6.2 プラスチック収縮ひび割れ

コンクリートがまだ固まらないうちに，その表面に生じる細かいひび割れのことである．これはコンクリート表面の急激な乾燥によるもので，コンクリート表面の水の蒸発速度がブリーディングの速度よりも大きい場合に生じる．暑中コンクリートではこの種のひび割れを生じやすい．

演習問題

3.1 コンクリートのワーカビリティーに影響を及ぼす要因をあげよ．

3.2 コンクリートのワーカビリティーを試験する方法について述べよ．

3.3 ブリーディングがコンクリートの品質に及ぼす影響について述べよ．

3.4 ブリーディングをできる限り少なくするための方法を述べよ．

3.5 沈下ひび割れの原因について述べよ．

3.6 連行空気量に影響を及ぼす要因をあげ，これらによって空気量がどのように変化するかを述べよ．

第4章　硬化したコンクリートの性質

4.1　単位重量

4.1.1　コンクリートの単位重量

① コンクリートの単位重量は，コンクリート 1 m^3 あたりの重量で表される．普通コンクリートの単位重量は，22.5〜23.5 kN/m^3 であるが，粗骨材の最大寸法が 100〜150 mm もあるようなマスコンクリートでは 24.5 kN/m^3 にも達することがある．人工軽量骨材を用いたコンクリートでは，15.0〜20.0 kN/m^3 程度であるが，鉄鉱石または鉄くずを細骨材とし，鉄鉱石を粗骨材に用いれば 35.0〜50.0 kN/m^3 の重量コンクリートが得られる．

② コンクリートの単位重量は主として使用する骨材の密度によって決まってくるが，粗骨材の最大寸法，空気連行の有無，配合および乾燥の程度などによっても変わってくる．

4.1.2　設計計算に用いる単位重量

土木学会コンクリート標準示方書では，死荷重の公称値の算出に用いる単位重量として表 4.1 のような値を示している．

表 4.1　死荷重の算出に用いる単位重量

材　料	単位重量 [kN/m^3]
コンクリート	22.5〜23.0
セメントモルタル	21.0
鉄筋コンクリート	24.0〜24.5
プレストレストコンクリート	24.5

軽量コンクリートについては，使用する骨材の種類やその混合割合によって異なるので，骨材の種類や混合割合に応じて設定するものとする．

4.2　圧縮強度

4.2.1　概　説

① 一般のコンクリート構造物において，コンクリートは主として圧縮応力に抵抗するように設計されるので，圧縮強度（compressive strength）は構造設計上最も基本的な性質である．また，圧縮強度以外の諸強度や品質も圧縮強度から大体判断できる．したがって，圧縮強度はコンクリートの強度，品質を表す基準として最も重要な性質である．

② コンクリート部材の設計においては，一般に標準養生（20 ± 2 ℃，100% R.H.）を行った円柱供試体の材齢 28 日における圧縮強度を基準とする．ただし，ダム用コンクリートでは材齢 91 日における値を基準にしている．

③ コンクリートの圧縮強度に影響を及ぼす主な要因は以下のとおりである．

- 使用材料の品質：セメント，骨材，混和材料，水の品質
- 配合：水セメント比，空気量，混和材の混和率，粗骨材の最大寸法
- 施工の良否：打込み，締固め，養生
- 施工時の気象条件：気温，湿度，風
- 硬化期間：特に材齢 1 ヶ月未満
- 供試体の試験方法：形状寸法，加圧板に接する端面の平滑度，載荷方法

4.2.2　使用材料の品質と圧縮強度

(1) セメントの品質　一般的には，製造後の新鮮度とアルカリ分が品質を支配する．セメントの新鮮度のチェックは風化の程度によって調べる．アルカリ分が多いセメントは材齢 28 日以降の強度を低下させる．

(2) 骨材の品質　品質の劣る骨材の使用は，コンクリートの強度低下を引き起こす（図 4.1）．特に，高強度のコンクリートをつくる場合には，十分に強硬な骨材を使用する必要がある．この場合，骨材の形状が角ばり，表面が粗であるほど高い強度が得られる（図 4.2）．

(3) 混和材料の品質　JIS 規格品であるか否かを確認する必要がある．品質の保証された混和材を用いる場合，混和材のセメントに対する混和率によって強度発現の性状が支配される．

(4) 練混ぜ水の品質　水道水以外の水は水質検査によって品質を確認する必要がある．特に，塩化物イオンや有機物の含有量に注意を要する．

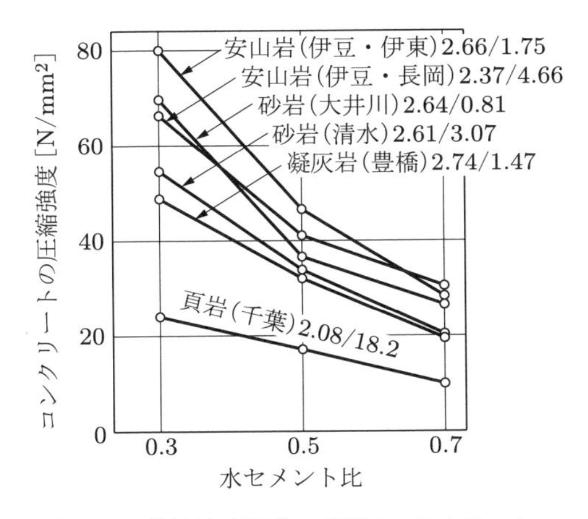

図 4.1　粗骨材（砕石）の岩種とコンクリートの圧縮強度（図中の数字の左側は密度，右側は吸水率［%］を示す）[東海大学海洋学部 迫田恵三教授]

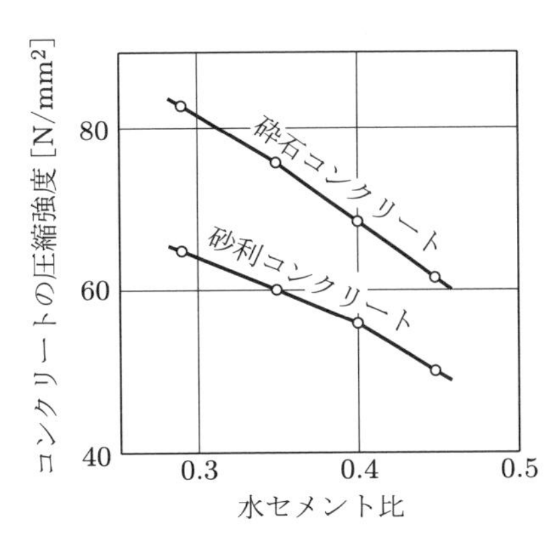

図 4.2　粗骨材の形状とコンクリートの圧縮強度

4.2.3　配合と圧縮強度

(1) 水セメント比　　コンクリートの圧縮強度を支配する基本的な配合要因は，水セメント比である．コンクリートの圧縮強度と水セメント比との関係については 1918 年に，アメリカの D. A. Abrams が提唱した水セメント比説がある．

● 水セメント比説　　「同一材料を使用したコンクリートを，同一条件で試験した場合，コンクリートの圧縮強度はセメント量 C に対する使用水量 W の重量比（W/C）によって決まる」というもので，Abrams は，水セメント比 x と圧縮強度 σ との関係を次式によって示している．

$$\sigma = \frac{A}{B^x} \qquad (A, B \text{ は定数})$$

水セメント比説は，コンクリートの強度則として一般に認められており，所要の強度の配合を決める場合には，この関係を用いる．図 4.3 は，実験的に求めたコンクリートの水セメント比と圧縮強度との関係である．

1925 年にノルウェーの I. Lyse は，セメント水比（C/W）と圧縮強度との間に次式のような直線関係が存在することを示した（図 4.4）．

$$\sigma = a\left(\frac{C}{W}\right) + b \qquad (a, b \text{ は定数})$$

この関係は，コンクリートの配合設計に際して，所要の圧縮強度の水セメント比を決める場合に広く用いられている．

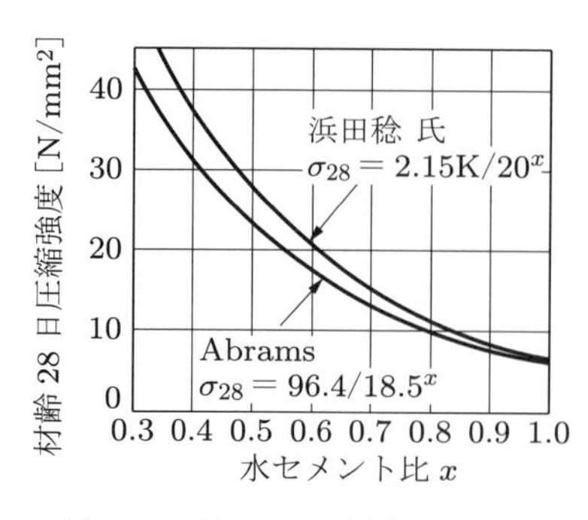

図 4.3　水セメント比と圧縮強度

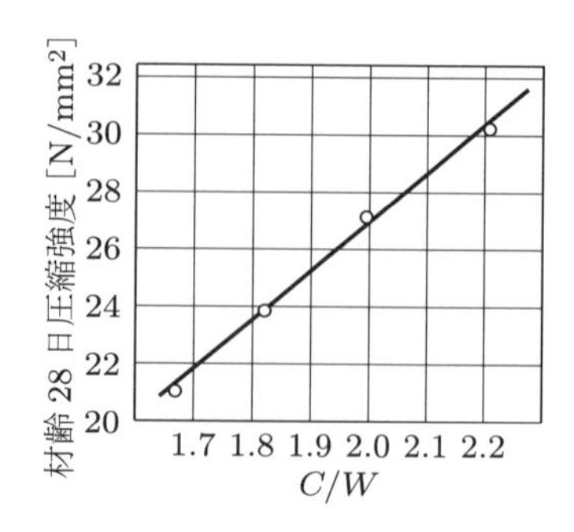

図 4.4　C/W と材齢28日圧縮強度との関係

空隙セメント比説　コンクリートの圧縮強度は，空隙量とセメント量との体積比（$V_{\mathrm{v}}/V_{\mathrm{c}}$）によって支配されるという説で，アメリカの Talbot らが明らかにした．空隙量 V_{v} とは，空気の体積 V_{a} と使用水量の体積 V_{w} の和（$V_{\mathrm{a}}+V_{\mathrm{w}}$）である．空隙セメント比の逆数であるセメント空隙比と圧縮強度との間には直線関係が成立する（図 4.5）．

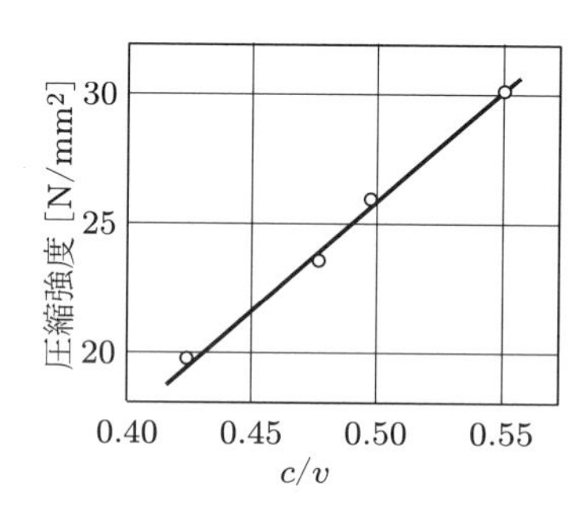

図 4.5　セメント空隙比と圧縮強度

この関係は，水セメント比だけでなく空気量も変化している場合，たとえば AE コンクリートの配合設計などに用いられる．空隙セメント比説は水セメント比説を一般化したものである．

(2) 空気量　水セメント比を変えずに空気量を増すと，コンクリートの圧縮強度は，空気量 1%あたり 4～6%減少する（図 4.6）．しかし，AE コンクリートでは，空気量を増すほど所要のコンシステンシーを得るのに必要な単位水量が少なくてすむ．単位セメント量およびスランプを一定とした場合には，AE 剤を用いないプレーンコンクリートよりも水セメント比を小さくできるので，その分，プレーンコンクリートとの強度差が少なくなる（図 4.7）．

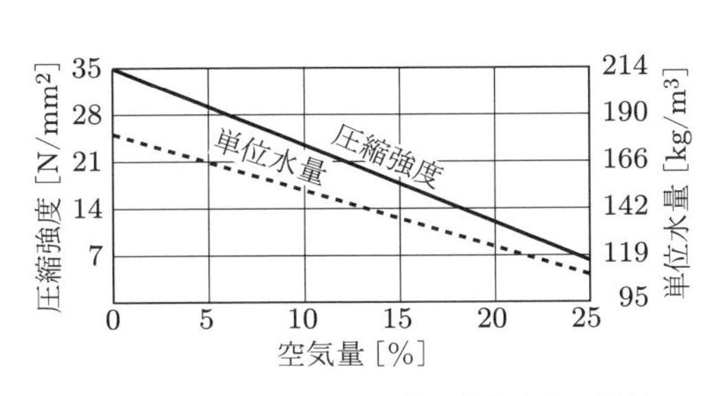

図 **4.6**　空気量と圧縮強度，単位水量の関係

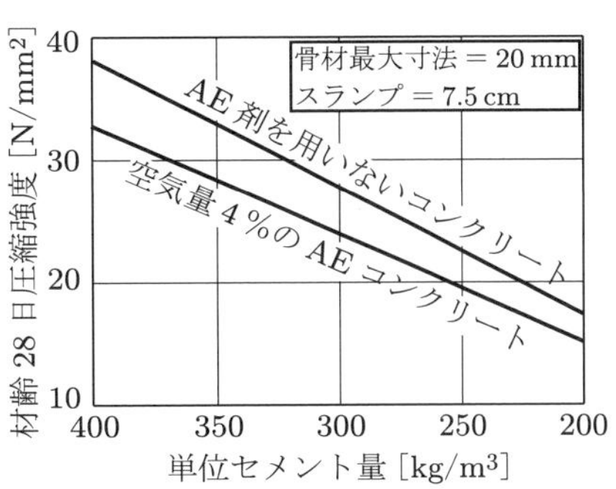

図 **4.7**　単位セメント量と圧縮強度

(3) 混和材料

① 高炉スラグ微粉末：セメントに対する混和率が 30%程度であれば，材齢 28 日強度に及ぼす影響はほとんど認められない．これ以上 70%までの混和率の場合，初期強度は低くなるが，長期材齢では潜在水硬性の発現によりスラグを混和しないものとほぼ同等の強度になる（図 4.8）．

② フライアッシュ：フライアッシュは一般にその粒子が球形であるため，これを混和するとコンクリートのコンシステンシーが小さくなる．したがって，スランプが一定のコンクリートでは水セメント比を小さくできる．図 4.9 はそのようなコンクリートについて，フライアッシュの混和率と圧縮強度との関係を示したものである．

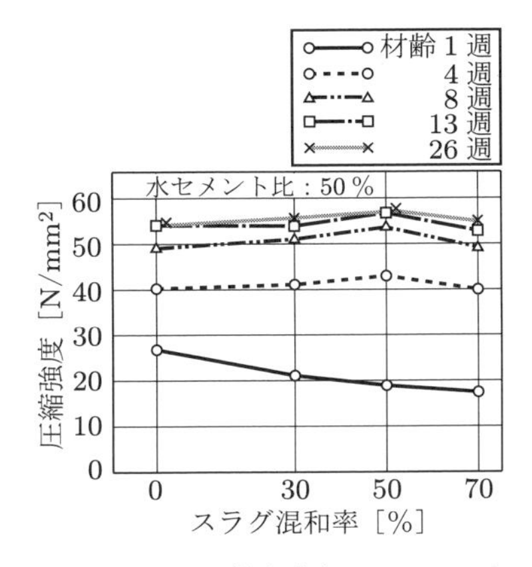

図 **4.8**　スラグの混和率とコンクリートの圧縮強度との関係

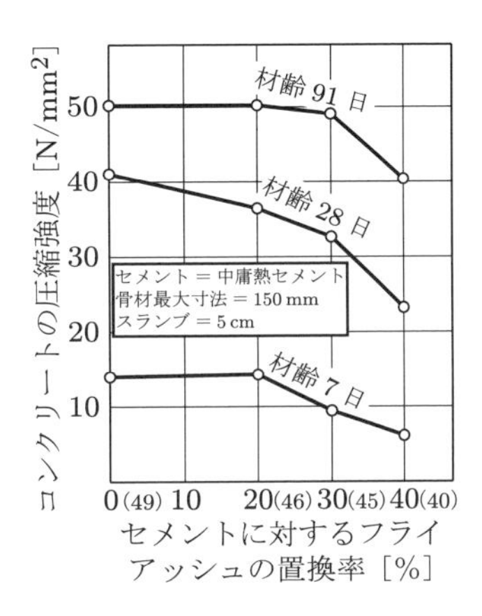

図 **4.9**　フライアッシュの混和率とコンクリートの圧縮強度（括弧内は水セメント比）

(4) 粗骨材の最大寸法　　水セメント比が一定であっても，粗骨材の最大寸法が大きくなるとコンクリートの強度は小さくなる．この傾向は特にセメント使用量の多い配合のコンクリートにおいて著しい（図 4.10）．

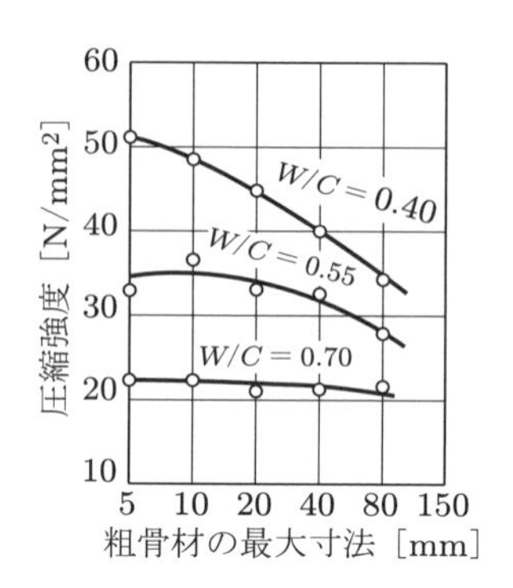

図 4.10　粗骨材の最大寸法と圧縮強度との関係

4.2.4　施工条件と圧縮強度

(1) 打込み　　スランプの大きいコンクリートを，所定の打上り高さを無視して一度に打込むと，材料分離を起こして上部のコンクリートの圧縮強度は著しく低下する．上下のコンクリートの強度差が 10 N/mm^2 にも及ぶことがある．

(2) 締固め　　締固めを十分に行わないと，コンクリート内部にジャンカや豆板などの欠陥を生じ，強度や耐久性を損ねる．振動締固めは，コンクリート中の空隙や気泡を減少させ緻密にするので強度が増大する．この効果は，水セメント比の小さい硬練りのコンクリートに著しい（図 4.11）．

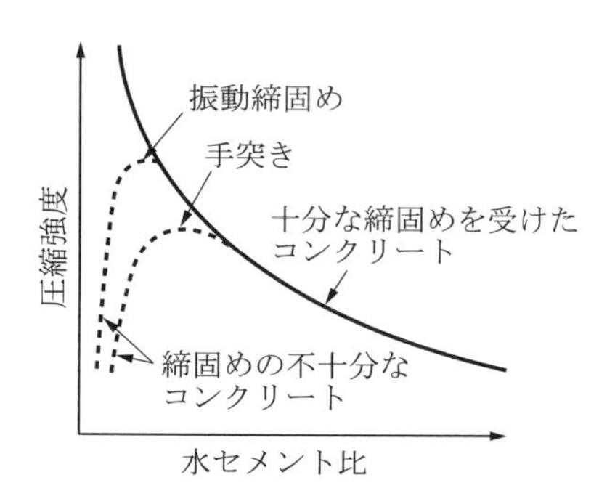

図 4.11　コンクリートの強度と水セメント比の関係

(3) 養生方法と圧縮強度

① 湿潤と乾燥の影響：湿潤養生を継続すれば，コンクリートの圧縮強度は材齢とともに増進する．コンクリートを打込んだあと，空気中で乾燥させると水和反応が妨げられ，強度増進は初期材齢で停止する（図 4.12）．湿潤養生したコンクリート供試体を 2〜3 週間空気中で乾燥させると，圧縮強度は見掛け上 20〜40%増加するが，そのまま乾燥状態に保っておくと強度は次第に低下する（図 4.12）．乾燥状態のコンクリート供試体をふたたび湿潤状態に保つと，停滞していた水和反応が再開され，強度がふたたび増加する（図 4.13）．

② 養生温度の影響：養生温度が約 50 ℃までの範囲では，養生温度が高いほど初期材齢におけるコンクリートの圧縮強度は高くなるが，材齢の経過とともに強度の増加率は低下する．13 ℃以上の温度で養生した場合，材齢 28 日では養生温度による強度差がほとんど認められない（図 4.14）．図 4.15 は，コンクリートの初期強

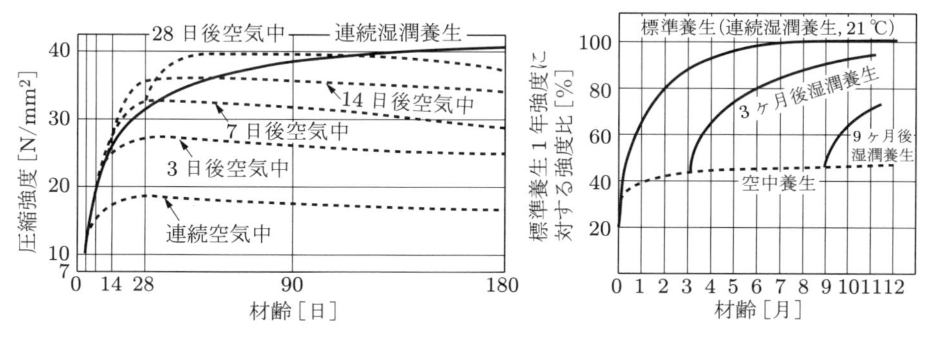

図 4.12　初期湿潤養生後，空気中で乾燥したコンクリートの圧縮強度

図 4.13　乾燥後ふたたび湿潤養生を行った場合の圧縮強度

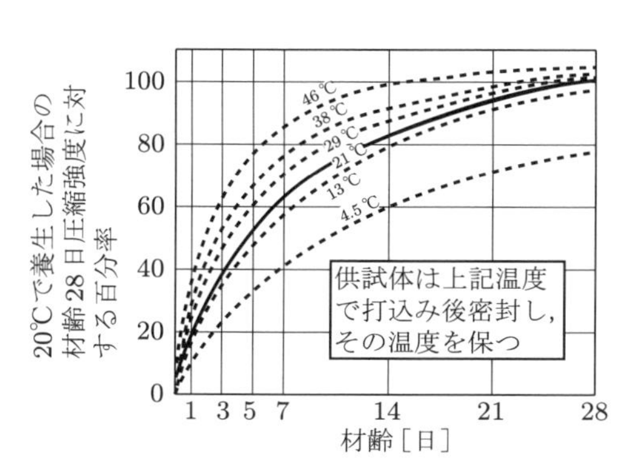

図 4.14　養生温度と圧縮強度との関係

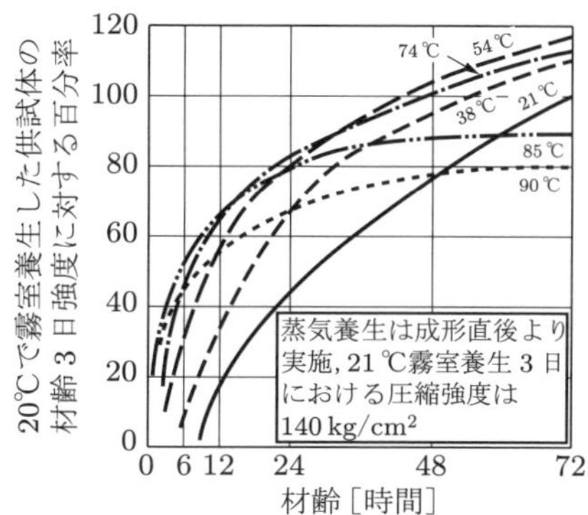

図 4.15　93 ℃以下の温度で蒸気養生したコンクリート初期材齢圧縮強度

度に及ぼす蒸気養生の効果を示したものである．大気圧下の蒸気養生では，養生温度が 55～75 ℃程度が最も効果的で，これ以上の高温で養生すると有害であることがわかる．

③ 打込み温度の影響：打込み時のコンクリート温度は，コンクリートの圧縮強度に影響を及ぼす．低温で打込んだコンクリートの方が，より高温で打込んだコンクリートよりも強度の発現が大きい．図 4.16 は，これを示したもので，材齢 1 週以降にその影響が現れている．打込み時のコンクリート温度に起因する材齢 28 日圧縮強度の差は，水セメント比が小さいほど著しい．たとえば，打込み温度が，10 ℃の場合と 30 ℃の場合の強度差は，水セメント比が 40%のコンクリートでは約 10 N/mm^2 に達するが，水セメント比が 70%のコンクリートでは打込み温度の影響はほとんど認められない．

④ 凍結の影響：フレッシュコンクリートは −0.5～−2.0 ℃で凍結する．凍結すればセメントの水和反応は生じないから，コンクリートはほとんど硬化しないが，凍結による見掛けの強度が発生する．図 4.17 における b は見掛けの強度を示し，a は実質の強度を示す．

一度凍結したコンクリートを，適当な温度で養生すれば，同じ材齢の標準養生を行ったコンクリートの 50%以上の強度に達する．

コンクリートはある程度硬化すれば，凍結しても強度発現が遅れるだけで，その後十分に養生すれば強度は回復する（図 4.18）．

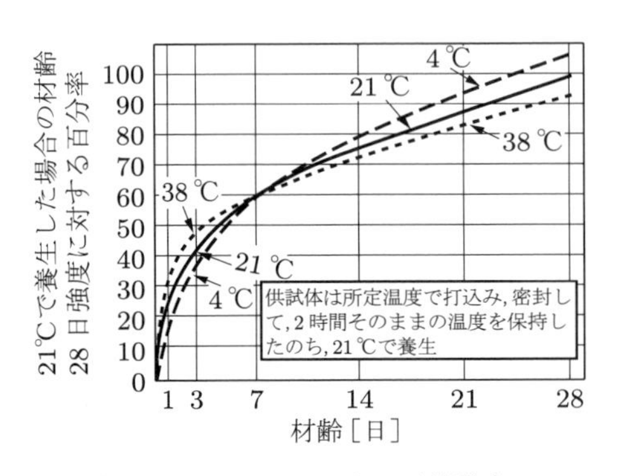

図 4.16　コンクリートの圧縮強度に及ぼす打込み温度の影響

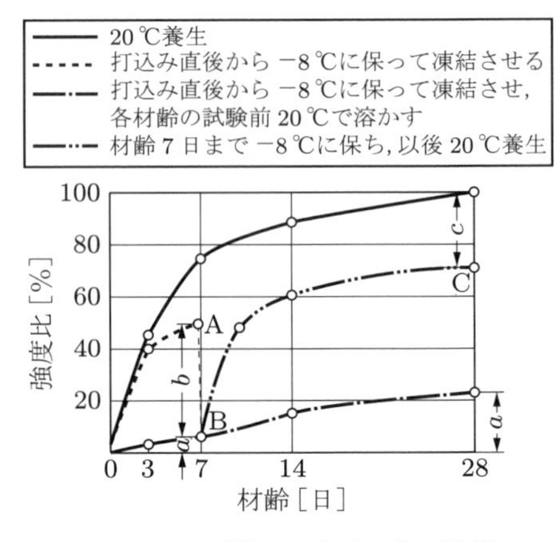

図 4.17　凍結コンクリートの強度

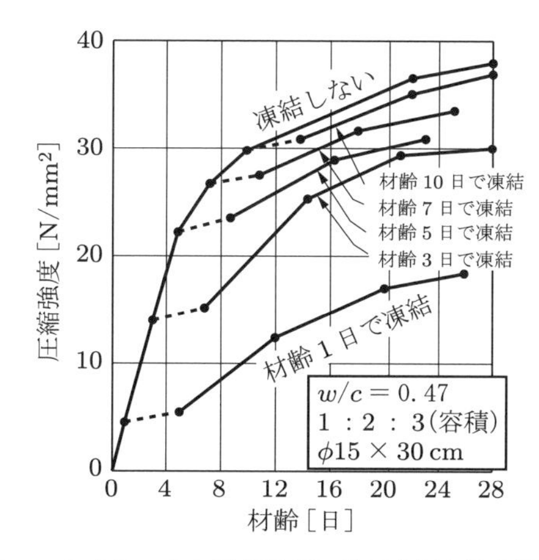

図 4.18 コンクリートの圧縮強度に及ぼす打ち込み温度の影響

4.2.5 試験方法と圧縮強度

(1) 供試体の形状寸法の影響 同じ品質のコンクリートでも，その圧縮強度の試験値は，供試体の形状寸法によって異なる．わが国の規格・規準では，コンクリートの圧縮強度試験に対して，高さが直径の 2 倍の円柱供試体を用いることを規定している．

① 円柱供試体における高さと直径との比の影響：円柱供試体の高さと直径との比 (l/d) と圧縮強度との関係を示したものが図 4.19 である．l/d の値が小さくなるほど圧縮強度は大きい値を示し，この傾向は l/d が 1.5 以下の場合に著しい．

② 供試体寸法の影響：l/d が一定（2.0）の円柱供試体において，直径と圧縮強度との関係を示したものが図 4.20 である．供試体寸法が大きくなるほど圧縮強度は小

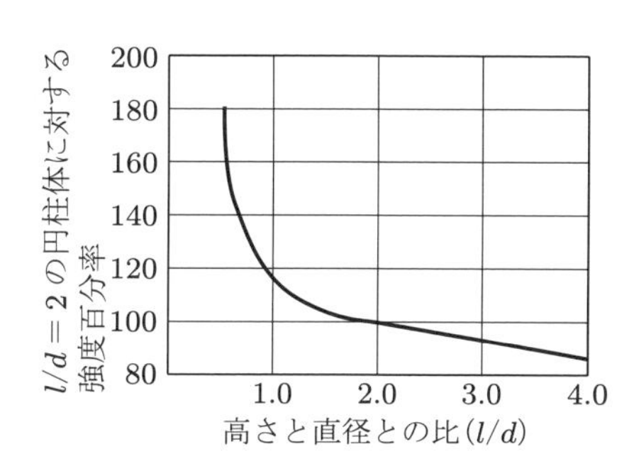

図 4.19 円柱供試体における高さと直径との比と強度との関係

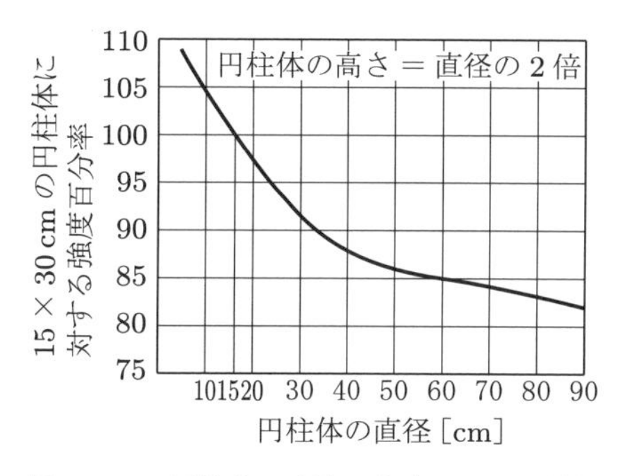

図 4.20 円柱体の寸法が強度に及ぼす影響

さい値を示す．

③ 供試体の形状の影響：表4.2より明らかなように，一辺が15 cmの立方体供試体の圧縮強度は，直径15 cm，高さ30 cmの円柱供試体の約1.16倍である．また，角柱供試体の圧縮強度は，その一辺と直径が同じで高さが等しい円柱供試体の強度よりも小さい値を示す．

④ 供試体寸法は，直径が粗骨材最大寸法の3倍以上，かつ10 cm以上とする．

表 4.2　円柱，立方体，角柱各供試体の強度相互の関係
（15 × 30 cmの円柱供試体による28日強度を1としたときの値）

材齢	円柱 [cm]			立方体 [cm]		角柱 [cm]	
	15 × 15	15 × 30	20 × 40	15	20	15 × 30	20 × 40
7日	0.67	0.51	0.48	0.72	0.66	0.48	0.48
28日	1.12	1.00	0.95	1.16	1.15	0.93	0.92
3か月	1.47	1.49	1.27	1.55	1.42	1.27	1.27
1年	1.95	1.70	1.78	1.90	1.74	1.68	1.60

(2) 荷重速度　荷重速度が大きいほど，コンクリートの圧縮強度は大きい値を示す．この傾向は荷重速度が10 (N/mm^2)/秒を超えると顕著になる（図4.21）．このため，JIS A 1108「コンクリートの圧縮強度試験方法」では，荷重速度を，圧縮応力度の増加が，0.6 ± 0.4 N/mm^{2}になるように定めている．

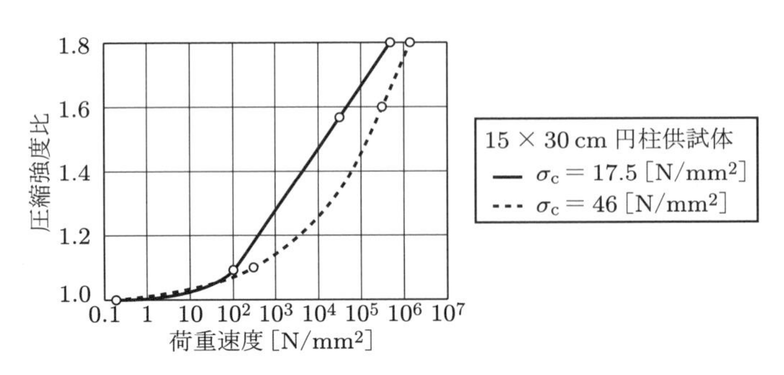

図 4.21　圧縮強度に及ぼす荷重速度の影響

(3) 載荷板の加圧面の影響　供試体の加圧面が平面でない場合には，供試体が支圧載荷または偏心載荷状態になるので一般に強度は低下する．打込み面にキャッピングなどの端面整形を行っても，型枠の底面が平面でないために底面に凹凸を生じていることが多い．図4.22は，この凹凸が圧縮強度に及ぼす影響を示したもので，これによると底面が凸のものは平面のものよりも強度が小さくなり，中央部で1/10 mm

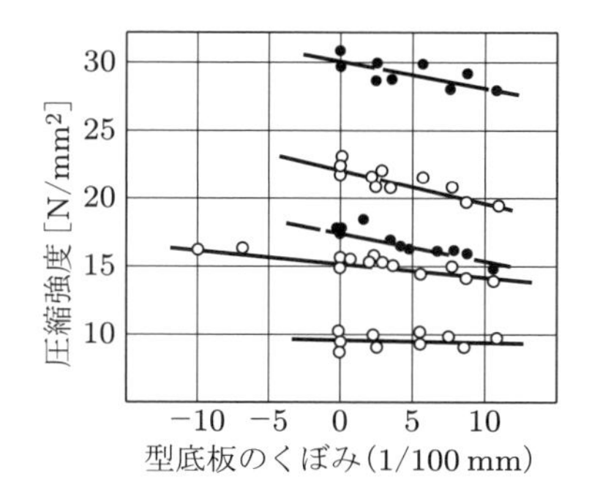

図 **4.22**　型枠の底板の平坦度が圧縮強度に及ぼす影響

凸のものは6〜10%強度が小さくなる．型枠底面の平面度は少なくとも 2/100 mm 以下とすることが必要である．

(4) 湿式ふるい分けの影響　粗骨材の最大寸法が供試体直径の 1/3 よりも大きいときには，湿式ふるい分けを行って供試体を製作するが，この湿式ふるい分けが強度に及ぼす影響を示したものが表 4.3 である．供試体の大きさが同じであれば，湿式ふるい分けを行ったものは一般に高い強度を示す．

表 **4.3**　湿式ふるい分けがコンクリートの圧縮強度に及ぼす影響

コンクリート	粗骨材の最大寸法 150 mm　標準養生，材齢 28 日		
湿式ふるい分け	行わず	40 mm で湿式ふるい分け	40 mm で湿式ふるい分け
供試体寸法	$\phi45 \times 90$ cm	$\phi45 \times 90$ cm	$\phi15 \times 30$ cm
圧縮強度比	0.77	0.84	1.00

(5) 材齢と圧縮強度との関係　コンクリートの圧縮強度は材齢とともに増加するが，その割合はセメントの種類，配合，養生条件によって異なる．材齢 7 日強度から材齢 28 日強度を推定するための経験式がいくつか提案されているが，満足できるものはない．おおよその見当としては，普通ポルトランドセメントを用いた場合，7 日強度の約 1.5 倍を 28 日強度とすればよい．

4.3　その他の強度

4.3.1　引張強度

① コンクリートの引張強度（tensile strength）は，圧縮強度の約 1/10〜1/13 であって，この割合は圧縮強度が大きくなるほど小さくなる（図 4.23）．一般に，

$$\frac{\text{圧縮強度}}{\text{引張強度}} = \text{ぜい度係数}$$

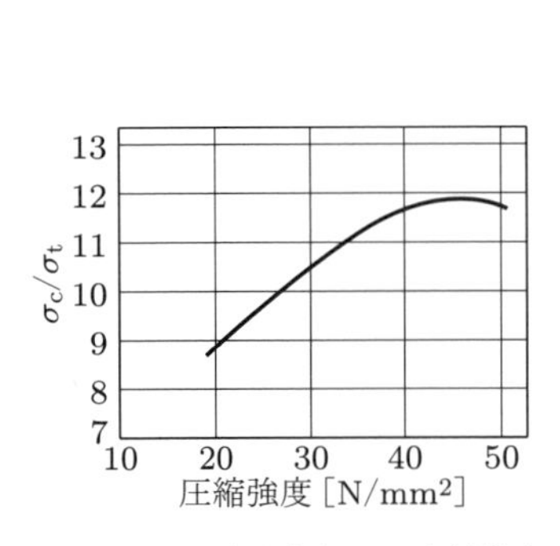

図 4.23　圧縮強度とぜい度係数との関係

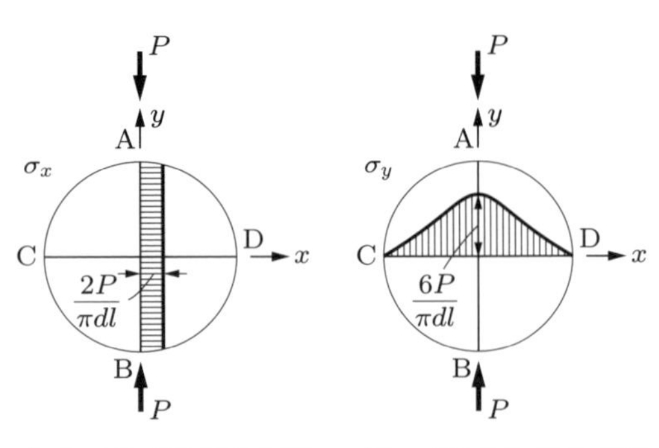

図 4.24　弾性円板の応力分布

という.

② 湿潤状態のコンクリートを乾燥させると，その引張強度は低下する.

③ 引張強度は JIS A 1113「コンクリートの割裂引張強度試験方法」によって求める．この方法は，円柱供試体を横にして上下から平らな加圧板により加圧したときの破壊荷重 P を求め，次の式によって引張強度を計算する*.

$$\sigma_{\mathrm{t}} = \frac{2P}{\pi dl}$$

ここに，d：直径，l：長さである．この方法で求めた引張強度は，単軸引張によって得られる純引張強度とほぼ一致する.

④ コンクリートの引張強度はかなり小さいので，一般の鉄筋コンクリート部材の設計では無視されているが，プレストレストコンクリート部材の設計には考慮される場合もある．また，アーチダムや水槽などの設計でもこの値が用いられている．さらに，引張強度の値を知ることは，乾燥や温度変化によって生じるひび割れ発生の予知に役立つ.

4.3.2　曲げ強度

① コンクリートの曲げ強度（flexural strength）は圧縮強度の約 1/5〜1/7 である.

② コンクリートの曲げ強度は，JIS A 1106「コンクリートの曲げ強度試験方法」によって求める（図 4.25）．これによる値は，コンクリート供試体を弾性はりと仮定

* この試験方法は割裂試験方法とも呼ばれている．一般に，弾性円板に上下から線荷重を加えると，図 4.24 に示すように y 軸を含む面には $2P/(\pi dl)$ の大きさの一様引張応力を生じ，x 軸を含む面にはこれより大きい圧縮応力を生じる．コンクリートの引張強度は圧縮強度に比して小さいので，コンクリート供試体を弾性円板と仮定すれば，上記のような載荷によって引張破壊を生じ，$\sigma_{\mathrm{t}} = 2P/(\pi dl)$ から近似的に引張強度を求めることができる.

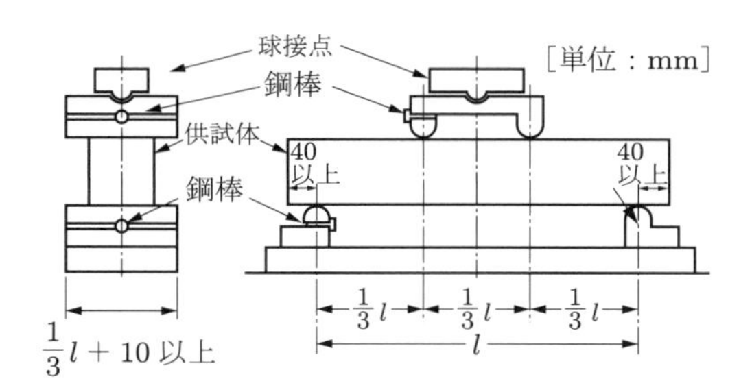

図 4.25　コンクリートの曲げ強度試験

して，次の式によって求めた曲げ引張強度（modulus of rupture in bending）σ_b である．

$$\sigma_b = \frac{M}{Z}$$

ここに，M：最大曲げモーメント，Z：はりの断面係数である．

③ コンクリート舗装版の設計においては，材齢 28 日の曲げ強度が基準となる．

4.3.3　せん断強度

① コンクリートの真のせん断強度（shear strength）を試験できるよい方法はまだない．

② 一般には図 4.26 に示すような直接せん断試験方法が用いられるが，この試験では曲げや斜め圧縮の影響が入り，真のせん断強度は求められない．直接せん断強度は圧縮強度の 1/4～1/6，引張強度の約 2.5 倍である．

③ 真のせん断強度を推定する方法としては，三軸試験を行って Mohr の破壊包絡線を求め，それが縦軸と交わる点の縦座標をせん断強度として求める方法，包絡線の近似として 2 つの主応力円（最大および最小主応力円）の接線を用い，$\tau = \sqrt{\sigma_t \cdot \sigma_c}/2$ として求める方法（図 4.27）があるが，いずれも完全とはいえない．

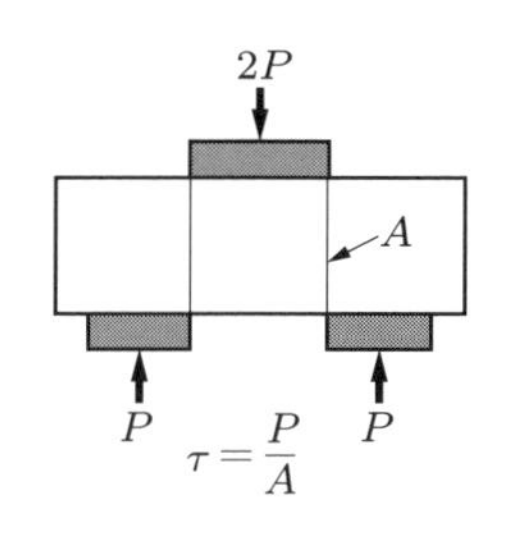

図 4.26　直接せん断試験

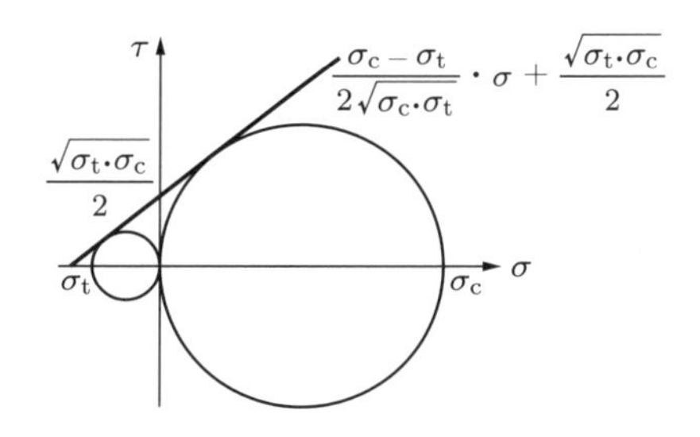

図 4.27　Mohr の破壊包絡線によるせん断強度の推定

4.3.4　支圧強度

① 橋げたの支承部分やプレストレストコンクリートの緊張材定着部などでは，部材断面の一部分のみに圧縮力が作用する．このように局部荷重を受ける場合の圧縮強度を支圧強度（bearing strength）という．

② 支圧強度 σ_{cb} は，局部載荷による最大圧縮荷重 P を局部載荷面積（支圧面積）A_{b} で除して，下記により求める（図 4.28）．

$$\sigma_{\mathrm{cb}} = \frac{P}{A_{\mathrm{b}}}$$

③ 支圧強度は一般に全面載荷の場合の圧縮強度よりも大きく，両者の間には次の式のような関係が認められている．

$$\sigma_{\mathrm{cb}} = \alpha \cdot \sigma_{\mathrm{c}} \sqrt[n]{\frac{A}{A_{\mathrm{b}}}}$$

ここに，σ_{cb}：支圧強度，σ_{c}：全面圧縮強度，A：全面載荷面積，A_{b}：局部載荷面積（支圧面積），α, n：実験により定まる定数である．

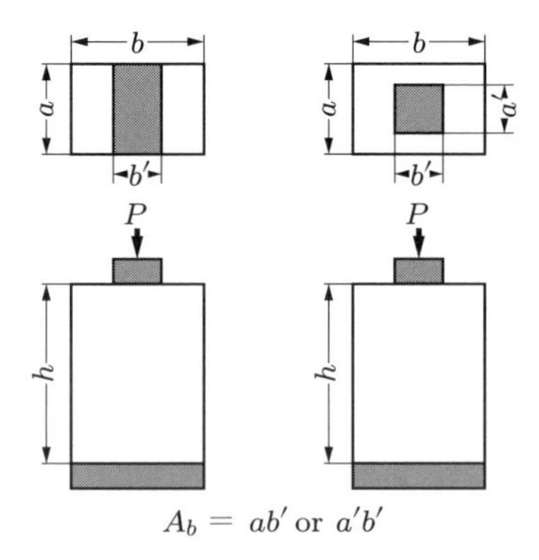

（a）2次元載荷　　（b）3次元載荷

図 4.28　支圧強度試験

4.3.5　付着強度

(1) 概　要

① コンクリートと鉄筋との付着強度（bond strength）は，鉄筋コンクリート曲げ部材の設計において，重要な性質である．

② 付着強度は，鉄筋の直径，表面状態，埋込み位置や，コンクリートの強度，乾湿条件などによって変化するだけでなく，試験方法によっても相違する．

③ 付着強度試験方法には，引抜き，押抜き，両引き，はり試験などがあるが，これらの中では引抜き試験が最も多く用いられている．

(2) 引抜き試験　図 4.29 に示すように，コンクリートブロック中に埋め込まれた鉄筋に引張力を与えてコンクリートに対する鉄筋のすべり量を測定し，所定のすべり量のときの付着応力度をもって付着強度の目安とする．付着応力度は次の式によって求める．

$$\tau = \frac{P}{UL}$$

ここに，P：荷重，U：鉄筋の周長，L：鉄筋の埋込み長さである．

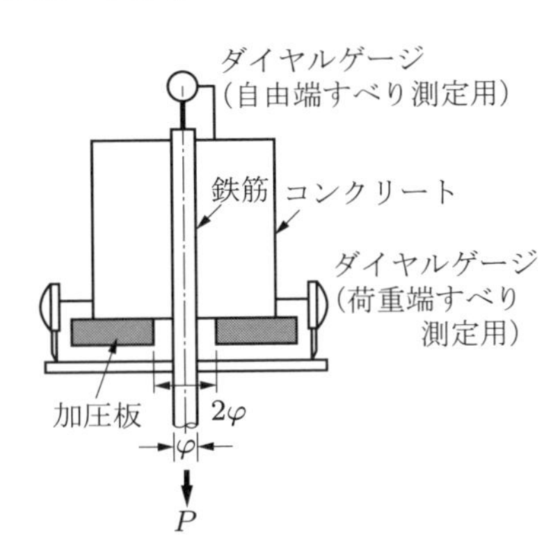

図 **4.29**　引抜き試験

この方法は，コンクリートの大部分に圧縮応力を生じる点が実際の部材における応力状態と異なるが，試験が簡単であり，コンクリートの品質や鉄筋の表面状態が付着強度に及ぼす影響をよく示すので，多くの国で標準試験方法に採用されている．

(3) 両引き試験　図 4.30 に示すように，コンクリート角柱供試体の中心に埋め込まれた鉄筋の両端に引張力を加え，鉄筋の抜出し量を測定するとともに，コンクリートに生じるひび割れ状態（最大ひび割れ間隔など）を調べるものである．両引き試験では鉄筋，コンクリートともに引張応力が働き，鉄筋コンクリートばりの引張部分をかなりよく再現するので，引張部分のひび割れ特性に関連する鉄筋の付着性状の比較ができる点に特徴がある．

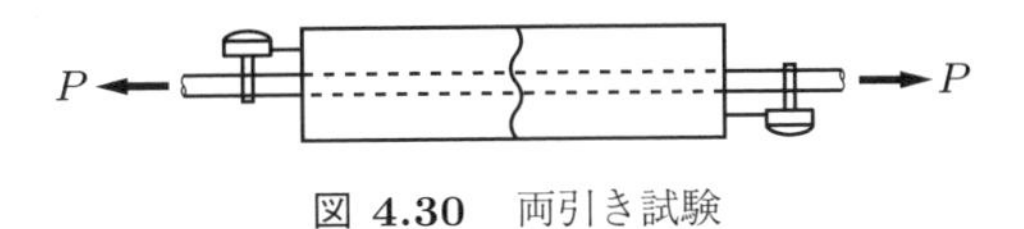

図 **4.30**　両引き試験

4.4 弾性と塑性

4.4.1 コンクリートの応力ひずみ特性

コンクリートは弾塑性体であるので，圧縮載荷を行った場合の応力とひずみとの関係は最初から曲線となり，比較的小さい荷重を加えても残留ひずみγを生じる．全ひずみδと残留ひずみとの差を弾性ひずみεという（図 4.31）．コンクリートの応力ひずみ曲線（stress-strain diagram）は，最大応力度の約 40%前後からその曲率を増すが，これは主として荷重によってコンクリート内部に発生する微細ひび割れの影響によるものである．

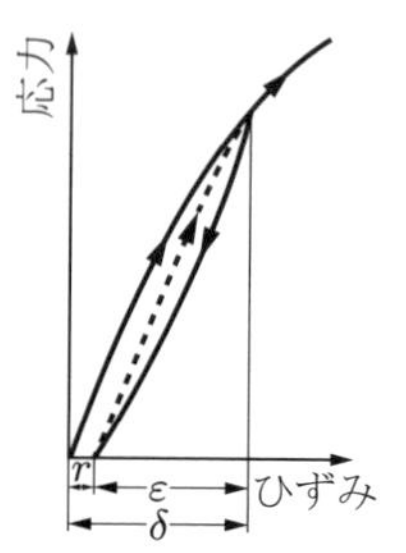

図 4.31　コンクリートの応力ひずみ曲線

4.4.2 コンクリートの弾性係数

(1) 静弾性係数

① 載荷試験によって求めたコンクリートのヤング係数を，静弾性係数（static modulus of elasticity）という．静弾性係数には，初期接線弾性係数 $\tan\alpha_0$，接線弾性係数 $\tan\alpha_T$，割線弾性係数 $\tan\alpha_s$ があるが，実用的には最大圧縮応力度 σ_c の 1/3 または 1/4 に相当する応力点 σ_A で求めた割線弾性係数（$\alpha_A = \sigma_A/\delta_A$）が用いられている（図 4.32）．

② コンクリートの静弾性係数は，基本的にはコンクリートを構成するセメント硬化体と骨材の比率とこれらの弾性係数によって支配される．すなわち，セメント硬

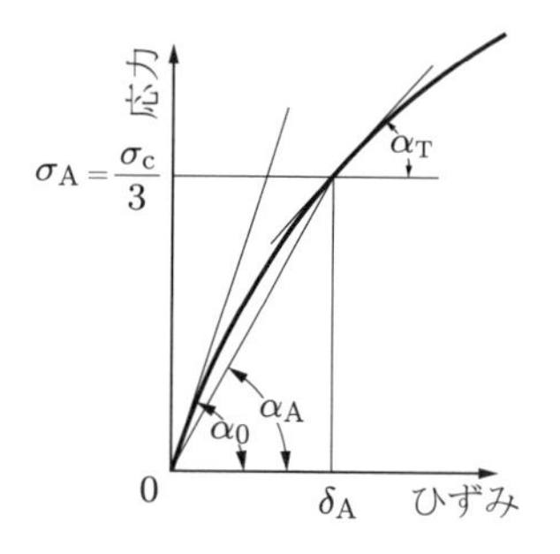

図 4.32　ヤング係数の求め方

表 4.4　コンクリートのヤング係数

設計基準強度 [N/mm^2]		18	24	30	40	50	60	70	80
ヤング係数 [kN/mm^2]	普通コンクリート	22	25	28	31	33	35	37	38
	軽量骨材コンクリート †	13	15	16	19	–	–	–	–

† 骨材の全部を軽量骨材とした場合

化体の品質，骨材の品質と両者の容積比および空気量などの影響を大きく受ける．さらに，コンクリートの含水量や載荷速度によっても変化する．

③ 土木学会コンクリート標準示方書では，使用限界状態における弾性変形または不静定力の計算に用いるコンクリートのヤング係数として表 4.4 を与えている．

④ 引張応力に対するヤング係数は圧縮応力に対するものよりもやや小さいが，実用上はこれらを等しいと仮定してよい．

(2) 動弾性係数

① コンクリート供試体に縦振動またはたわみ振動を与えてその固有振動数を測定するか*，または供試体中を伝わる弾性波速度を測定すれば，次の関係を利用してヤング係数を求めることができる．このようにして求めた値を動弾性係数（dynamic modulus of elasticity）という．

$$v = 2fl = \sqrt{\frac{E_{\mathrm{D}}}{\rho}}$$

ここに，v：弾性波速度，f：共振周波数，l：供試体の長さ，E_{D}：動弾性係数，ρ：密度である．

② 動弾性係数は微小な応力を与えた場合のヤング係数であるから，初期接線弾性係数に近い値となり，通常，割線弾性係数で表される静弾性係数よりも 15%程度大きい値となる．

③ 動弾性係数は，凍結融解作用などによるコンクリートの劣化の程度を示すよい尺度となる．

(3) ポアソン比

① コンクリート供試体に単軸圧縮荷重を作用させたときの弾性域における軸方向ひずみ ε_{l} に対する横ひずみ ε_{t} の比 $\nu = \varepsilon_{\mathrm{t}}/\varepsilon_{\mathrm{l}}$ をポアソン比（Poisson's ratio）といい，その逆数をポアソン数（Poisson's number）という．

② ポアソン比は応力度によって大きく変化するが，許容応力度付近における値は普通コンクリートで 1/5〜1/7，人工軽量骨材コンクリートで 1/4〜1/6 である．土木学会コンクリート標準示方書では，設計計算に用いるポアソン比を，弾性範囲内では 0.2 としている．

4.4.3 クリープ

(1) 概 説

① コンクリートに一定荷重を持続載荷すると，応力は変化しなくとも，ひずみは材

---

* JIS A 1127「共鳴振動によるコンクリートの動弾性係数，動せん断弾性係数及び動ポアソン比試験方法」を参照してほしい．

齢とともに増加する．これをクリープ（creep）という．

② クリープの増加する割合は時間とともに漸減し，ある最終値に近づいていく．普通コンクリートの場合，クリープひずみの最終値は弾性ひずみの1〜3倍程度である．

③ クリープを力学的に取り扱うにはクリープ係数を用いる．これは，クリープひずみ f と弾性ひずみ ε との比 $\phi = f/\varepsilon$ で与えられる（図4.33）．この係数は，プレストレストコンクリート部材において，プレストレスの減少を計算する際に用いられる．

④ クリープに影響を及ぼす要因は下記のとおりである．

- 使用材料および配合：骨材の品質，水セメント比，空気量，単位骨材量
- 載荷条件：持続応力の大きさ，載荷時における材齢，載荷期間
- 大気の湿度と温度
- 部材寸法

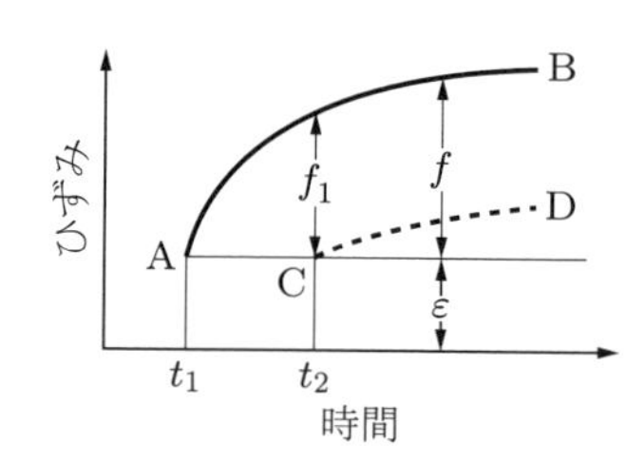

図 **4.33**　クリープひずみの特性（t_1, t_2：一定荷重の載荷開始材齢）

(2) 持続応力とクリープ

① 持続応力が大きいほどクリープも大きい（図4.34）．

② 持続応力がコンクリートの強度の約1/3以下の場合，クリープひずみは応力に比例する（Davis-Granville の法則）．

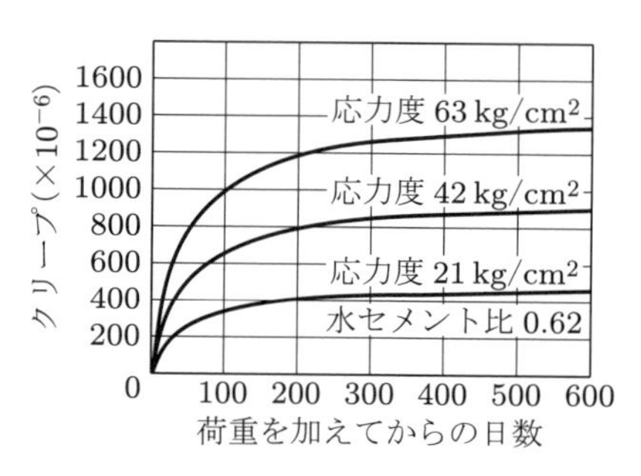

図 **4.34**　持続応力の大きさとクリープとの関係

(3) 載荷時の材齢および載荷期間とクリープ

① 載荷時の材齢が若いほど，載荷期間が長いほどクリープは大きい.

② クリープの増加割合は載荷期間とともにしだいに減少し，通常，3ヶ月でクリープの50%以上が起こり，約1年でその大部分が終わる.

③ 図4.33において，曲線ABおよびCDはそれぞれ材齢t_1およびt_2で持続荷重を加えた場合のクリープひずみの進行を示すものとすると，曲線CDは曲線ABを下方に平行移動したものにほぼ一致する（Whitneyの法則）.

(4) 使用材料および配合とクリープ

① 水セメント比が大きいほどクリープも大きい（図4.35）.

② 水セメント比が一定の場合には，セメントペースト量の多いものほど（単位骨材量の少ないものほど）クリープも大きい.

③ コンクリート中の空気量が多いほどクリープが増加する傾向にある.

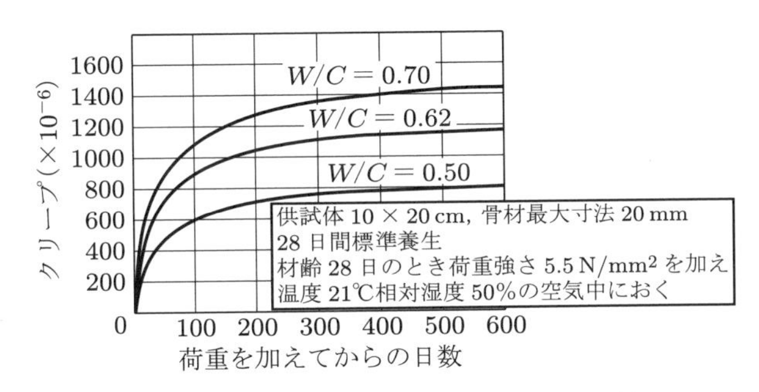

図 **4.35** 水セメント比とクリープとの関係

(5) 大気の湿度および温度とクリープ

① 載荷中における相対湿度が低いほどクリープは大きくなり，相対湿度が50%のときのクリープは100%のときの値の2〜3倍に達する（図4.36）.

② クリープは温度とともに増加し，温度が20〜80℃の範囲ではほぼ温度と比例関係にある.

(6) 部材寸法とクリープ　供試体寸法が大きくなるほどクリープの実測値は小さくなるが，この現象は乾燥状態の供試体に載荷した場合のみに認められる.

4.4.4 疲労性状

(1) 概　説　コンクリートは繰り返し荷重を加えたり，または一定の荷重を持続して加えておくと，疲労のために短期破壊荷重よりも小さい荷重で破壊する.

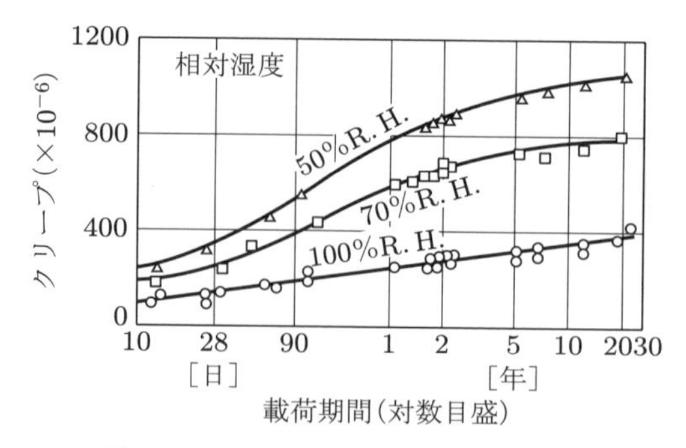

図 4.36　クリープに及ぼす湿度の影響

(2) 疲労強度　　コンクリートにおいては金属材料におけるような疲労限度は確認されていない（図 4.37）．そこで，現在では，一般にコンクリートの疲労強度は，200万回の圧縮繰り返し応力に耐え得る上限の応力（200 万回疲労強度）によって表されることが多い．この値は普通のコンクリートで圧縮強度の約 55～58%程度である．

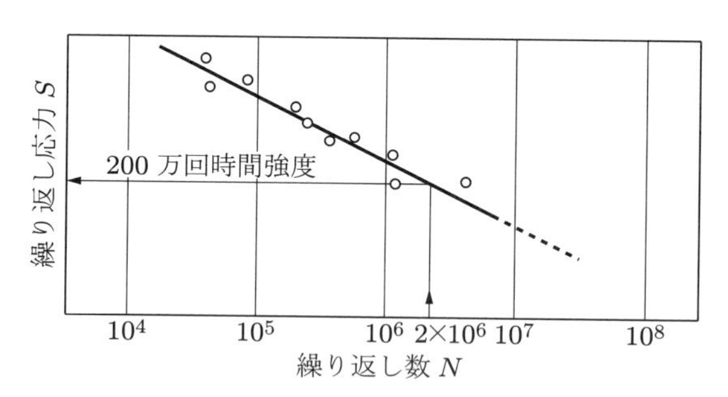

図 4.37　繰り返し応力と破壊までの繰り返し数との関係（S-N 線図）

(3) 静的疲労（クリープ破壊）　　静的破壊荷重の約 80%以上の荷重を継続して加えておくと，しだいにコンクリートのひずみが増加し，ついには破壊する．これを静的疲労またはクリープ破壊と呼ぶ．

4.5　体積変化

4.5.1　概　説

コンクリートは種々の原因によって体積変化を生じる．コンクリートに生じる体積変化としては，硬化過程における乾燥にともなう収縮，硬化後の乾湿または温度変化にともなう収縮・膨張，クリープのような力学的要因による体積変化，アルカリ骨材反応のような劣化要因による体積変化などがある．

4.5.2　硬化過程に生じる収縮現象

(1) 概　要　硬化したコンクリートが乾燥によって変形して縮む現象を乾燥収縮（drying shrinkage）という．この現象は，乾燥によってセメント硬化体の毛管孔隙を満たしていた水が蒸発し，毛管孔隙が縮むことによって生じる．一方，セメントの水和反応により水が消費されるためにコンクリートが収縮する現象を自己収縮（autogeneous shrinkage）という．構造物の設計において，たとえば，プレストレストコンクリート部材について，収縮によるプレストレスの損失を考慮する場合には，これらの収縮ひずみを考慮する必要がある．土木学会コンクリート標準示方書では，プレストレストコンクリートの標準的な条件を想定した場合の収縮ひずみの断面平均値を試算した値として，表 4.5 の値を示している．収縮が妨げられるような状況が生じると，その部分に引張応力が発生し，ひび割れが生じることがある．

表 4.5　コンクリートの収縮ひずみ

コンクリートの材齢 †1	4〜7 日	14 日	28 日	3 ヶ月	1 年
収縮ひずみ（$\times 10^{-6}$）†2	360	340	330	270	150

†1 プレストレスを与えたとき，または荷重を載荷するときのコンクリートの材齢

†2 収縮ひずみ算出の条件は以下のとおりである．
- コンクリートの設計基準強度：40 N/mm^2，単位水量：175 kg/m^3，水セメント比：40%，細骨材の吸水率：2.0%，粗骨材の吸水率：1.0%，
- 構造物の設置環境の温度：20 ℃，部材上面の相対湿度：95%，部材下面の相対湿度：65%
- 設計耐用期間：100 年

(2) 乾燥収縮に影響を及ぼす諸要因　コンクリートの乾燥収縮に影響を及ぼす主な要因は，配合，相対湿度と乾燥期間，骨材の品質，部材断面の形状寸法などである．図 4.38 はコンクリートの乾燥収縮に及ぼす配合の影響を示したものである．この図から，コンクリートの乾燥収縮ひずみは，単位セメント量ではなく単位水量によって決まることがわかる．すなわち，単位水量が多くなるほど乾燥収縮ひずみは増大する．図 4.39 は乾燥収縮に及ぼす相対湿度と乾燥期間の影響を示したものである．乾燥開始 1 年程度の範囲では，乾燥収縮ひずみは，おおよそ乾燥期間の対数に比例して増大する．

AE コンクリートにおいて単位水量が等しいときには，空気量が多いものほど乾燥収縮は大きくなるが，コンシステンシーを一定に保てば，空気量の増大にともなって単位水量は減少するので，乾燥収縮ひずみは空気量にはほとんど影響されず一定値をとる（図 4.40）．

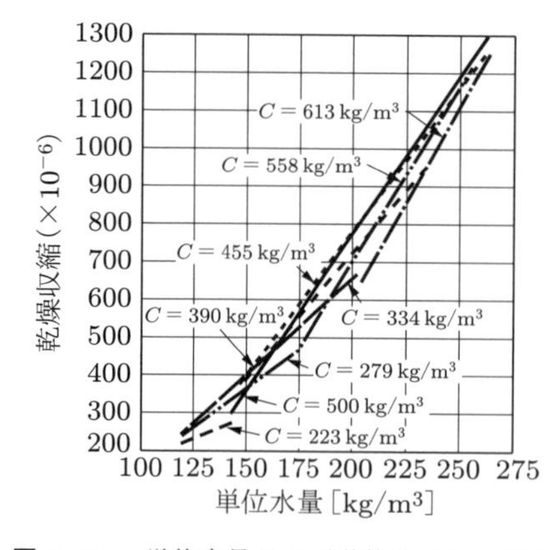

図 4.38　単位水量および単位セメント量とコンクリートの乾燥収縮との関係

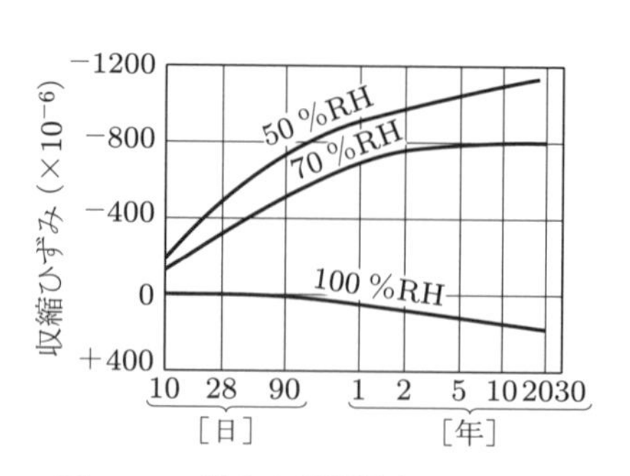

図 4.39　異なる相対湿度におかれたコンクリートの収縮ひずみ

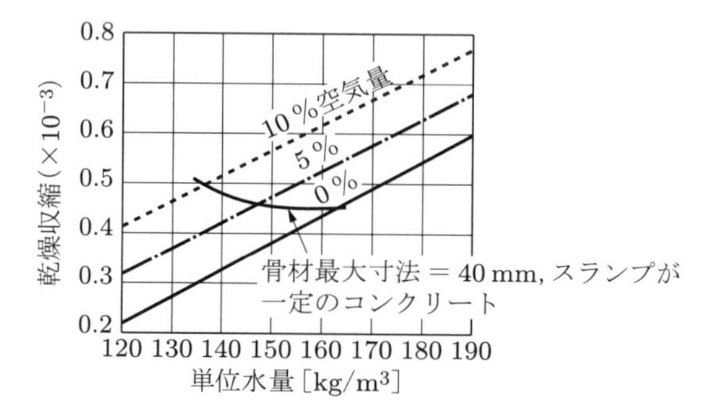

図 4.40　単位水量と乾燥収縮との関係

(3) 自己収縮に影響を及ぼす要因　自己収縮によるひずみは，普通のコンクリートではほとんど無視できる程度である．しかし，水セメント比が40%以下の高強度コンクリートでは乾燥収縮ひずみに対して，自己収縮ひずみの占める割合が大きい．

4.5.3　硬化後の乾湿による体積変化

コンクリートは，硬化後においても乾湿にともなって収縮・膨張を繰り返す．十分に硬化したコンクリートは，乾湿にともない $100〜200\times10^{-6}$ 程度の体積変化を可逆的に繰り返す．

4.5.4　温度変化による体積変化

(1) 概　説

① コンクリート熱膨張係数は，セメントおよび骨材の種類，ならびに配合によって大きく左右されるが，通常の温度変化の範囲においては，1℃につき，$7〜13\times10^{-6}$

程度である．土木学会コンクリート標準示方書では，設計計算に用いる熱膨張係数として，ポルトランドセメントを用いた場合で 10×10^{-6}/℃，高炉セメントB種を用いた場合で 12×10^{-6}/℃と仮定してよいとしている．

② コンクリートに温度変化を生じさせる直接的な要因は，気温のような外的要因と，セメントの水和熱による内部要因に大別される．

(2) 水和熱によるコンクリートの温度上昇

① セメントの水和熱によるコンクリートの温度上昇は，断熱温度上昇試験によって求められる．コンクリートの材齢と断熱温度上昇との関係は次式によって表すことができる．

$$T = K(1 - e^{-\alpha t})$$

ここに，T：材齢 t 日における断熱温度上昇［℃］である．この式の係数値 K および α は，コンクリートの単位セメント量 C に比例して増加する値で，たとえば普通ポルトランドセメントを使用し，打込み温度 20℃の場合では，以下によって求める．

$$K = 5.2 + 0.105C, \qquad \alpha = 0.43 + 0.0018C$$

② 断熱温度上昇の程度は，セメントの種類と粉末度，単位セメント量，コンクリートの打込み温度，部材の断面寸法などによって変化する．図 4.41 は，普通ポルトランドセメントを用い，単位セメント量が 310 kg/m^3 の場合における部材の厚さと温度上昇との関係を示したものである．

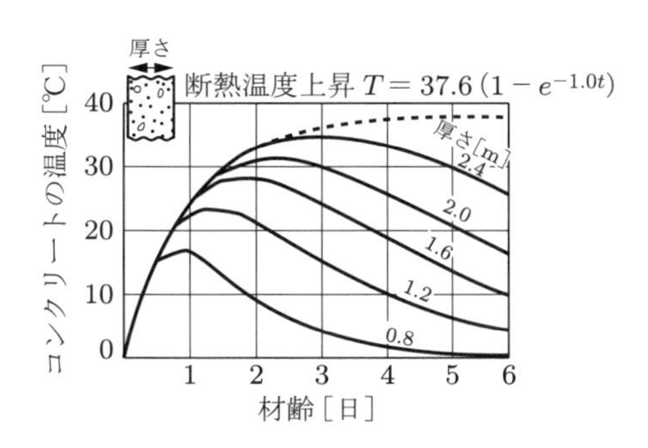

図 4.41　コンクリートの厚さと温度上昇の関係（壁の場合）

4.5.5　マスコンクリートと温度ひび割れ

(1) 概　要　部材または構造物の寸法が大きく，セメントの水和熱による温度の上昇を考慮して施工しなければならないコンクリートをマスコンクリートという．マスコンクリートとして取り扱うべき構造物の部材寸法は，構造形式，使用材料，施工条件によって異なるために一般的には決めにくいが，おおよその目安として，広がりのあるスラブについては厚さ 80〜100 cm 以上，下端が拘束された壁では厚さ 50 cm 以上と考えてよい．

ただし，プレストレストコンクリート構造物などのように，富配合のコンクリートが用いられる場合には，より薄い部材であっても拘束条件によってはマスコンクリートに準じた扱いが必要となることもある．

(2) 温度ひび割れの発生

① セメントの水和熱，気温の変化，加熱などによるコンクリートの温度上昇または温度降下が原因で発生するひび割れを総称して温度ひび割れという．これらの中で最も多いのは，セメントの水和熱による温度ひび割れである．水和熱による温度ひび割れには，コンクリートの断面内の温度勾配によって表層部に引き起こされる引張応力に起因する内部拘束ひび割れと，コンクリートが最大温度に達したあと，温度降下にともなう収縮変形が周辺の構造物や岩盤に拘束されることによって生じる外部拘束ひび割れ（図 4.42）がある．

② 温度ひび割れは初期材齢において発生する．その時期は大体において温度上昇がピークに達し，温度降下に移行した直後である．

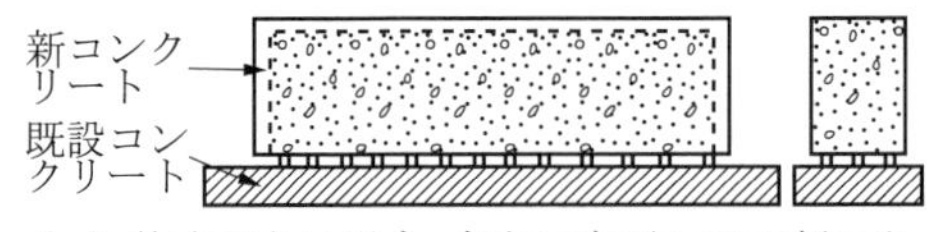

（a）拘束がない場合，自由に変形しひび割れを生じない．点線は温度降下後の自由変形

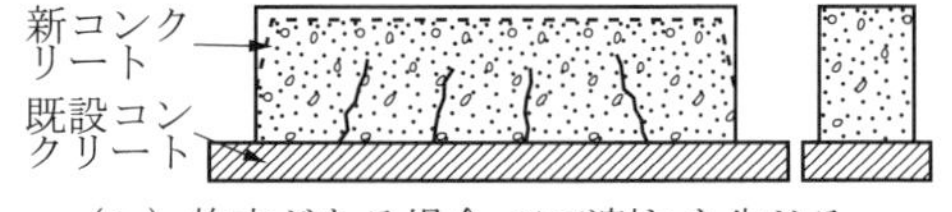

（b）拘束がある場合，ひび割れを生じる．点線は温度下降後の拘束された変形

図 4.42　温度ひび割れの発生機構

(3) 温度ひび割れの対策　温度ひび割れの対策としては，以下のようなものがある．

① 適切な材料と配合：単位セメント量の低減，低発熱型セメントの使用

② 設計面での対策：ひび割れ誘発目地の設定

③ 適切な打込み方法：打込み区間の大きさの分割，打込み間隔の適切な設定

④ コンクリート温度上昇の抑制：材料の冷却，パイプクーリング

⑤ 型枠の選定：放熱性の高い型枠または保温性のよい型枠の使用

4.6 コンクリートのひび割れ

4.6.1 概　要

コンクリートは数多くの原因によってひび割れを生じる．硬化したコンクリートに発生するひび割れを，その発生時期と発生後の進行状況によって大別すると以下のようになる．

① コンクリートの打込み後，数年から十数年以降に発生し，長期にわたって進行するもの．

② コンクリートの打込み後，数日から数年以内に発生するが，比較的短期間に進行が停止するもの．

①のタイプのひび割れは一般に化学反応に起因するもので，その典型的な例としては，アルカリ骨材反応と鉄筋腐食によるひび割れがある．②のタイプのひび割れは，一般に物理的作用によるもので，代表的な例としては温度ひび割れと乾燥収縮によるひび割れがある．コンクリートに生じるひび割れ発生の原因と対策に関しては，日本コンクリート工学協会の「コンクリートのひび割れ調査・補修・補強指針」が参考になる．

4.6.2 伸び能力

① 伸び能力（extensibility）とは，硬化したセメントペースト，モルタル，コンクリートが破断する直前までに示す最大の引張変形量のことであり，この値が高いほどひび割れに対する抵抗性が大きい．

② 伸び能力は，ヤング率，クリープ，引張強度の関数であるが，さらに引張荷重を加える速度にも関係する．たとえば，密封されたコンクリート円柱体を 2〜3 ヶ月かけて破壊するような速度で引張載荷したときの伸び能力は $80〜160 \times 10^{-6}$ で，この値は急速な載荷を行った場合の伸び能力の 1.2〜2.5 倍となっている．

③ 一般に，コンクリートの伸び能力は 100×10^{-6} 程度と考えてよい．

4.6.3 コンクリートのマイクロクラック

① コンクリートのマイクロクラック（microcracking）とは，コンクリートに荷重を加えた場合，骨材とセメントペーストとのヤング係数の差によって引き起こされる応力集中のために，主に粗骨材とモルタルとの境界に生じる付着破壊によって形成される 2〜5 μm の微細ひび割れである．

② マイクロクラックは破壊強度の 40〜60%の応力段階より発生し始め，これ以後におけるコンクリートの応力ひずみ曲線の曲率の増加と密接な関連があることが明らかにされている．応力を増し，破壊強度の 70〜90%近くに達すると，これまで減

少していたコンクリートの容積ひずみは増加し始める（図 4.43）．この段階では，主として粗骨材とモルタルとの境界に生じていたマイクロクラックがモルタル中に伝播し始めたことを示すものであって，このときの応力を限界応力度（critical stress）といい，コンクリートの破壊の開始を示す重要な指標とみなされている．

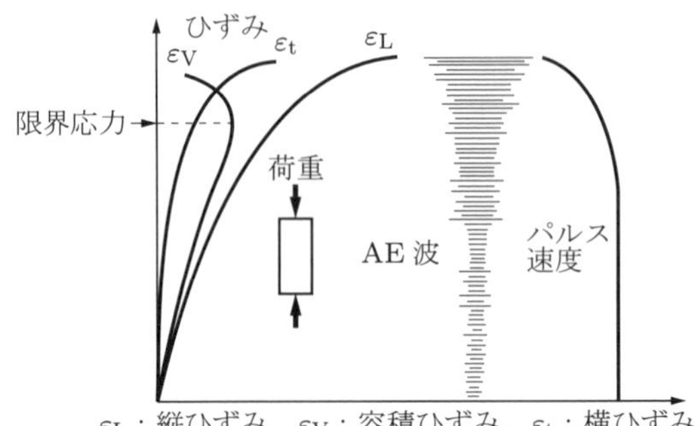

図 4.43　限界応力度，超音波パルス，アコースティックエミッションによるマイクロクラックの検出（横軸の矢印の方向は，ε_L と ε_t については増加する方向を，ε_V については減少する方向を示す）

4.7　鉄筋の腐食

4.7.1　コンクリート中の鋼材の腐食機構

大気中の鉄鋼は，表面に形成される薄い水膜を通して侵入する酸素の存在のもとで酸化して，腐食する．しかし，表面の水が常に高いアルカリ性を保っている場合には酸素が侵入しても腐食しない．アルカリ性環境では，鉄鋼の表面が不動態皮膜と呼ばれる厚さ 0.002〜0.006 μm の緻密な酸化物（$\gamma Fe_2O_3 \cdot nH_2O$）によって覆われるからである．健全なコンクリートは強いアルカリ性を有しているので，コンクリート中に埋め込まれた鉄筋は腐食から保護されている．しかし，以下のような状態になった場合には不動態皮膜が破壊され，酸素の存在のもとで鉄筋の腐食が始まる．

① 大気中の二酸化炭素によるコンクリートの中性化

② 鉄筋周辺における塩化物の存在

鉄鋼の腐食機構

鉄鋼は表面の不動態皮膜が破壊されると，水の存在下において以下のような電気化学的機構によって腐食が進行する．鉄鋼の表面またはこれに接する電解質* には不

* 一般的には水分が考えられる．

均質な部分* があり，そこに局所的な電位差が形成されて電流が流れる．すなわち，一種の電池が形成されるわけで，これを腐食電池と呼んでいる．腐食電池の中では，図 4.44 に示すように，鉄原子がイオン化して Fe^{2+} となって電解質中に溶け込むと同時に電子を放出するアノード反応と，この電子を受け取って溶存酸素が還元されるカソード反応が，互いに等しい速度で次式のように進行する．

$$\text{アノード反応}\quad Fe \rightarrow Fe^{2+} + 2e^-$$

$$\text{カソード反応}\quad \frac{1}{2}O_2 + H_2O + 2e^- \rightarrow 2OH^-$$

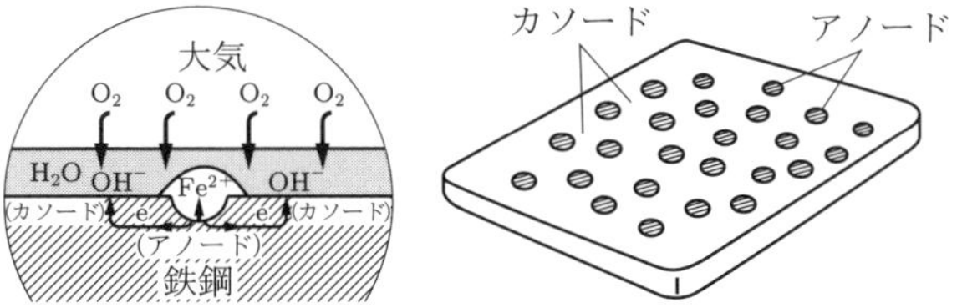

図 **4.44**　鋼材の腐食機構

腐食の全反応はアノード反応とカソード反応が組み合わさった反応となり，次式のように水酸化第一鉄 $Fe(OH)_2$ が鉄の表面に析出する．

$$2Fe + O_2 + 2H_2O \rightarrow 2Fe^{2+} + 4OH^- \rightarrow 2Fe(OH)_2$$

$Fe(OH)_2$ は溶存酸素によって酸化して水酸化第二鉄 $Fe(OH)_3$ となる．これが水分子を放出して含水酸化鉄 FeOOH（赤さび）となり，一部は酸化鉄 Fe_3O_4（黒さび）となって鉄表面にさび層を形成する．

4.7.2　塩化物による鉄筋の腐食

(1) 概　要　鉄筋の腐食性状は，中性化による場合と塩化物による場合では著しく異なる．中性化による腐食は，鉄筋の表層部から内部に向かってほぼ一様に進行する形態をとる．これに対して，塩化物による腐食は，孔食という形態をとるので（図 4.45），鉄筋の断面欠損や溶解という激しい腐食を引き起こすのみでなく，腐食の速度も速い．したがって，塩化物による鉄筋腐食は，コンクリート構造物の寿命を著しく縮める．

図 **4.45**　海洋飛沫帯に 3 年間暴露した鉄筋コンクリートばり中の鉄筋（さびを除去した状態）

＊　酸素，塩分の濃度差，鋼材表面被覆層の完全な部分と欠陥部分などがある．

(2) 塩化物量の許容限度　飽和水酸化カルシウム溶液をコンクリート環境にみたてて行った電気化学的実験の結果では，塩化物イオン濃度が700 ppmを超えると鋼の腐食発生率が増大することが明らかにされている．また，土木学会コンクリート標準示方書では，「練混ぜコンクリート中に含まれる塩化物イオンの総量は，原則として，0.30 kg/m^3 以下とする」と規定している．

(3) 塩化物のコンクリート中への導入　塩化物がコンクリートに導入される経路は，構造物が完成したあとに導入される場合と，構造物が建設された当初から導入される場合に大別される．前者についての主たるケースは，海水飛沫による導入と凍結防止剤の散布による導入である．後者のケースが，海砂や混和剤などのコンクリート材料を通じての導入である．

鉄筋の腐食に関して，わが国において最も厳しい環境の1つが，晩秋から早春にかけて絶えず海水の飛沫にさらされる日本海沿岸である．このような海岸においては，海風速が鉄筋コンクリート構造物の塩化物腐食に影響を与える大きな要因の1つとなる（図4.46）．

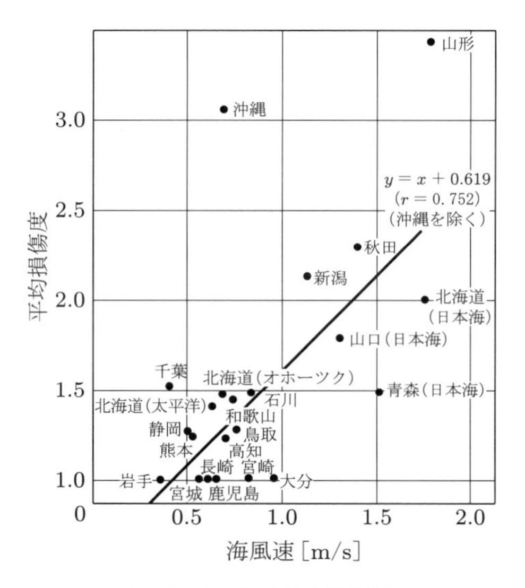

図4.46　海風速と損傷度

凍結防止剤は，アメリカの道路橋や駐車場施設に深刻な劣化を引き起こしているが，近年，わが国においても高速道路に岩塩や塩化カルシウムが大量に散布されており，これが劣化を引き起こす原因ともなっている．

また，わが国では，1970年代に，ほとんど除塩を行わない海砂を使用していた経緯があり，この結果，山陽新幹線高架橋をはじめとして，西日本の鉄筋コンクリート構造物の寿命を大幅に縮めることになった．

(4) 鉄筋腐食によるコンクリート構造物の劣化　許容値以上の塩化物が存在するコンクリート中では，その濃度によって速度は異なるものの，適度の湿分と酸素の供給のもとで，鉄筋の腐食はとどまることなく進行する．またこのとき，腐食の進行にともない生成するさびの体積は，元の鉄の体積の約 2.5 倍に達するため，このさびが鉄筋の周囲のコンクリートに圧力を発生させる．これがある限界値に達すると，かぶり部分のコンクリートにひび割れを生じる（図 4.47）．このような状態は鉄筋コンクリート構造物の最終的な劣化段階と考えられている（図 4.48）．

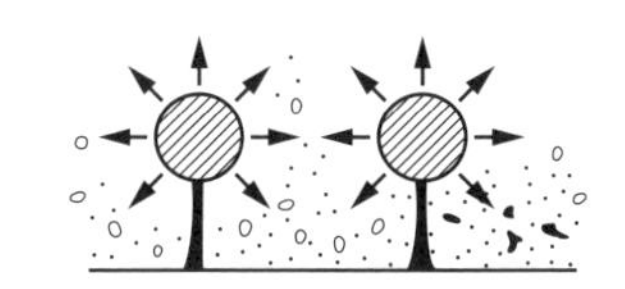

図 4.47　さびの膨張圧による鉄筋軸方向のひび割れの発生

図 4.48　鉄筋腐食によって崩壊寸前の状態となった海岸の桟橋の鉄筋コンクリートばり

4.7.3 鉄筋腐食に及ぼすコンクリートの品質の影響

(1) コンクリートの配合の影響　鉄筋腐食の開始と進行は，かぶりを通じて行われる塩化物や酸素などの腐食因子の拡散・浸透の容易さによって決まる．つまり，コンクリートの品質が鉄筋の腐食に大きい影響を与えるのである．図 4.49，4.50 は，それぞれ塩化物イオンおよび酸素の拡散係数の値と水セメント比との関係を示したものである．これらの図から，水セメント比が鉄筋腐食に大きい影響を与えていることがわかる．水セメント比の値が 50%より大きくなると，拡散係数の値はいずれの場合も急激に増大している．すなわち，鉄筋の腐食傾向が増大することを示している．

(2) セメントの種類の影響　塩化物イオンや酸素の拡散係数はセメントの種類によっても大きな差がある．

これらの拡散係数は，特に高炉セメントを用いた場合に格段に小さいことが確かめられている（表 4.6，4.7）．高炉セメントは，以上のような腐食因子に対する物理的な遮へい性能が優れているほか，塩化物イオンをセメント水和物（フリーデル氏塩）に取り込んで固定化させる化学的遮へい機能も有している．スラグ量の多い高炉セメントは水和熱の発生も少ないので，海洋環境に建設される構造物に多用されている．

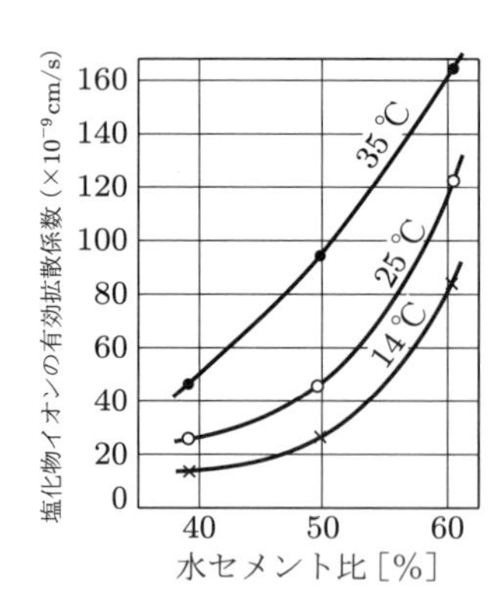

図 4.49　硬化セメントペーストの水セメント比と塩化物イオンの拡散係数

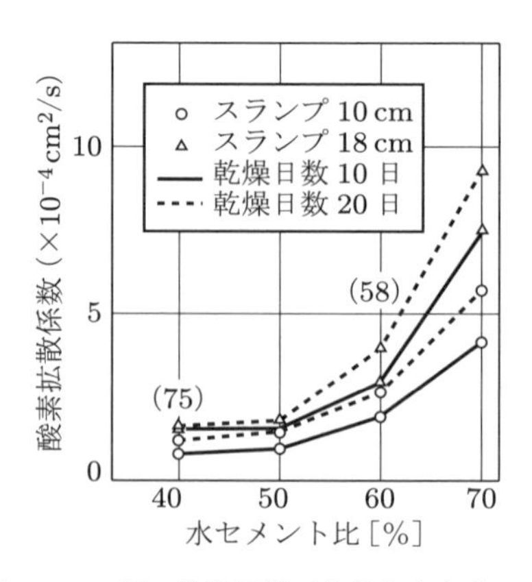

図 4.50　同一乾燥日数で比較したときの水セメント比と酸素拡散係数の関係

表 4.6　各種セメントを用いた硬化セメントペーストに対する塩化物イオンの拡散係数（$W/C = 50\%$，25℃）

セメントの種別	$D \times 10^{-9}$ [cm^2/s]
普通ポルトランドセメント	44.7
フライアッシュセメント（フライアッシュ 30%）	14.7
高炉セメント（スラグ 65%）	4.1
耐硫酸塩ポルトランドセメント	100.0

表 4.7　各種セメントを用いたコンクリートの酸素拡散係数（$W/C = 60\%$，含水量 60%，20℃）

セメントの種別	$D \times 10^{-4}$ [cm^2/s]
普通ポルトランドセメント	2.40
早強ポルトランドセメント	1.62
中庸熱ポルトランドセメント	1.51
高炉セメント（スラグ 30%）	1.12
高炉セメント（スラグ 70%）	0.99
フライアッシュセメント（F・20%）	1.71

また，土木学会コンクリート標準示方書では，塩化物イオンのコンクリート中への侵入にともなう鉄筋腐食発生を照査するために，コンクリート中の塩化物イオンの侵入を拡散現象とみなし，次式を用いて，鉄筋位置の塩化物イオン量 C_d の予測を行うこととしている．

$$C_\mathrm{d} = \gamma_\mathrm{cl} \cdot C_0 \left(1 - \mathrm{erf}\left(\frac{0.1 \cdot c_\mathrm{d}}{2\sqrt{D_\mathrm{d} \cdot t}}\right)\right) + C_\mathrm{i}$$

ここで，C_d：コンクリート中の鋼材位置における塩化物イオン濃度の設計値

C_0：コンクリート表面における塩化物イオン濃度［kg/m^3］である．なお，この C_0 は，コンクリート表面に飛来する塩化物イオンの量を表す指標となるものであり，土木学会コンクリート標準示方書では，わが国の地域ごとに，表 4.8 に示す値を用いることとしている．

c_d：耐久性に関する照査に用いるかぶりの設計値［mm］である．施工誤差

表 4.8 コンクリート表面塩化物イオン濃度

地域		飛沫帯	海岸からの距離 [km]				
			汀線付近	0.1	0.25	0.5	1.0
飛来塩分が多い地域	北海道，東北，北陸，沖縄	13.0	9.0	4.5	3.0	2.0	1.5
飛来塩分が少ない地域	関東，東海，近畿，中国，四国，九州		4.5	2.5	2.0	1.5	1.0

をあらかじめ考慮して，次式で求めることとする．

$$c_{\mathrm{d}} = c - \Delta c_{\mathrm{e}}$$

ここに，c：かぶり［mm］，Δc_{e}：施工誤差［mm］である．

t：塩化物イオンの侵入に対する耐用年数［年］

γ_{cl}：鋼材位置における塩化物イオン濃度の設計値 C_{d} のばらつきを考慮した安全係数である．一般に，1.3 としてよい．ただし，高流動コンクリートを用いる場合には，1.1 としてよい．

D_{d}：塩化物イオンに対する設計拡散係数［cm^2/年］である．一般に，次式により算定してよい．

$$D_{\mathrm{d}} = \gamma_{\mathrm{c}} \cdot D_{\mathrm{k}} + \lambda \cdot \left(\frac{w}{l}\right) \cdot D_0$$

ここに，γ_{c}：コンクリートの材料係数である．一般に，1.0 としてよい．上面の部位では 1.3 とする．

D_{k}：コンクリートの塩化物イオン拡散係数の特性値［cm^2/年］であり，水セメント比ならびにセメントの種類の違いに考慮した以下の式で求める．

① 普通ポルトランドセメントを使用する場合

$$\log_{10} D_{\mathrm{k}} = 3.0 \cdot \frac{W}{C} - 1.8 \qquad (0.30 \leqq W/C \leqq 0.55)$$

② 低熱ポルトランドセメントを使用する場合

$$\log_{10} D_{\mathrm{k}} = 3.5 \cdot \frac{W}{C} - 1.8 \qquad (0.30 \leqq W/C \leqq 0.55)$$

③ 高炉セメント B 種相当，シリカフュームを使用する場合

$$\log_{10} D_{\mathrm{k}} = 3.2 \cdot \frac{W}{C} - 2.4 \qquad (0.30 \leqq W/C \leqq 0.55)$$

④ フライアッシュセメント B 種相当を使用する場合

$$\log_{10} D_{\mathrm{k}} = 3.0 \cdot \frac{W}{C} - 1.9 \qquad (0.30 \leqq W/C \leqq 0.55)$$

4.7.4　鉄筋の防食

(1) 概　要　コンクリート構造物が，所定の供用期間に鋼材の腐食によりその機能を損なわないように施す処置を防食という．日本コンクリート工学会の海洋コンクリート構造物の防食指針では，コンクリート構造物の防食方法を第一種防食法と第二種防食法に分類している．

(2) 第一種防食法　一般にコンクリート中の鋼材は，コンクリートが高アルカリ性であるため，鋼材表面が不動態化されており，さらに，かぶりコンクリートによって酸素や水の供給も制限され，腐食しにくい状態にある．特に，密実なコンクリート中に埋め込まれた鋼材は腐食しにくい．すなわち，鋼材にとってコンクリート中に埋め込まれることはよい防食となる．このようにコンクリートのみで対処する防食法を第一種防食法という．第一種防食法では，かぶり，ひび割れ，コンクリートの品質（水セメント比，単位セメント量，空気量），施工などを制御・吟味してコンクリート部材中の鋼材の防食を行う．

たとえば，土木学会コンクリート標準示方書では，環境条件が，塩害などが生じない一般的な環境である場合には，耐久性の検討を省略しても不都合が生じないと考えられる標準的なコンクリートの品質（水セメント比）とかぶりの組み合わせとして，表4.9を示している．これは，一般的な環境における鋼材保護のための第一種防食方法と考えることができる．

表 4.9　一般的な環境において耐久性* を満足する構造物の最小かぶりと最大水セメント比

部　材	$W/C^{\dagger}$ の最大値 [%]	かぶり c の最小値 [mm]	施工誤差 Δc_e [mm]
柱	50	45	±15
はり	50	40	±10
スラブ	50	35	± 5
橋脚	55	55	±15

† 普通ポルトランドセメントを使用

また，上記の「塩化物イオンのコンクリート中への侵入に伴う鉄筋腐食発生の照査」も，塩害環境下のコンクリート構造物の設計において，コンクリートの水セメント比やかぶりなどの第一種防食法を決定するために行われるものである．

＊　設計耐用年数100年を想定

第一種防食法の考え方

図 4.51 は，コンクリート構造物の耐用年数を，鉄筋の腐食によって許容し得ないような損傷（たとえば，鉄筋に沿った大きいひび割れの発生）を生じるまでの期間と考え，これが鉄筋の腐食開始までの時間 t_0 と，腐食が始まってから許容できないような損傷を生じるまでの期間 t_1 との和によって表されるとして，構造物の劣化度の経時変化をモデル的に示したものである．

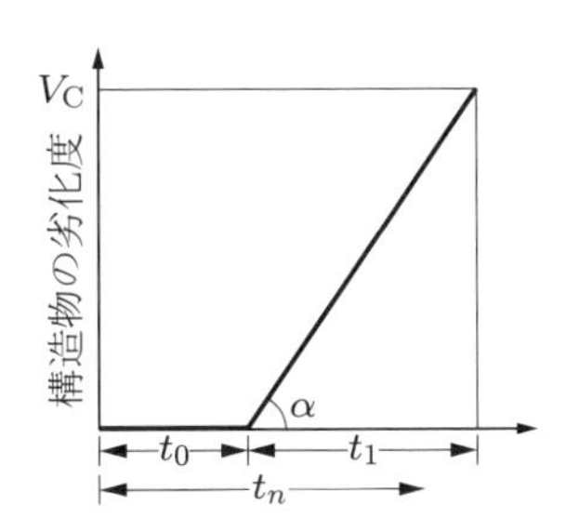

図 4.51 コンクリート構造物の耐用年数と鉄筋腐食による劣化度

この図において，t_0 は塩化物イオンのような鉄筋を活性化させる腐食因子が，コンクリート表面から鉄筋表面に到達するまでの期間であり，t_1 は鉄筋の腐食速度によって決まる期間である．t_0 は主としてかぶりの値やコンクリートの品質（水セメント比，単位セメント量，セメントの種類，ひび割れの有無など）によって支配されるが，t_1 は主として酸素の拡散速度によって支配されるので，コンクリートの品質やかぶりの影響以外に環境の影響を大きく受ける．

このために，t_1 を制御することは困難である．したがって，所定の供用年数 t_n の間に物理的な耐用年数 t_c $(= t_0 + t_1)$ に達しないようにするためには，t_0 を大きくするような方法，すなわち，コンクリートの品質を高めるとともにかぶり厚を大きくする必要がある．これがコンクリートによる防食，すなわち，第一種防食法の考え方である．

(3) 第二種防食法　構造上の理由などで，耐久性の観点から求められるかぶりをとることが困難な場合，あるいは防食性をより高めようとする場合には，特別な防食法である第二種防食法を施す．第二種防食法を大別すると，防食鉄筋を用いる方法，コンクリート表面を保護する方法，電気化学的補修工法となる（図 4.52）．

● **防食鉄筋を用いる方法**　この方法の中では，エポキシ樹脂塗装鉄筋が，確実性の高い優れた防食法として新設の構造物に幅広く適用されている．また，最近では，エポキシ樹脂被覆 PC 鋼材も開発されている．エポキシ樹脂塗装鉄筋の使用にあたっ

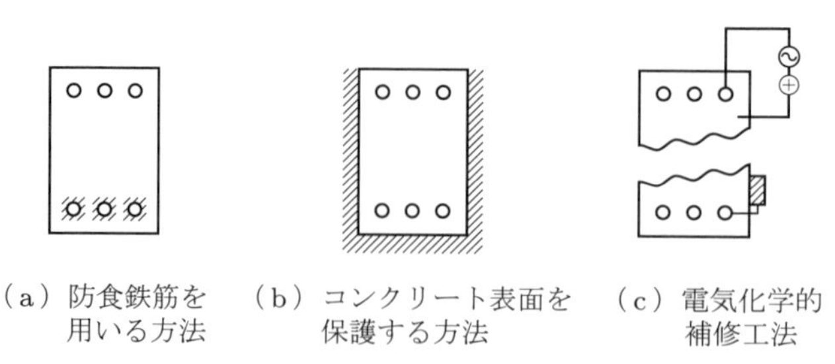

図 **4.52**　第二種防食法

ては，「エポキシ樹脂塗装鉄筋を用いる鉄筋コンクリート構造物の設計施工指針」が，エポキシ樹脂被覆PC鋼材の使用にあたっては，「エポキシ樹脂を用いた高機能PC鋼材を使用するプレストレストコンクリート設計施工指針（案）」が，それぞれ土木学会から出されており，参考となる．

● **コンクリート表面を保護する方法**　この方法は，図4.53のように分類される．このうち，合成樹脂などの有機系の塗料やシート，あるいは，セメントなどの無機系材料によってコンクリート表面を被覆する表面被服工法が最も一般的で，既設構造物の維持補修に多用されている．また，近年，シラン系あるいはケイ酸塩系の材料をコンクリートの表面から内部に含浸させてコンクリート表層部を改質し，その部分に撥水性やアルカリ性を付与したり緻密化させたりする表面含浸工法も，表面保護の1つとして用いられている．そのほか，施工時には型枠ともなる防食性の優れたパネルを

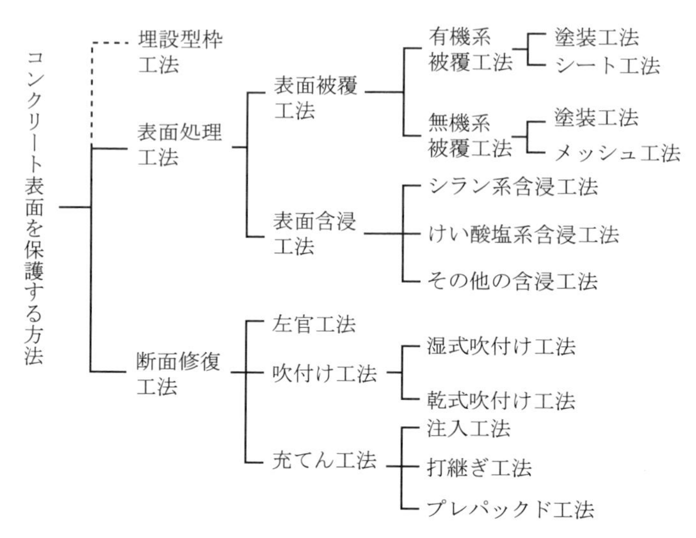

図 **4.53**　コンクリート構造物の各種表面を保護する

コンクリート部材の表層に設ける埋設型枠によって，コンクリート表面を保護する方法も開発されている．

なお，コンクリート表面を保護する方法の中には，コンクリートの劣化部を修復する断面修復工法も含まれる．これらコンクリート表面を保護する方法の適用にあたっては，土木学会から，「表面保護工法設計施工指針」が出されており，参考となる．

● **電気化学的補修工法**　コンクリート表面あるいは外部に設置した陽極からコンクリート中の鋼材に直流電流を流し，鋼材表面あるいはコンクリート内部に発生する電気化学的反応を利用して，鋼材腐食あるいはコンクリートの劣化を防止する工法の総称である．

この工法には，以下のようなものがある．

① 電気防食工法：コンクリート表面に設置した電極を陽極とし，鉄筋を陰極として直流電流（約 10～30 mA/m^2）を継続的に流すことによって，鉄筋を防食する工法である．この工法には，図 4.54 に示すように，コンクリート表面にチタンなどの不溶性の電極を設置して，外部電源によって鉄筋に電流を供給する外部電源方式と，鉄よりイオン化傾向の高い亜鉛などを電極としてコンクリート表面に設置し，亜鉛-鉄筋間で生じる電位差を利用して鉄筋に電流を供給する流電陽極式（犠牲陽極式とも呼ばれる）がある．電気防食工法の特徴は，コンクリート中の塩化物量や鉄筋の腐食程度にかかわらず腐食を停止できるところにある．

② 脱塩工法：図 4.55 に示すように，コンクリート表面に仮設した外部電極を陽極とし，鉄筋を陰極として，直流電流（約 1 A/m^2）を 1～2 ヶ月間流し，コンクリート内の塩化物イオンをコンクリート表面の外部電極に引き寄せて，取り出す工法である．この際，鉄筋周辺には多量の OH^- が発生するため，処理終了後の鉄筋周辺では，塩化物イオンは除去され，かつ OH^- の増加により，保護されることになる．

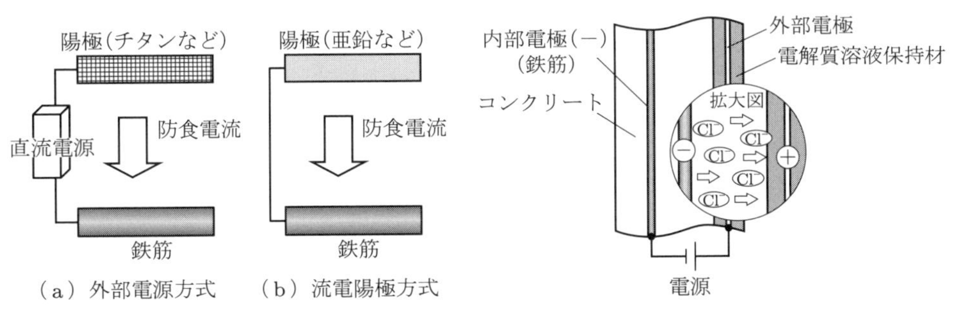

（a）外部電源方式　（b）流電陽極方式

図 4.54　電気防食工法の概要

図 4.55　脱塩工法の概要

③ 電着工法：図 4.56 に示すように，コンクリート構造物の内部鉄筋を陰極とし，海水中に対向した陽極との間に直流の微弱電流を数ヶ月間通電することによって，海水中に溶存するカルシウムイオンやマグネシウムイオンなどを炭酸カルシウムや水酸化マグネシウムの形で構造物中のひび割れや表層部に析出させ，コンクリートの透水性を低減して高品質のコンクリートに改善する工法である．なお，本工法を応用して，陸上構造物においても，コンクリート表面にカルシウムイオンやマグネシウムイオンを含む溶液を溜め，通電を行うことでコンクリート表面の緻密化を図る工法も開発されている．

④ 再アルカリ化工法：中性化の生じているコンクリート構造物に適用される工法で，図 4.57 に示すように，仮設した外部電極とコンクリート内の鉄筋との間に直流電流（約 $1A/m^2$）を約 1 週間流し，仮設材中に保持したアルカリ溶液をコンクリート中に強制に浸透させ，コンクリートのアルカリ性を回復させる工法である．

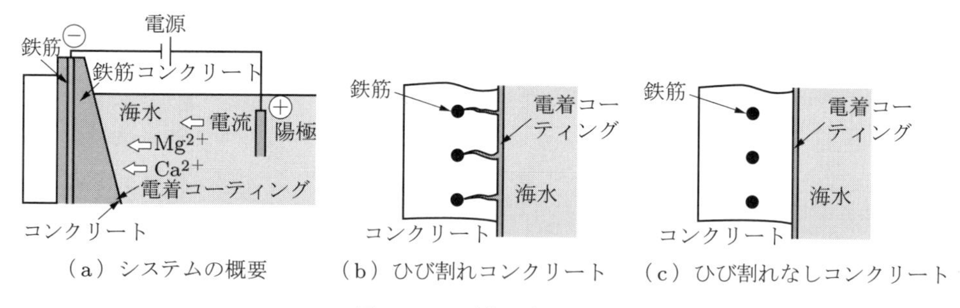

図 4.56　電着工法の概要

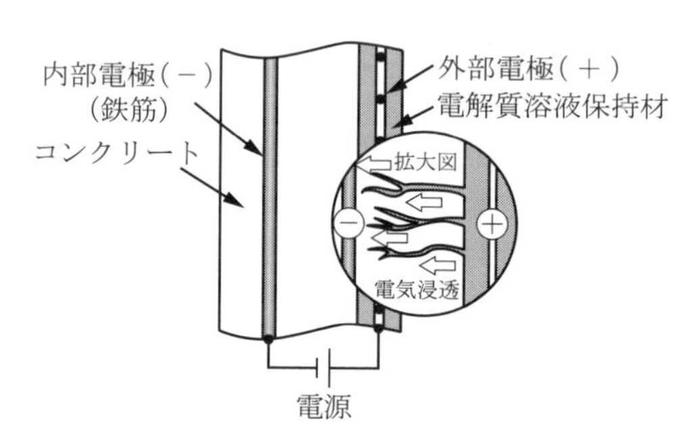

図 4.57　再アルカリ化工法の概要

なお，それぞれの電気化学的補修工法の特徴ならびに適用範囲について，表 4.10, 4.11 にそれぞれ示す．

また，これらの電気化学的補修工法の適用にあたっては，土木学会から，「電気化学的防食工法設計施工指針」が出されており，参考となる．

表 4.10　各電気化学的補修工法の特徴

工　法	電気防食工法	脱塩工法	電着工法	再アルカリ化工法
目的	電気腐食の停止・抑制	塩化物イオンの除去	コンクリート表面への電着被膜形成	アルカリ性の回復
通電期間	防食期間中継続	約 8 週間	約 6 ヶ月間	約 1〜2 週間
供給電流密度 [A/m^2]	0.0001〜0.03	1	0.5〜1	1
通電電圧 [V]	1〜5	5〜50	5〜30	5〜50
電解液	–	$Ca(OH)_2$ 水溶液など	海水	H_2CO_3 水溶液など
効果確認の方法	電位または電位変化量の測定	コンクリート中の塩化物イオン量の測定	コンクリートの透水係数の測定	コンクリート中の中性化深さの測定
効果確認の頻度	数回/年	通電終了後	通電終了後	通電終了後

表 4.11　各電気化学的補修工法の適用範囲

<table>
<tr><th colspan="3" rowspan="2">適用対象</th><th colspan="4">電気化学的補修工法</th></tr>
<tr><th>電気防食工法</th><th>脱塩工法</th><th>再アルカリ化工法</th><th>電着工法</th></tr>
<tr><td rowspan="6">環境条件</td><td colspan="2">陸上部・内陸部</td><td>○</td><td>○</td><td>○</td><td>–</td></tr>
<tr><td rowspan="5">海洋環境</td><td>大気中部</td><td>○</td><td>○</td><td>○</td><td>–</td></tr>
<tr><td>飛沫帯部</td><td>○</td><td>○</td><td>○</td><td>–</td></tr>
<tr><td>干満帯部</td><td>(○)</td><td>△</td><td>–</td><td>○</td></tr>
<tr><td>海中部</td><td>(○)</td><td>–</td><td>–</td><td>○</td></tr>
<tr><td colspan="5" style="display:none"></td></tr>
<tr><td rowspan="2">構造部材</td><td colspan="2">RC</td><td>○</td><td>○</td><td>○</td><td>○</td></tr>
<tr><td colspan="2">PC</td><td>○</td><td>△</td><td>△</td><td>○</td></tr>
<tr><td colspan="3">既設構造物</td><td>○</td><td>○</td><td>○</td><td>○</td></tr>
<tr><td colspan="3">新設構造物</td><td>○</td><td>–</td><td>–</td><td>○</td></tr>
</table>

○：適用対象，(○)：適用可能，△：適用検討中，–：適用対象外あるいは適用の検討がされていない

4.8　アルカリ骨材反応

4.8.1　概　説

コンクリート中のアルカリ分とアルカリ反応性骨材が化学反応を起こし，コンクリートに，有害な膨張を生じる現象をアルカリ骨材反応という．コンクリートは本来，強いアルカリ性を有している．しかし，アルカリ分を多く含んだセメントや海砂などの使用により，コンクリート中のアルカリ濃度が異常に高まると，アルカリ反応性骨材と化学反応を起こす．反応生成物であるアルカリシリカゲルが吸水するとコンクリートを膨張させ，ひび割れや強度・弾性係数の著しい低下などの劣化現象を引き起こす（図 4.58）．骨材として使用される岩石の主成分は石灰岩を除けばシリカで

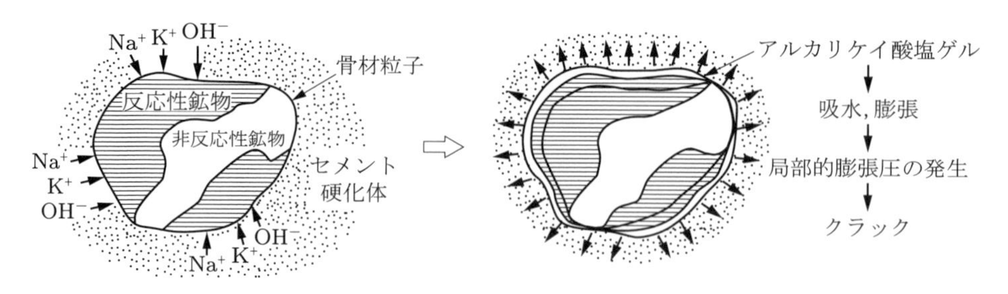

図 4.58　アルカリ骨材反応によるコンクリートの劣化

あり，これが次式のようにアルカリと反応するということから，アルカリシリカ反応（alkali-silica reaction）とも呼ばれている．

$$SiO_2 + 2NaOH + 8H_2O \rightarrow Na_2H_2SiO_4 \cdot 8H_2O$$

4.8.2　アルカリ骨材反応が起こる条件

(1) 概　要　アルカリ骨材反応によってコンクリートに有害な膨張を生じるか否かは，次のような条件の組み合わせによって決まる．

① コンクリート中のアルカリ量

② 骨材中の反応性物質の種類と量

③ アルカリ反応性骨材と非反応性骨材との混合比

④ コンクリートへの水分の供給状況

(2) コンクリート中のアルカリ量　セメント中に含まれているアルカリ量（等価 Na_2O 量）の影響が支配的であり，この値が1%を超えると有害な膨張を生じやすい．ナトリウム塩またはカリウム塩となっている混和剤，海水飛沫や岩塩（凍結防止剤）などもアルカリ源となる．このために，JIS A 5308「レディーミクストコンクリート」や土木学会コンクリート標準示方書では，コンクリート中のアルカリ総量（各材料から供給される全アルカリ）を Na_2O 換算で 3.0 kg/m^3 以下に抑制することを求めている．

(3) 骨材中の反応性物質の種類と量　一般に火山ガラスや結晶度の低い微小石英を多く含むものの反応速度は大きく，結晶度の高い微小石英を多く含むものの反応速度は小さい．

(4) アルカリ反応性骨材と非反応性骨材との混合比　アルカリ骨材反応では，両者の混合比がある特定の値のときコンクリートの膨張量は最大となることがある．骨材の全量を反応性骨材とした場合でも，まったく膨張などの劣化を生じないことがある一方，反応性骨材が占める割合が全骨材の 15%程度の場合に著しく膨張する場合もある．この現象はペシマム現象と呼ばれている（図 4.59）．レディーミクストコンクリート工場では，産地の異なる複数の骨材を混合したものを使用している例が多い．したがって，反応性骨材が検出されても，その産地の特定が困難であり，コンクリートにおけるアルカリ骨材反応の発生を完全には避けられない場合も多い．

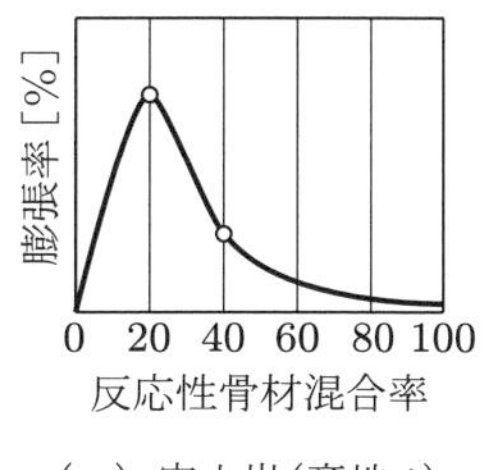

（a）安山岩（産地 1）

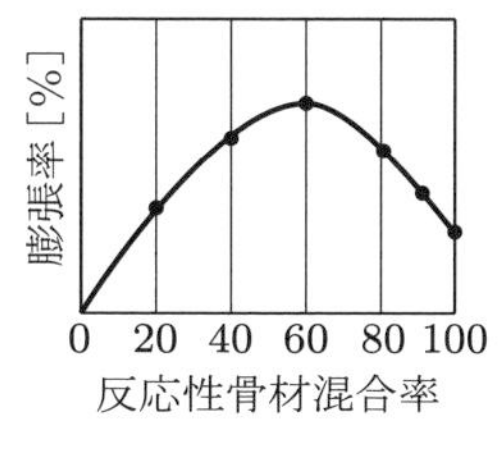

（b）安山岩（産地 2）

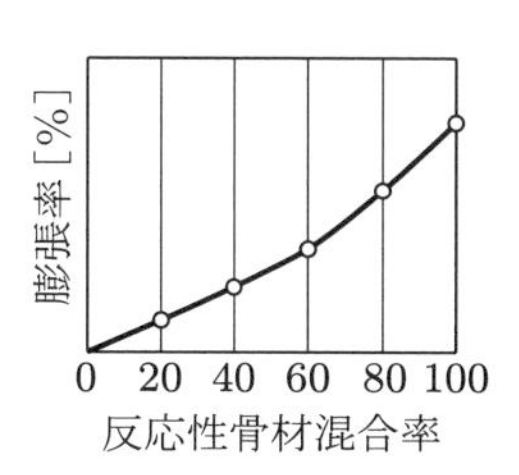

（c）微小石英を含む砂岩

図 4.59　アルカリ骨材反応におけるペシマム現象

(5) コンクリートへの水の供給　雨水，土壌水，海水などの影響を受けやすい構造物またはその部位で生じやすい．耐震補強のために橋脚に鋼板を取り付けると，コンクリートが長期間にわたって飽水状態になるので膨張し始め，鋼板を変形させることがある．

4.8.3　アルカリ骨材反応によるコンクリート構造物の劣化性状

アルカリ骨材反応が進行すると，コンクリート構造物に次のような異常な状態が起こる．

① ひび割れの発生
② 強度と弾性係数の低下
③ 鉄筋または PC 緊張材における引張応力の発生
④ 膨張による目地の閉塞，破損，ずれ
⑤ ポップアウト* の発生
⑥ 析出物によるコンクリート表面の汚れ

ひび割れの形状は，鉄筋などによる膨張の拘束の程度，構造物や部材の形状と外部拘束との関係などによって異なる．一般に，舗装版のような無筋コンクリートや擁壁・橋台のような鉄筋使用量の少ない構造物では，図 4.60 のような網目状（マップ状）のひび割れを生じる．橋げたや T 形橋脚のような鉄筋コンクリート部材では，主鉄筋と平行な方向にひび割れが生じることが多い（図 4.61）．

アルカリ骨材反応によるコンクリートの膨張は，鉄筋や PC 緊張材に設計では想定していなかった引張応力を発生させ，構造物の耐力を低下させる．また，アルカリ骨

---

* コンクリートの表面部分が飛び出すように剥がれる現象である．表面近くの骨材粒の膨張に起因する．

図 4.60　鉄筋使用量の少ない擁壁表面に発生したマップ状のひび割れ

図 4.61　橋脚のプレストレストコンクリートばり部材における PC 鋼材に沿って発生したひび割れ

材反応が進行すると，コンクリートの強度が約 1/2，弾性係数が 1/4 程度にまで低下することがある．

4.8.4　アルカリ骨材反応の防止対策

アルカリ骨材反応は，

① アルカリ反応性骨材の使用

② コンクリートへの水の供給

③ 限界値を超えるコンクリート中のアルカリ量

のいずれかの条件が欠ければ発生しない．しかし，① の条件を回避することは，わが国における多様な骨材の利用状況，レディーミクストコンクリート工場における骨材の混合使用，ペシマム現象などを合わせて考慮すると不可能に近い．一方，② の条件である水を断つことも土木構造物では極めて困難である．残された方法としては，③ のコンクリート中の，アルカリ総量を制限する方法になる．海水飛沫や凍結防止剤として散布される岩塩に起因するアルカリ骨材反応を防止するためには，コンクリートの表面を防水塗装する必要がある．

4.9　炭酸化

4.9.1　概　説

大気中の二酸化炭素が，セメント水和物と反応して炭酸カルシウムとほかの物質に変化する現象を炭酸化（carbonation）という．炭酸化によってセメント水和物は以下のように変化する．

① ケイ酸カルシウム水和物（C–S–H）

$$3CaO \cdot SiO_2 \cdot 3H_2O + 3CO_2 \ \rightarrow \ 3CaCO_3 + SiO_2 + 3H_2O \qquad (4.1)$$

② 水酸化カルシウム

$$Ca(OH)_2 + CO_2 \rightarrow CaCO_3 + H_2O \tag{4.2}$$

③ エトリンガイト

$$3CaO \cdot Al_2O_3 \cdot 3CaSO_4 \cdot 32H_2O + 3CO_2 \\ \rightarrow 3CaCO_3 + 2Al(OH)_3 + 3CaSO_4 \cdot H_2O + 23H_2O \tag{4.3}$$

④ フリーデル氏塩

$$3CaO \cdot Al_2O_3 \cdot CaCl_2 \cdot 10H_2O + CO_2 \\ \rightarrow 3CaCO_3 + 2Al(OH)_3 + CaCl_2 + 29H_2O \tag{4.4}$$

炭酸化は，コンクリートの表層部から内部に向かって同時に進行する（図 4.62）．

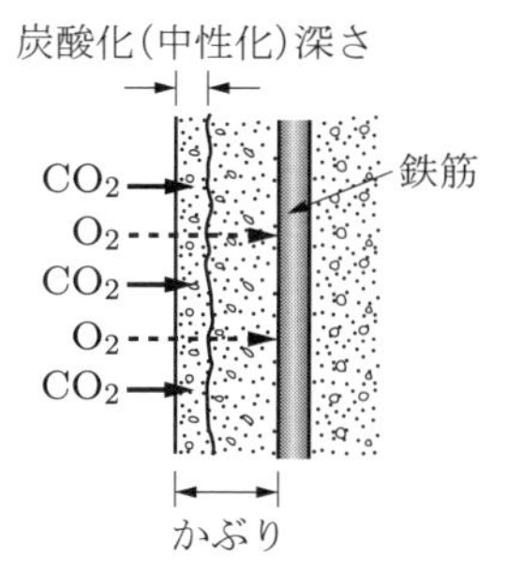

図 **4.62**　炭酸化の進行

4.9.2　炭酸化がコンクリートに及ぼす影響

(1) 概　要　炭酸化がコンクリートに及ぼす影響の主なものは，次の 3 つの現象である．

① 中性化：式(4.2)

② C-S-H の分解によるぜい化：式(4.1)

③ エトリンガイトおよびフリーデル氏塩の分解（式(4.3)，(4.4)）による物質移動

(2) 中性化　式(4.2) によって表される変化は，コンクリートのアルカリ性を低下させるので，中性化（neutralization）とも呼ばれる．中性化は，炭酸化以外の原因によっても起こる．それは，流水中で水酸化カルシウムが溶出した場合，または火災によって水酸化カルシウムが酸化カルシウムに変化した場合である．コンクリートが中性化すると鉄筋表面に不動態皮膜が形成されなくなるので，鉄筋が腐食しやすくなる．中性化の程度を調べる一般的な方法は，コンクリートの破壊面あるいは切断面

にフェノールフタレインの1%エタノール溶液を吹き付け，紅色に変色しない部分を中性化領域として，その層の厚さを測定する．

(3) C–S–H の分解によるコンクリートのぜい化　C–S–H はセメント硬化体組織の主要な物質である．C–S–H の炭酸化は，セメント硬化体組織の大部分を，セメントの原料成分である炭酸カルシウムと非晶質シリカに分解させる現象である．この分解がコンクリートの力学的性質に及ぼす影響の主なものがぜい化現象である．図4.63は，炭酸化によってコンクリートのぜい性が著しく変化することを圧縮応力度-ひずみ曲線によって示したものである．

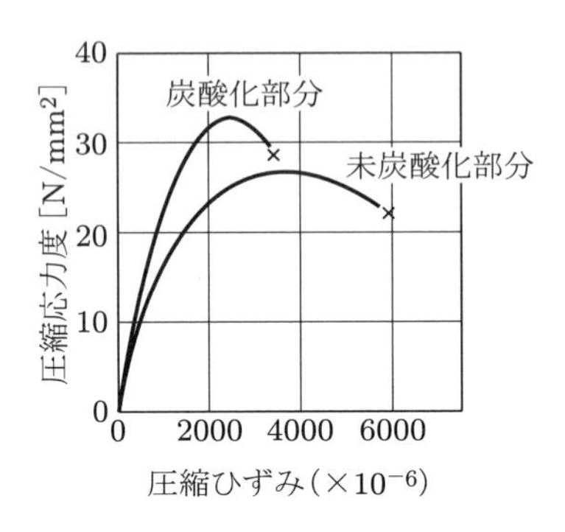

図 4.63　炭酸化によるぜい性の変化

(4) エトリンガイトおよびフリーデル氏塩の分解による物質移動　炭酸化は，コンクリート内部で塩化物イオンや硫酸イオンの移動を引き起こす．式(4.3)，(4.4)から明らかなように，エトリンガイトの炭酸化による分解によって生成した水溶性の $CaSO_4$ は硫酸イオンを遊離する．同様に，フリーデル氏塩の炭酸化は $CaCl_2$ を生成し，これが溶解して塩化物イオンを遊離する．これらのイオンは濃度拡散によって内部の非炭酸化部分に移動し，濃縮する．

炭酸化にともなう物質移動が引き起こす問題としては，海砂を通じてコンクリートに導入される塩化物の濃縮現象がある．平均的な混入量が許容値に達していない場合にも，鉄筋のかぶりによっては，鉄筋周辺の塩分量が許容値を大きく上回るからである（図4.64）．

4.9.3　炭酸化に影響を及ぼす要因

炭酸化の速度に最も大きい影響を与える要因は，水セメント比とコンクリート中のアルカリ量である．図4.65から明らかなように，水セメント比が大きくなるほど，セメントのアルカリ分が多いほど炭酸化は促進される．また，海砂から導入される塩化ナトリウムもコンクリート中のアルカリ量を増すので，炭酸化を促進させる（図

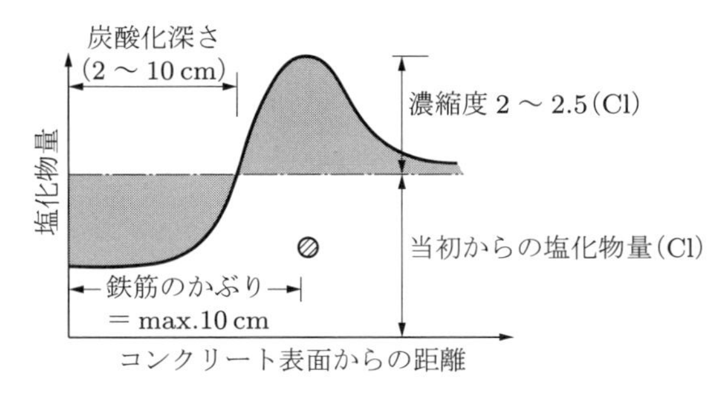

図 4.64　炭酸化による塩化物の濃縮

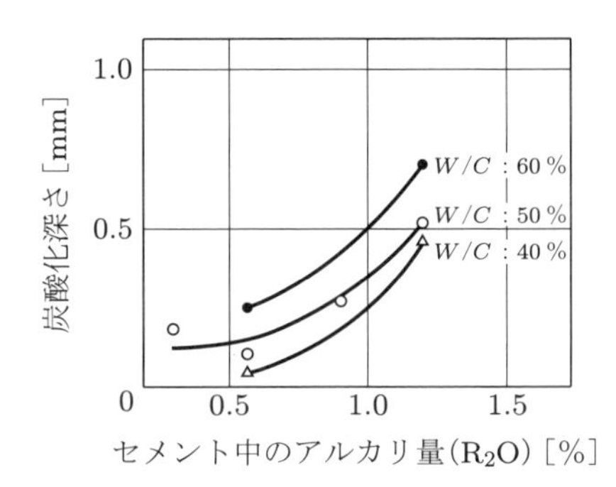

図 4.65　セメント中のアルカリ量と炭酸化深さの関係

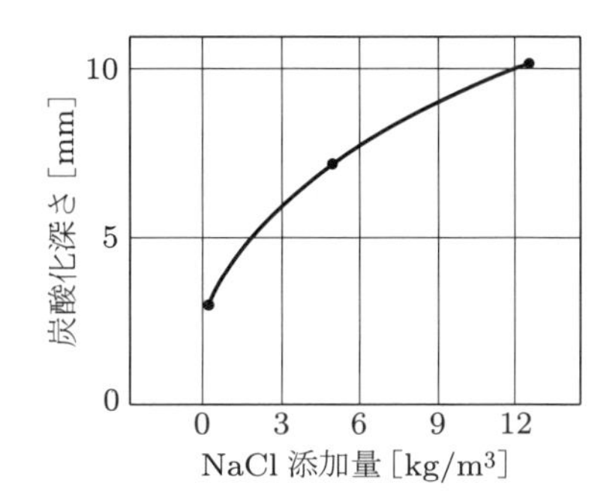

図 4.66　塩化ナトリウムの添加量と炭酸化深さとの関係（促進炭酸化期間 8 週間）

4.66）.

4.9.4　炭酸化を確認する方法

フェノールフタレイン溶液による呈色反応による方法（中性化試験），偏光顕微鏡観察，熱分析試験などがある．また，目視で変色領域を確認できる場合もある．

4.10　エフロレッセンス・白華現象

4.10.1　概　要

硬化したコンクリートの表面に白い析出物を生じることがある．これは，エフロレッセンス（efflorescence）と総称される場合もあるが，析出物や析出する機構がまったく異なる 2 種類のものがある．

4.10.2　カルシウムエフロレッセンス

透水しやすいコンクリートまたはひび割れなどの欠陥があるコンクリートでは，水の通過によってカルシウムイオン（Ca^{2+}）が溶け出す．これが，水とともにコンクリートの表面に移動して，大気中の二酸化炭素と結合して難溶性のカルシウム塩とし

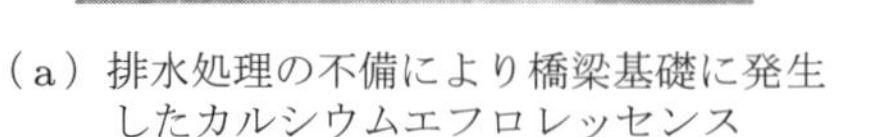

（a）排水処理の不備により橋梁基礎に発生したカルシウムエフロレッセンス

（b）住宅の基礎に発生した白華（アルカリエフロレッセンス）

図 4.67　エフロレッセンスの発生状況

て析出し，固着したものがカルシウムエフロレッセンスである（図 4.67 (a)）.

4.10.3　白華（アルカリエフロレッセンス）

建物の基礎コンクリートや橋脚の地表面に近い部分などでは湿度勾配があり，大気中に露出している部分に水が移動して蒸発する．この際に，溶け込んでいるアルカリ分（Na^+ や K^+）が表面に運ばれ，大気中の二酸化炭素と結合して生成した炭酸ナトリウムや炭酸カリウムの結晶が白華である．場合によっては硫酸ナトリウムが析出することもある．この白華は，雨水によって容易に取り除かれるが，これが繰り返されると表層部のモルタル部分が欠落し，粗骨材が露出する（図 4.67 (b)）．白華は，高アルカリのセメントを用いたコンクリートに顕著に現れる．低温・低湿の冬季に発生しやすい．一般に，白華が活発に起こっているコンクリートでは炭酸化が急速に進行しており，強度が低下していることが多い．

4.10.4　エフロレッセンスの防止対策

カルシウムエフロレッセンスに対しては，コンクリート中で水酸化カルシウムと二次的に結合して不溶性の化合物をつくる作用がある高炉セメントやフライアッシュセメントの使用が効果的である．白華を防止するためには，アルカリ分の多いセメントの使用を避けることが必要不可欠の条件である．

4.11　酸類，無機塩類，その他の化学物質の作用

4.11.1　酸による劣化

ポルトランドセメントの水和物はいずれも酸と反応して分解する．塩酸，硝酸，硫酸などの無機の強酸や，酢酸，乳酸，クエン酸などの侵食性の強い有機酸などの 1%を超えるような濃度の酸に対しては，コンクリートはほとんど抵抗性をもたず，急速に

崩壊する．酸性河川や温泉，下水，排水施設などでみられる pH が 3～4 程度の比較的濃度の低い酸の場合は，侵食もゆるやかであるが，2 年程度も経過すると著しい侵食を受けるといわれている．

4.11.2 硫酸塩による劣化

硫酸塩は，セメント硬化体中の水酸化カルシウムと反応して硫酸カルシウム（石こう）を生成する．硫酸ナトリウムの場合を例にとると，この反応は以下のようになる．

$$Ca(OH)_2 + Na_2SO_4 + H_2O \ \rightarrow \ CaSO_4 \cdot 2H_2O + NaOH$$

この反応によってセメント硬化体中の水酸化カルシウムが溶出し，表面から次第に粗な組織になる．以上で生成した石こうは，セメント硬化体中のアルミン酸 3 石灰（C_3A）と反応して 32 分子の結晶水を有するエトリンガイトを生成させる．この生成の際に生じる大きい膨張圧によってコンクリートが崩壊する．

$$\begin{aligned} &CaSO_4 \cdot 2H_2O + 3CaO \cdot Al_2O_3 \cdot 6H_2O \\ &\qquad \rightarrow 3CaO \cdot Al_2O_3 \cdot 3CaSO_4 \cdot 32H_2O \end{aligned}$$

硫酸塩は，わが国では温泉水や海水中に多く含まれているが，中近東の砂漠地帯では土壌中に多量に含まれている．

4.11.3 その他の化学物質の作用

コンクリートは多くの動植物油によって侵食される．動植物油は大部分が脂肪酸のグリセリンエステルであるが，いずれも多少の遊離脂肪酸を含んでいる．この遊離脂肪酸がセメント硬化体中の水酸化カルシウムと反応して加水分解を起こし，脂肪酸のカルシウム塩を生成する．脂肪酸のカルシウム塩を生成する際に膨張をともなうために，コンクリートが膨張破壊を起こす．

石油類やコールタールなどはコンクリートにほとんど影響を与えない．

4.11.4 防食方法

一般に，酸，硫酸塩，動植物油などによる侵食では，セメント硬化体中の水酸化カルシウムが最も反応しやすい成分である．したがって，この生成量の少ない高炉セメントやフライアッシュセメントなどの混合セメントは，普通ポルトランドセメントよりも耐食性が優れている．また，これらのセメントを用いたコンクリートが十分に硬化すると，そのセメント硬化体組織は緻密なものになる．したがって，腐食性物質の浸透を抑制できるので，この点からも優れた耐食性が得られる．しかし，この方法で対応できるのは硫酸塩などによる侵食に限定される．強い酸などに対しては，ポルトランドセメント系のコンクリートを使用する限り，侵食を防止することはできない．

この場合には，合成樹脂系塗料による塗装，または樹脂モルタルなどを用いたライニングによる耐食被覆を行う必要がある．

4.12　凍結融解作用

4.12.1　概　説

寒冷地では，コンクリート中の水が夜間に凍結して氷となることで体積膨張が起こってコンクリート内部に膨張圧が生じ，一方，日中は日射などで氷が融解するという作用を繰り返し受けることがある．この繰り返し作用を凍結融解作用という．この作用が継続されると，コンクリートにスケーリングやポップアウトなどの劣化が生じる．スケーリングはコンクリート表層のセメントペースト，モルタルのはく離から始まり，粗骨材間のモルタル，粗骨材のはく離へと進行する．ポップアウトは，コンクリートの表層付近の強度の低い多孔質の骨材が破壊し，クレーター状のくぼみが生じる現象である．

4.12.2　凍結融解作用による劣化対策

凍結融解作用に対して抵抗性の大きいコンクリートを得るためには，3〜6%の空気量の AE コンクリートとすること，水セメント比を小さくすること，吸水率の少ない骨材を使用することなどの対策が必要である．

4.12.3　凍結融解試験

コンクリートの凍結融解作用に対する抵抗性を調べるための促進試験が凍結融解試験である．試験方法としては JIS A 1148「コンクリートの凍結融解試験方法」がある*1．

4.13　摩耗，損耗と損食

4.13.1　概　要

コンクリートは，交通車両による摩耗，砂礫を含んだ流水や海水飛沫による損耗，高速水流の作用（キャビテーション*2）による損食などによって物理的損傷を受ける．

---

*1　2〜4時間で最高5℃，最低 −18℃の凍結融解1サイクルを完了するような凍結融解の繰り返しをコンクリート供試体に与えるもので，供試体の周囲は試験中絶えず厚さ 3 mm の淡水で覆われているようにする．所定のサイクル数ごとに動弾性係数を測定し，または 300 サイクルまで試験を続行する．試験結果は相対動弾性係数（試験前の値に対する比）によって表す．

*2　表面に凹凸や突起などの障害物のある水路表面を障害物に向かって高速の水が流れる場合，その背面で水が表面から離れてその内部は負圧となり，水中に溶けていた空気の気化や水蒸気の発生のため空洞部を生じる．このような現象をキャビテーションという．この空洞部は水によって押しつぶされるが，このときは逆に非常な高圧を生じ，負圧，高圧の衝撃的な繰り返しによってコンクリートは激しく損食を受ける．キャビテーションが起こる流速は，開きょで 12 m/s 程度以上，管きょで 7.5 m/s 程度以上である．

4.13.2 対 策

① 摩耗に対する抵抗性の高いコンクリートを得るための条件を以下に示す.
- 骨材は強硬なものを使用し，細骨材率は所要のワーカビリティーが得られる範囲で小さくする.
- スランプの小さい硬練りのコンクリートを用い，水セメント比をできる限り小さくする.
- 養生を十分に行う.

② 損耗に対しては，コンクリート表面のライニングが行われている．しかし，その効果は一時的で，満足すべき対策は見い出されていない.

③ キャビテーションによる損食に対しては，コンクリート表面をできる限り平滑な状態に保持することが必要不可欠である.

4.14 電流の作用

4.14.1 概 要

① 無筋コンクリートは直流電流および交流電流によって影響を受けない.

② 鉄筋コンクリートは直流電流によって損傷を受ける.

4.14.2 鉄筋コンクリートに対する直流電流の作用

① 高圧の直流電流が鉄筋からコンクリートに向かって流れると，鉄筋が腐食する.

② コンクリートから鉄筋に直流電流が流れると，鉄筋付近のコンクリートが軟化して付着強度を低下させる.

③ 塩類を含んだコンクリートでは，上記の電流の作用を受けやすい.

4.15 水密性

4.15.1 概 要

① コンクリートは，毛細管作用によって吸水し，水圧を受けると透水する.

② コンクリート構造物の水密性を確保するための前提条件は，ワーカビリティーのよいコンクリートを用いて材料分離を防ぎ，局所的な欠陥の少ない均等質のコンクリートを施工することである．このためには，適当な空気量をもつ AE コンクリートを用いることが有効である.

③ ②の条件を前提とした場合，コンクリートの水密性に影響を及ぼす主な要因はコンクリートの配合と養生である.

4.15.2　配合の影響

(1) 水セメント比の影響　　コンクリートの水密性は水セメント比によって左右される．図4.68は，水セメント比55%付近を境として，水セメント比の増大にともなって水密性が著しく低下することを示している．土木学会コンクリート標準示方書では，水密性を要するコンクリートに対して，「水セメント比は55%以下を標準とする」と規定している．

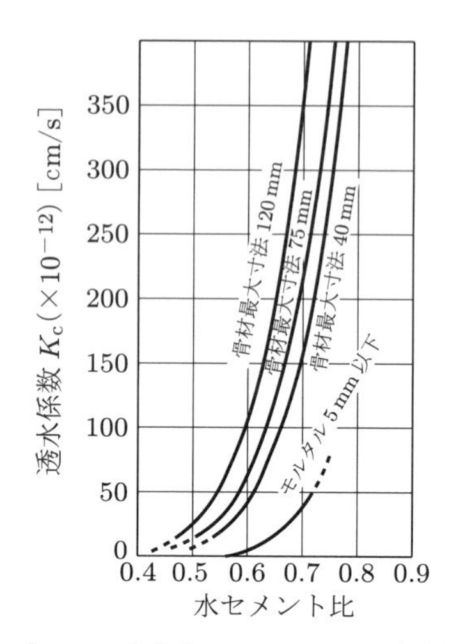

図 4.68　水セメント比とコンクリートの水密性との関係

(2) 粗骨材最大寸法の影響　　粗骨材の最大寸法が大きくなるほど水密性は低下する（図4.68）．これは，粗骨材の最大寸法が大きくなるほどコンクリートの施工時に骨材下面に連続した水膜をつくりやすく，その結果として硬化後のコンクリートにおいて透水が容易になるためである．

4.16　高温の影響

4.16.1　概　要

コンクリートが高温にさらされる場合を大別すると，次の2つとなる．

① 製鉄所の高炉基礎部分や原子力発電所の原子炉格納容器などのように，数年から数十年にわたって持続的に100〜300℃の高温にさらされる場合

② 火災のように，30分から3時間程度の短時間，1000℃程度の高温にさらされる場合

4.16.2　高温によるコンクリートの劣化性状

コンクリートは100℃程度に加熱されても強度は低下しない．しかし，260℃付近からセメント水和物の結晶水の脱水が起こるので，強度は低下し始める．500℃に達すると，水酸化カルシウムの脱水分解が著しくなるので，強度は急激に低下する．さらに，750℃前後では炭酸カルシウムのガス分解を生じるので，コンクリートの強度はほとんど失われる．なお，高温によるコンクリートの強度低下は，骨材とセメント硬化体の熱による体積変化率の差（セメント硬化体は収縮し，骨材は膨張する）によって生じる組織の局所的な破壊によって促進される．

4.16.3　高温による鉄筋コンクリートの劣化性状

鉄筋コンクリート部材では，温度上昇にともなう鉄筋の膨張がコンクリートとの付着力を失わせて，部材の耐力を低下させる．図4.69に，高温時におけるセメント硬化体，骨材，鉄筋，コンクリートの膨張・収縮挙動を示す．

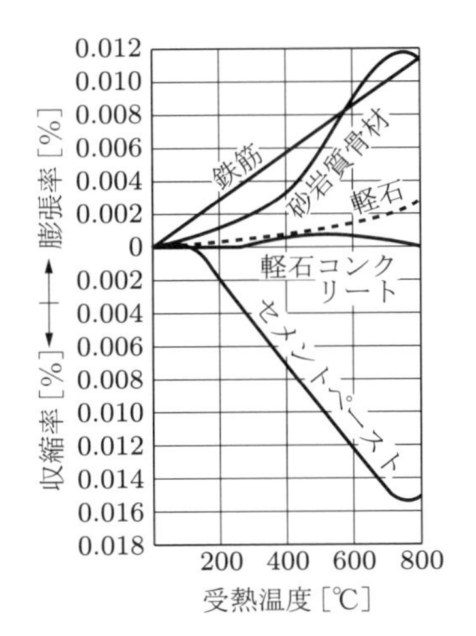

図 4.69　高温時のセメント硬化体，骨材，鉄筋，コンクリートの膨張挙動［原田有氏：建築耐火構法］

演習問題

4.1 コンクリートの単位重量を左右する最大の要因は何かを述べよ．

4.2 コンクリートの圧縮強度試験に用いる円柱供試体の直径は，一般に粗骨材の最大寸法の何倍以上とすることが望ましいかを答えよ．

4.3 硬化コンクリートにおいて，強度とその他の諸性質との関係について論ぜよ．

4.4 コンクリートの強度として一般に材齢28日における圧縮強度を基準とする理由につい

て述べよ．

4.5 表4.12の4種の配合のコンクリートについてセメント空隙比を計算し，圧縮強度との関係を図示せよ．

表 4.12　コンクリートの配合例

配　合	W/C	単位量 [kg]				空気量 [%]	圧縮強度 [N/mm^2]
		W	C	S	G		
a	0.60	146	243	694	1260	3.5	19.5
b	0.55	147	267	677	1265	3.1	23.5
c	0.50	145	290	649	1252	4.1	25.9
d	0.45	145	322	614	1251	4.2	30.1

セメントの密度 3.15 g/cm^3，細骨材の表乾密度 2.62 g/cm^3，粗骨材の表乾密度 2.65 g/cm^3

4.6 コンクリートの使用材料の品質が圧縮強度に及ぼす影響について述べよ．

4.7 コンクリートの配合と圧縮強度との関係について論ぜよ．

4.8 コンクリートの圧縮強度に対する引張強度および曲げ強度のおよその比率を示せ．

4.9 コンクリートの引張強度を調べる試験方法として割裂方法が優れている理由を述べよ．

4.10 コンクリートを乾燥させたとき，それがコンクリートの圧縮強度に及ぼす一時的または持続的な影響について述べよ．さらに，ふたたび湿潤した場合の影響について述べよ．

4.11 打込み時のコンクリート温度が，そのあとに標準養生を行ったコンクリートの圧縮強度に及ぼす影響について述べよ．

4.12 供試体の形状寸法がコンクリートの圧縮強度に及ぼす影響に関する次の問に答えよ．

① 円柱供試体において，高さと直径の比（l/d）により圧縮強度はどのように変化するか．

② l/d が一定（2.0）の円柱供試体において，その寸法により圧縮強度はどのように変化するか．

③ 立方体供試体と円柱供試体の圧縮強度を比較せよ．

④ 角柱供試体と円柱供試体の圧縮強度を比較せよ．

4.13 荷重速度がコンクリートの圧縮強度に及ぼす影響について述べよ．

4.14 無筋コンクリートばりの曲げ強度試験において，曲げ荷重を増加していくと引張り側にひび割れを生じ，はりは途中から破断する．これはコンクリートの引張強度が圧縮強度よりも小さいためであり，コンクリートばりの曲げ破壊荷重は引張強度に支配されることになる．よって，コンクリートの曲げ強度は引張強度とほぼ一致するはずであるのに，一般に曲げ強度の方が大きい値を示す理由を述べよ．

4.15 鉄筋とコンクリートとの付着強度試験方法について述べよ．

4.16 コンクリートの静弾性係数に及ぼすコンクリートの強度および骨材の影響について述べよ．

4.17 持続応力の大きさと載荷時の材齢がコンクリートのクリープに及ぼす影響について述べよ．

4.18 コンクリートの含水量によって，弾性係数とクリープはどのように影響されるかを述べよ．

4.19 コンクリートの乾燥収縮に影響する主な要因とその影響について述べよ．

4.20 温度ひび割れとは何かを述べよ．また，これを制御する方法について述べよ．

4.21 コンクリート中において鋼材が腐食する条件について述べよ．

4.22 鋼の腐食が電気化学反応によるものであることを説明せよ．

4.23 第一種防食方法について説明せよ．

4.24 第二種防食方法について説明せよ．

4.25 アルカリ骨材反応について説明せよ．

4.26 アルカリ骨材反応によるコンクリート構造物の劣化性状について述べよ．

4.27 アルカリ骨材反応を防止する方法について論ぜよ．

4.28 中性化の程度を調べる方法について述べよ．

4.29 炭酸化について述べよ．

4.30 コンクリートの耐化学薬品性について述べよ．

4.31 凍結融解作用がコンクリートを損傷させるメカニズムと空気連行の効果について説明せよ．

4.32 コンクリートの水密性を支配する配合上の要因を 2 つあげ，その水密性に及ぼす影響を論ぜよ．

第5章　配　合

5.1　概　説

① コンクリートをつくる各材料の使用割合，または使用量を配合という．

② コンクリートの配合は，所要の強度，耐久性，水密性，ひび割れに対する抵抗性，鉄筋を保護する性能，作業に適するワーカビリティーをもつ範囲内で単位水量をできるだけ少なくするように定める．これを定める手段を配合設計という．

5.2　配合の表し方

5.2.1　計画配合と現場配合

配合は計画配合と現場配合で示される．

(1) 計画配合　所要の性能を満足することが確かめられた配合で，コンクリートの練上がり 1 m^3 あたりの各材料の使用量で表す．なおその際，骨材は表面乾燥飽水状態であり，細骨材は 5 mm ふるいを通るもの，粗骨材は 5 mm ふるいにとどまるものとして示されるほか，水に薄めて用いる混和剤は，水に薄める前の状態で示される．

土木学会コンクリート標準示方書では，計画配合を表 5.1 のように表している．

(2) 現場配合　計画配合のコンクリートが得られるように，現場における材料の状態および計量方法に応じて定められた配合，すなわち，計画配合に対し，現場の骨材の表面水または有効吸水量による補正，現場の細骨材中の 5 mm ふるいにとどまる

表 5.1　配合の表し方

粗骨材の最大寸法 [mm]	スランプ †1 [cm]	空気量 [%]	水セメント比 †2 W/C [%]	細骨材率 s/a [%]	単位量 [kg/m^3]						
					水 W	セメント C	混和材 †3 F	細骨材 S	粗骨材 G mm〜mm	粗骨材 G mm〜mm	混和剤 †4 A

†1 スランプは標準として荷卸し時の目標スランプ値を表示する．また，必要に応じて，打込みの最小スランプや練上がりの目標スランプを併記する．
†2 ポゾラン反応性や潜在水硬性を有する混和材を使用する場合は，水セメント比は水結合材比（$W/(C+F)$）となる．反応性のない，あるいは極めて小さい石灰石微粉末のような混和材を用いる場合には，水セメント比となる．
†3 複数の混和材を用いる場合は，必要に応じて，それぞれの種類ごとに分けて別欄に記述する．
†4 混和剤の単位量は，mL/m^3，g/m^3，またはセメントに対する質量百分率で表し，薄めたり溶かしたりしない原液の量を記述する．

量および粗骨材中の5 mm ふるいを通る量の補正，水で薄めた混和剤の場合の混和剤中の水分による補正などを行ったうえで，1バッチの大きさに従って計算して求める．

5.3 配合設計

5.3.1 試験による配合の決定

コンクリートの配合を決定する最も一般的な方法は，試験的に決める方法である．土木学会コンクリート標準示方書では，この方法により，施工段階でコンクリートの配合を決める際の手順を図5.1のように示した．すなわち，実際に構造物に使用される材料を用いて試し練りを行い，適当と思われる配合を定めることが基本となる．

5.3.2 配合条件の決定

(1) 概 要　所要の強度，耐久性，水密性，ワーカビリティーをもつコンクリートの配合を決めるには，まず図5.2に示すように，これらと密接な関係を有する水セメント比，単位セメント量やセメントの種類，空気量，粗骨材の最大寸法，コンシステンシーの値を適切に選ぶことが必要となる．以上のうち，水セメント比の値は，圧縮強度試験結果に基づいて試験的に求めた値を，耐久性（または水密性）から決まる値と比較検討して最終的に決定されるので，まず決定すべき配合条件としては，粗骨材の最大寸法，コンシステンシー，空気量，配合強度となる．

ここで，コンクリートの目標値であるワーカビリティー，設計基準強度，耐久性を満足するための配合選定の考え方を図5.3に示す．

コンクリートが適切なワーカビリティーを有するためには，コンクリートが，材料分離することなく鋼材間を円滑に通過して，型枠内のかぶり部や隅角部などに密実に充てんする性質（充てん性）を有することが求められる．このためには，単位水量によって決定される流動性とともに，この流動性に応じた適切な材料分離抵抗性を併せもつ必要があり，この材料分離抵抗性の指標としては，単位セメント量などの粉体量を検討対象とすることができる．

すなわち，コンクリートのワーカビリティーの検討では，流動性の指標となるスランプの値に応じて粉体量を増減させて，適切な材料分離抵抗性を付与することが重要となる．

たとえば，図5.3において，コンクリートの目標性能を満足する配合は，水セメント比をコンクリートの設計基準強度や耐久性から決まる値以下として，単位セメント量の値については，温度ひび割れや乾燥収縮ひび割れなどの条件から決まる上限値以下としたうえで，密実で円滑に充てんできる性能を確保するために必要な単位粉体量の範囲内で，できるだけ単位水量を少なくするようにすることが基本となる．

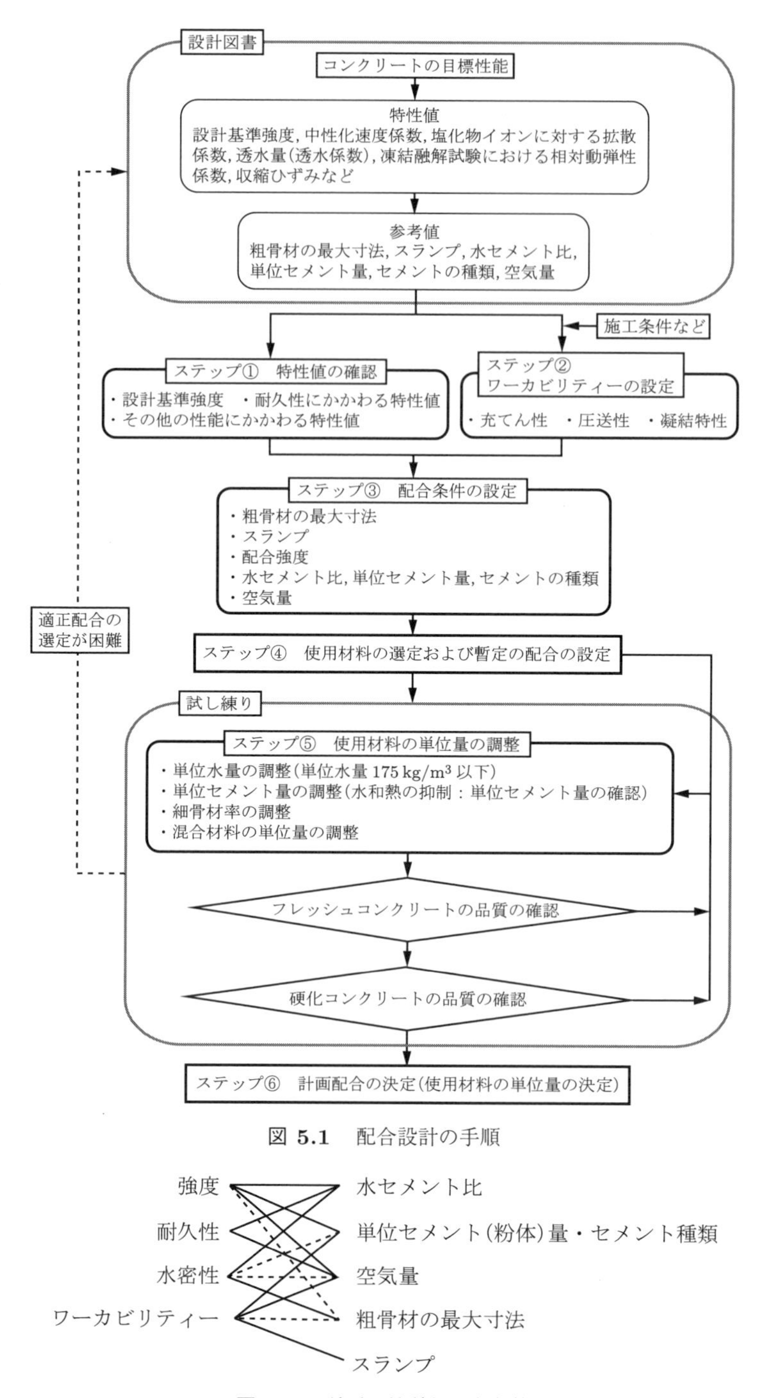

図 5.1　配合設計の手順

図 5.2　所要の品質と配合条件

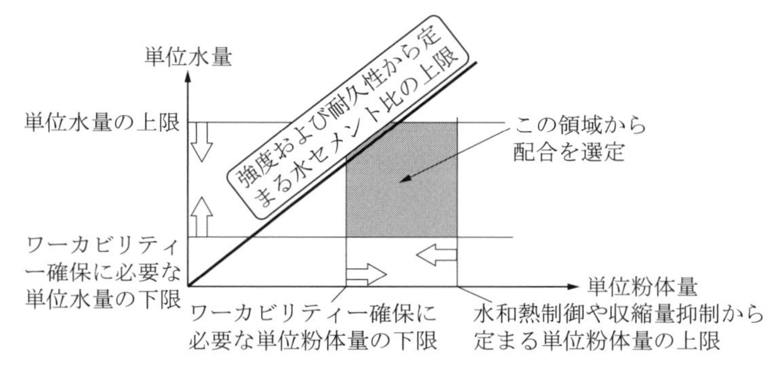

図 5.3　配合選定の考え方

(2) 粗骨材の最大寸法の選定　コンクリートを経済的につくるという点からは，粗骨材の最大寸法をなるべく大きくした方が有利である．しかし，鉄筋コンクリート部材では，断面が複雑で鉄筋が入り組んでいる場合が多いので，あまり大きい粗骨材を用いるとコンクリートの充てんを困難にする恐れがある．そこで，土木学会コンクリート標準示方書では粗骨材の最大寸法を表 5.2 のように与えている．

表 5.2　粗骨材の最大寸法

構造条件	粗骨材の最大寸法
最小断面寸法が大きい†，かつ鋼材の最小あきおよびかぶりの 3/4 がともに 40 mm より大きい場合	40 mm
上記以外の場合	20 mm または 25 mm

† 目安として，500 mm 程度以上

(3) コンシステンシーの選定

① 作業に適する範囲内でできるだけ小さいスランプを選ぶようにする．

② スランプは，運搬，打込み，締固めなどの作業に適する範囲内で，材料分離を生じないように設定する．

③ 土木学会コンクリート標準示方書では，コンクリートの打込み時の最小スランプの目安を，構造物の種類，部材の種類と大きさ，鋼材量や鋼材の最小あきなどの配筋条件，締固め作業高さなどの施工条件に基づいて与えている．その一例を表 5.3 に示す．

④ 一般に，コンクリートの品質管理や受入れ検査は，標準として荷卸し箇所のスランプについて行う．ただし，コンクリートのスランプは，製造段階での品質のばらつきのほか，図 5.4 に示すように，コンクリート製造プラントから施工現場までの運搬ならびに圧送などの施工現場内での運搬や，荷卸しから打込みまでの時

表 5.3　最小スランプの目安

(a) はり部材における打込みの最小スランプの目安 [cm]

鉄筋の最小水平あき [mm]	締固め作業高さ [m][†1]		
	0.5 未満	0.5 ～1.5	1.5 以上
150 以上	5	6	8
100～150	6	8	10
80～100	8	10	12
60～ 80	10	12	14
60 未満	12	14	16[†2]

†1 締固め作業高さ別の対象部材例
ϕ40 mm 程度の棒状バイブレータを挿入でき，十分に締固められると判断できるか否かに基づいて打込みの最小スランプを選定する．なお，0.5 m 未満：小ばりなど，0.5～1.5 m：標準的なはり部材，1.5 m 以上：ディープビームなどである．

†2 十分な締固めが可能であると判断される場合は打込みの最小スランプを 14 cm とする．十分な締固めが不可能であると判断される場合は，使用するコンクリートおよび施工方法を見直すか，高流動コンクリートを使用する．

(b) 壁部材における打込みの最小スランプの目安 [cm]

鋼材量 [kg/m^3]	軸方向鉄筋の最小あき [mm]	締固め作業高さ [m]		
		3 未満	3～5	5 以上
200 未満	100 以上	8	10	15
	100 未満	10	12	15
200～350	100 以上	10	12	15
	100 未満	12	12	15
350 以上	–	15	15	15

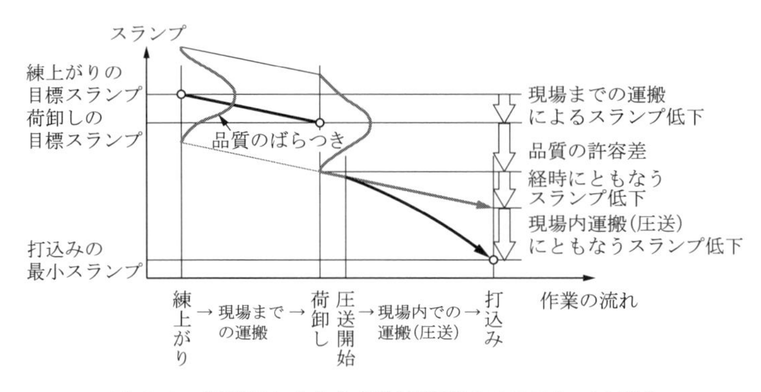

図 5.4　経時にともなう各施工段階でのスランプの変化

間経過にともなって低下する可能性がある．このため，使用するコンクリートの荷卸し箇所の目標スランプについては，打込み時に要求される最小スランプに対

表 5.4　施工条件に応じたスランプの低下の目安

圧送条件		スランプの低下量 [cm]	
水平換算距離 [m]	輸送管の接続条件	打込みの最小スランプが 12 cm 未満の場合	打込みの最小スランプが 12 cm 以上の場合
50 未満（バケット運搬を含む）		補正なし	補正なし
50〜150	–	補正なし	補正なし
	テーパ管を使用し 100A（4B）以下の配管を接続	0.5〜1	0.5〜1
150〜300	–	1〜1.5	1
	テーパ管を使用し 100A（4B）以下の配管を接続	1.5〜2	1.5
その他特殊条件下		既往の実績や試験圧送による	

日平均気温が 25℃を超える場合は，上記の値に 1 cm を加える．連続した上方，あるいは下方の圧送距離が 20 m 以上の場合は，上記の値に 1 cm を加える．

して，表 5.4 に示すような受入れ箇所から打設場所までの輸送にともなうスランプの低下量を上乗せして，定める必要がある．

(4) 空気量の選定　粗骨材の最大寸法，その他に応じてコンクリートの容積の 4〜7%を標準とする．一般的には，表 5.5 に示す値を参考として決めればよい．

(5) 配合強度の決定　5.4 節において示す方法に従って割増し係数 α を求めれば，配合強度 f'_{cr} は次の式によって表される．

$$f'_{\mathrm{cr}} = \alpha f'_{\mathrm{ck}}$$

ここに，f'_{ck}：設計基準強度である．

5.3.3　試験配合

以上のようにして決定した配合条件を満足するように試験配合を設定する．

(1) 水セメント比の選定　水セメント比はコンクリートの強度，耐久性，水密性に大きくかかわり，これまでの実績によると，その値が 65%を超える場合には構造物に問題が多く生じている．このことを踏まえ，使用するコンクリートの水セメント比は 65%以下で，かつ，コンクリートに要求される強度，耐久性，水密性を考慮して，これらから定まる水セメント比のうちで最小の値を選定する．

(2) 単位水量と細骨材率の選定　所要のワーカビリティーが得られる範囲内で単位水量が最小となるように，試験によって細骨材率の値を定めるのが原則であるが，試験配合では表 5.5 を参考にして選定する．ただし，コンクリートの単位水量の上限は 175 kg/m^3 を標準とする．単位水量が 185 kg/m^3 を超えると，収縮が過度に大きくなるなど，コンクリートの品質や耐久性を大きく左右することにもなりかねない．

表 5.5　コンクリートの単位粗骨材容積*，細骨材率および単位水量の概略値

(a) 標準配合の場合

粗骨材の最大寸法 [mm]	単位粗骨材容量 [%]	エントラップトエア [%]	AE コンクリート				
			空気量 [%]	AE 剤を用いる場合		AE 減水剤を用いる場合	
				細骨材率 s/a [%]	単位水量 W [kg]	細骨材率 s/a [%]	単位水量 W [kg]
15	58	2.5	7.0	47	180	48	107
20	62	2.0	6.0	44	175	45	165
25	67	1.5	5.0	42	170	43	160
40	72	1.2	4.5	39	165	40	155

① この表に示す値は，全国の生コンクリート工業組合の標準配合などを参考にして決定した平均的な値で，骨材として普通の粒度の砂（粗粒率 2.80 程度）および砕石を用い，水セメント比 55%程度，スランプ約 8 cm のコンクリートに対するものである．

② 使用材料またはコンクリートの品質が，①の条件と相違する場合には，この表の値を表 (b) により補正する．

(b) 表 (a) と条件が異なる場合の補正

区　分	s/a の補正	W の補正
砂の粗粒率が 0.1 だけ大きい（小さい）ごとに	0.5 だけ大きく（小さく）する	補正しない
スランプが 1 cm だけ大きい（小さい）ごとに	補正しない	1.2%だけ大きく（小さく）する
空気量が 1 %だけ大きい（小さい）ごとに	0.5～1 だけ小さく（大きく）する	3%だけ小さく（大きく）する
水セメント比が 5%大きい（小さい）ごとに	1 だけ大きく（小さく）する	補正しない
s/a が 1%大きい（小さい）ごとに	–	1.5 kg だけ大きく（小さく）する
川砂利を用いる場合	3～5 だけ小さくする	9～15 kg だけ小さくする

なお，単位粗骨材容積による場合は，砂の粗粒率が 0.1 だけ大きい（小さい）ごとに単位粗骨材容積を 1%だけ小さく（大きく）する．

このため，単位水量がこの上限値を超える場合には，所用の耐久性を満足していることを確認する必要がある．

(3) 配合の計算

① 単位セメント量：水セメント比（W/C）と単位水量 W [kg] から計算によって次

* 舗装用コンクリートでは細骨材率の代わりに単位粗骨材容積が用いられる．これはコンクリート 1 m^3 に用いる粗骨材のかさ容積によって求めた値を基準とする．試験配合では表 5.6 を参考として選定する．

$$\text{単位粗骨材容積} = \frac{\text{コンクリート 1 m}^3\text{ に用いる粗骨材の質量}}{\text{JIS A 1104 に示す方法で求めた粗骨材の単位容積質量}}$$

表 5.6 舗装コンクリートの配合参考表

(a) 標準配合の場合

粗骨材の最大寸法 [mm]	砂利コンクリート		砕石コンクリート	
	単位粗骨材容量 [%]	単位水量 [kg]	単位粗骨材容量 [%]	単位水量 [kg]
40	76	115	73	130
30		120		135
25		125		140
20		125		140

この表の値は，粗粒率 FM = 2.80 の細骨材を用いた沈下度 30 秒（スランプ約 2.5 cm）の AE コンクリートで，ミキサーから排出直後のものに適用する．

(b) 表 (a) と条件の異なる場合の補正

条件の変化	単位粗骨材容積	単位水量
細骨材の FM の増減に対して	単位粗骨材容積 = (表 (a) の単位粗骨材容積) × (1.37 − 0.133FM)	補正しない
沈下度 10 秒の増減に対して	補正しない	∓2.5 kg
空気量 1%の増減に対して		∓2.5 %

① 砂利に砕石が混入している場合の単位水量および単位粗骨材容量は，表 (a) の値が直線的に変化するものとして求める．

② 単位水量と沈下度との関係は（log 沈下度）- 単位水量が直線的関係にあって，沈下度 10 秒の変化に相当する単位水量の変化は，沈下度 30 秒程度の場合は 2.5 kg，沈下度 50 秒程度の場合は 1.5 kg，沈下度 80 秒程度の場合は 1 kg である．

③ スランプ 6.5 cm の場合の単位水量は表 (a) の値より 8 kg 増加する．

④ 単位水量とスランプとの関係は，スランプ 1 cm の変化に相当する．単位水量の変化は，スランプ 8 cm 程度の場合は 1.5 kg，スランプ 5 cm 程度の場合は 2 kg，スランプ 2.5 cm 程度の場合は 4 kg，スランプ 1 cm 程度の場合は 7 kg である．細骨材の FM の増減にともなう単位粗骨材容量の補正は，細骨材の FM が 2.2〜3.3 の範囲にある場合に適用される式を示した．

のように求められる．

$$C = \frac{W}{W/C}$$

② 単位細・粗骨材量：次のようにしてまず骨材のコンクリート 1 m^3 あたりの絶対容積 V_A [m^3] を計算し，これに細骨材率を乗じて細骨材の絶対容積 V_S [m^3] を求める（図 5.5 参照）．

$$V_\mathrm{A} = 1 - \left(\frac{C}{\rho_C} + \frac{W}{\rho_W} + V_\mathrm{a}\right)$$

$$V_S = V_\mathrm{A} \cdot \frac{s}{a}$$

$$V_C = V_\mathrm{A} - V_S$$

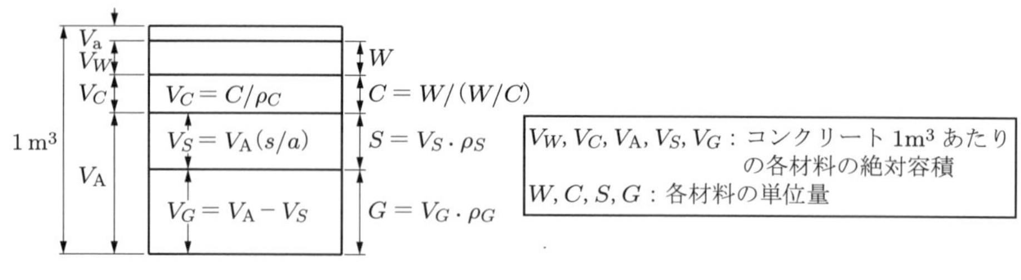

図 5.5　コンクリートの配合計算概説図

よって，単位細・粗骨材量（S および G）は，次のとおりである．

$$S = 1000V_S \cdot \rho_S, \qquad G = 1000V_G \cdot \rho_G$$

ここに，ρ_C：セメントの密度，ρ_W：水の密度，ρ_S：細骨材の表面乾燥飽水状態における密度，ρ_G：粗骨材の表面乾燥飽水状態における密度，V_G：粗骨材の絶対容積，V_a：空気量である．

③ 単位 AE 剤量：メーカーの指定する量を目安として選定する．市販のものはセメントの重量に対して 0.005〜0.08%程度を水溶液として用いるようになっている．空気量はほぼ単位 AE 剤量に正比例して増減するので，最終的にこの関係を用いて試し練りにより，所要の空気量が得られるように決める．

5.3.4　試し練りによる配合の調整

① 5.3.3 項のようにして設定した試験配合によって所要のワーカビリティーおよび空気量が得られるかどうかを確かめるために，実際にコンクリートを練混ぜ，必要があれば配合を調整する．

② AE コンクリートの練混ぜは手練りではなく，必ずミキサーを用いなければならない（3.5.2 項参照）．これは，現場で容量の大きいミキサーを用いて練混ぜたときに生じるコンシステンシーの差を小さくするためである．

③ 表 5.5，5.6 を参考にして所要のスランプと空気量が得られるように配合を調整する．

5.3.5　水セメント比の決定

水セメント比は，所要の強度と耐久性に基づいて決定する．水密を要する構造物では，さらに水密性も考慮して定める．

(1) 強度をもとにして水セメント比を決める場合

① 水セメント比の異なる 3 種以上の試験配合を定め*，これらの配合のコンクリート

---

* この場合の水セメント比の選定は，配合強度に近い圧縮強度が得られるように選定した値を中心として適当な間隔で選定する．

について圧縮強度試験* を行って，C/W-σ_{28} 線（図 5.6）を求める．

② AE コンクリートにおいて，各配合の空気量を一定にしなかった場合には，上記 C/W の代わりにセメント空隙比 c/v を用い，c/v-σ_{28} 線を求める（4.2.3 項(1) 参照）．

③ 強度をもとにして決まる水セメント比は，C/W-σ_{28} 線において配合強度 f'_{cr} に相当する C/W の値の逆数とする．

④ C/W-σ_{28} 線をやむを得ず試験によって求められない場合には，表 5.7 の値を参考にすることができる．

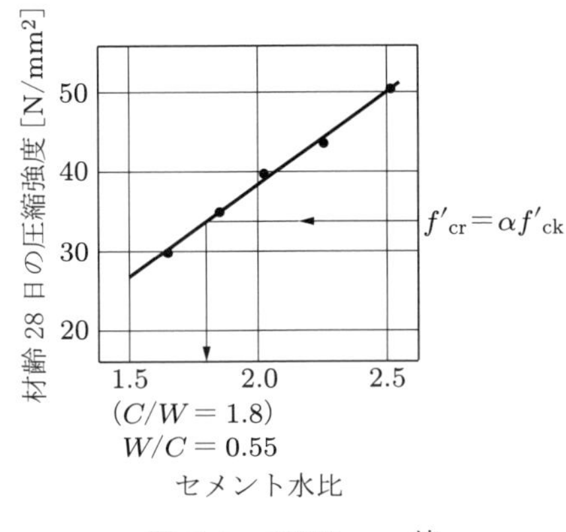

図 5.6 C/W-σ_{28} 線

表 5.7 水セメント比との材齢 28 日の圧縮強度 [N/mm^2]（粗骨材の最大寸法：20 mm，普通ポルトランドセメント）

水セメント比 [%]	プレーンコンクリート	AE コンクリート
40	44.0	36.0
45	39.0	33.0
50	35.5	30.0
55	30.5	27.0
60	27.0	24.0
65	24.0	21.0
70	21.5	19.0

(2) 耐久性をもとにして水セメント比を定める場合

① コンクリートの耐凍害性をもとにして，水セメント比を定める場合には，表 5.8 および表 8.2 による．

② 以下に示す化学作用を受けるコンクリートに対して，耐久性の観点から水セメント比を定める場合には表 5.9 に示す値以下による．

- 硫酸基（SO_4）として 0.2%以上の硫酸塩を含む土や水に接するコンクリート
- 凍結防止剤を用いることが予想されるコンクリート

③ 海洋構造物に用いる鉄筋コンクリートの水セメント比を定める場合には，4.7.3 項で示すように，コンクリート中を拡散する塩化物イオンの拡散係数の特性値が水セメント比の関数で表されることから，この拡散係数の特性値を用いて計算された鉄筋位置の塩化物イオンが設計耐用期間中，許容値を上回らないことが確認された水セメント比の値をもとに，設定することができる．

---

* 舗装用コンクリートでは曲げ強度試験を行う．

表 5.8　コンクリートの耐凍害性をもととして水セメント比を定める場合における AE コンクリートの最大の水セメント比 [%]

構造物の露出状態 ＼ 断面 ＼ 気象条件	気象作用が激しい場合または，凍結融解がしばしば繰り返される場合		気象作用が激しくない場合，氷点下の気温となることがまれな場合	
	薄い場合 †2	一般の場合	薄い場合 †2	一般の場合
①連続してあるいはしばしば水で飽和される部分 †1	55	60	55	65
②普通の露出状態にあり，①に属さない場合	60	65	60	65

†1 水路，水槽，橋台，橋脚，擁壁，トンネル覆工などで水面に近く水で飽和される部分，およびこれらの構造物のほか，けた，床版などの水面から離れているが融雪，流水，水しぶきなどのため，水で飽和される部分である．
†2 断面の厚さが 20 cm 程度以下の構造物の場合である．

表 5.9　化学的侵食に対する抵抗性を確保するための最大水セメント比

劣化環境	最大水セメント比 [%]
SO_4^{2-} として 0.2%以上の硫酸塩を含む土や水に接する場合	50
凍結防止剤を用いる場合	45

実績，研究成果などにより確かめられたものについては，この表の値に 5〜10 を加えた値としてよい．

(3) 水密性をもとにして水セメント比を定める場合　一般の場合は 55%以下，ダムの外部コンクリートでは 60%以下とする．

5.3.6 計画配合の決定

① 強度，耐久性，水密性からそれぞれ必要な水セメント比の値が決まると，これらのうち最小の値をとり水セメント比を決定する．

② 次に，試験配合の結果を参考にして配合計算を行い，この配合により所要のスランプ，空気量が得られるか否かを試し練りによってチェックする．このとき，ワーカビリティーを考慮して細骨材率の最適値を定める*．

③ 構造物によっては耐久性その他に対する考慮から，単位セメント量に制限を設けている場合がある．たとえば，マスコンクリートでは，温度ひび割れ抑制の観点から，①，②の配合をこの制限に照らして修正する必要がある．

---

* 一般に細骨材率の値を小さくするほど，経済的なコンクリートが得られるが，コンクリートのプラスティシティーが低下し，荒々しい感じのコンクリートになる．細骨材率は所要のワーカビリティーが得られる範囲内で，単位水量ができるだけ少なくなるように試験によって定めるのが原則である．

5.4 割増し係数

① 現場において，コンクリート構造物をかなり入念に施工しても，その品質がある程度まで変動することは避けられない．したがって，構造物の設計において考慮した安全度を確保するためには，コンクリートの品質が変動した場合にもその最小強度が設計基準強度を著しく下回ることのないようにする必要がある．このため，配合強度は設計基準強度を変動の程度に応じて割増ししたものにする必要がある．

② 割増し係数は，現場におけるコンクリートの強度の変動の程度（変動係数 V を用いる）および構造物の重要度を考慮して，工事中に行う強度試験の結果が定められた条件を満足するように決める．

③ 土木学会コンクリート標準示方書では，割増し係数を定める条件として，一般の場合（ダムを除く場合），現場におけるコンクリートの圧縮強度の試験値が設計基準強度 f'_{ck} を下回る確率が 5%以下となることとし，これに基づいて配合強度 f'_{cr} を定めることにしている．この条件を式で表せば以下のようになる．

$$f'_{\mathrm{cr}} \geqq \frac{f'_{\mathrm{ck}}}{1-1.645V}, \qquad \alpha \geqq \frac{f'_{\mathrm{cr}}}{f'_{\mathrm{ck}}} = \frac{1}{1-1.645V}$$

上式を図示すると，図 5.7 のようになる．一方，道路舗装に用いられているセメントコンクリート舗装要綱では，路版用コンクリートの割増し係数 p を，同時につくった供試体の曲げ強度の平均値が $0.8f_{\mathrm{bk}}$（f_{bk}：設計基準曲げ強度）を 1/30 以上の確率で下回らないことおよび f_{bk} を 1/5 以上の確率で下回らないことという 2 つの条件を満足するように定めている．この条件によれば，コンクリートの曲げ強度の変動係数が 15%の場合の割増し係数は 1.14 となる．

④ 変動係数の値は，従来の経験，現場の設備，使用材料の品質の変動などを考慮して決めるが，工事の初期においては安全のためにやや大きめの値を用いる．試験の結果により実際の変動係数が明らかとなるに従って，それに応じるように配合

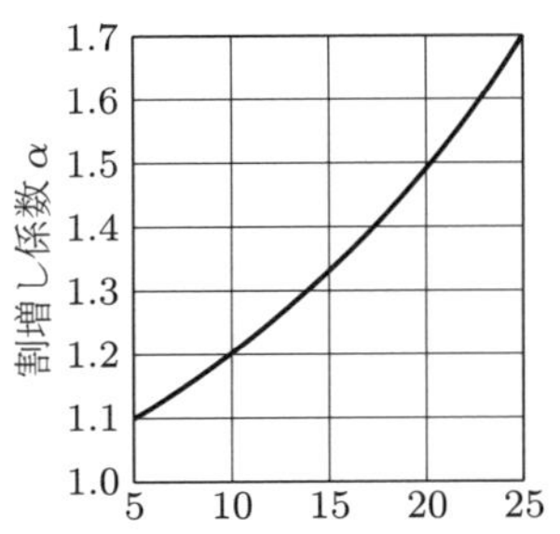

図 5.7 一般の場合の割増し係数

表 5.10 現場におけるコンクリートの圧縮強度の変動係数の大体の値

管理程度	変動係数 [%]	施工状態
優秀	7～10	優れたバッチャープラントにおいて厳重に管理を行った場合
良好	10～15	一般の現場で，土木学会コンクリート標準示方書に基づいて管理を十分に行った場合
普通	15～20	普通の監督状態の場合
不良	20 以上	不注意な施工を行った場合

を改める．管理の程度による強度の変動係数の大体の値を表 5.10 に示す．

5.5 配合設計例

5.5.1 概 要

気象作用の激しい地域につくる部材厚さ 20 cm，鉄筋の最小水平純間隔 8 cm の道路橋鉄筋コンクリートばりに用いるコンクリートの配合を決める．設計基準強度は 24 N/mm^2，現場における締固め作業高さ 1 m，予想される強度の変動係数を 12%とし，下記の材料を用いるものとする．

- セメント：普通ポルトランドセメント（密度 3.15 g/cm^3）
- 細骨材：川砂（密度 2.63 g/cm^3，粗粒率 2.68）
- 粗骨材：砕石（密度 2.65 g/cm^3）
- 混和剤：AE 剤

5.5.2 所要の強度，耐久性，作業に適するワーカビリティーをもつコンクリートを得るための配合条件の決定

① 粗骨材の最大寸法：表 5.2 を参考にして 25 mm とする．

② スランプ：表 5.3 を参考にして 10 cm とする．

③ 空気量：表 5.5 を参考にして 5%とする．

④ 配合強度：強度の変動係数を 12%とする．

したがって，図 5.7 より割増し係数は 1.25 となる．このため．配合強度 f'_{cr} は，

$$f'_{\mathrm{cr}} = 1.25 \times 24 = 30\ \mathrm{N/mm^2}$$

となる．

5.5.3 試験配合の設定

① 水セメント比の設定：配合強度に近い値が得られるような水セメント比の値を設定する．この場合は表 5.7 を参考にして 50%とする．

② 単位水量の選定：表 5.5 を参考にして選定する．表中で粗骨材の最大寸法が 25 mm で，AE 剤を用いるコンクリートの単位水量は 170 kg である．ただし，これはスランプが約 8 cm に対するものである．これに対して以下のように補正し，174 kg とする．

$$W = 170(1 + 2 \times 0.012) = 174 \text{ kg}$$

③ 単位 AE 剤の設定：メーカーの仕様により，重量比でセメント量の 0.05% に相当する量とする．

④ 細骨材率：表 5.5 において，粗骨材の最大寸法が 25 mm で AE 剤を用いる場合の細骨材率は 42%であるが，これは粗粒率が 2.80 の砂を使用し，水セメント比が 55%程度のコンクリートに対するものである．これらに対しては以下のように補正する．

砂の粗粒率に対する補正： $\dfrac{s}{a} = 42 - (5 \times 0.12) = 41.4\%$

水セメント比に対する補正： $\dfrac{s}{a} = 41.4 - 1 \times \dfrac{0.05}{0.05} = 40.4\%$

⑤ セメント，細骨材率，粗骨材の各単位量の計算

単位セメント量： $C = \dfrac{174}{0.50} = 348 \text{ kg}$

単位細・粗骨材量：まず骨材全量の絶対容積 V_{A} を求めると，

$$\begin{aligned} V_{\mathrm{A}} &= 1 - \left(\frac{348}{3.15 \times 1000} + \frac{174}{1 \times 1000} + \frac{5}{100} \right) \\ &= 0.666 \end{aligned}$$

となる．ゆえに，単位細・粗骨材料は，以下のようになる．

単位細骨材量： $S = 0.666 \times 0.404 \times 2.63 \times 1000 = 707.6 \text{ kg} \fallingdotseq 708 \text{ kg}$

単位粗骨材量： $G = 0.666(1 - 0.404) \times 2.65 \times 1000 = 1051.8 \text{ kg} \fallingdotseq 1052 \text{ kg}$

5.5.4 試し練りによる配合の調整

① 試験バッチの計算：1 バッチの量を 20 L とすると，各材料の使用量は以下のようになる．

- 水：$174 \times 0.02 = 3.48$ kg
- セメント：$348 \times 0.02 = 6.96$ kg
- 細骨材：$708 \times 0.02 = 14.16$ kg（ただし，表乾状態）
  ただし，使用する砂の表面水率が 3%であるので，表乾状態の砂 14.16 kg を得るためには $14.16 \times 1.03 = 14.58$ kg を計量する必要がある．
- 粗骨材：$1052 \times 0.02 = 21.04$ kg（表乾状態にして用いる）
- AE 剤：$348 \times 10^3 \times 0.02 \times 0.0005 = 3.48$ g（20 倍溶液として 70 g を用いる）

- 添加水量：$3.48 - 0.07 - (14.58 - 14.16) = 2.99$ kg ≒ 3.00 kg

② 第1バッチ：スランプが8 cm，空気量が3.5%となった．このバッチのコンクリートのできあがり量は $20 \times (1 - 0.05)/(1 - 0.035) = 19.7$ L となり，単位水量は $3.48/0.0197 = 176.6$ kg である．よって，各補正は以下のようになる．

- スランプに対する補正：$176.6 \times \{1 + (2 \times 0.012)\} = 180$ kg
- 空気量に対する補正：$180 \times \{1 - 0.03 \times (5.0 - 3.5)\} = 172$ kg

第2バッチの単位水量を172 kgとする．単位AE剤量は，エントラップトエアを1.5%（表5.5）とすると，$3.48 \times (5.0 - 1.5)/(3.5 - 1.5) = 6.09$ g となる．よって，ここでは6 g（20倍溶液で120 g）を使用する．

③ 第2バッチ：スランプが12 cm，空気量が5.8%となった．この場合の単位水量は172 kgである．よって，各補正は以下のようになる．

- スランプに対する補正：$172 \times \{1 - (2 \times 0.012)\}$ ≒ 168 kg
- 空気量に対する補正：$168 \times \{1 + 0.03 \times (5.8 - 5.0)\} = 172$ kg

よって，単位水量は変えずに所定の空気量となるように単位AE剤量を増して第3バッチのコンクリートをつくる．このようにして，所要のスランプと空気量が得られるようなコンクリートの配合を定める．

5.5.5　水セメント比の決定

① 圧縮強度から決まる水セメント比：5.5.4項のような試験配合を，水セメント比が40%と60%の場合についても定め，これらの配合のコンクリートの材齢28日圧縮強度を試験して，その結果から図5.8のように，$C/W - f'_{c28}$ 曲線を求める．これから，配合強度30 N/mm^2 に相当する C/W は1.89となるので，その逆数である53%が所要の強度から決まる水セメント比となる．

② 耐久性から決まる水セメント比：表5.8より耐久性から決まる最大の水セメント

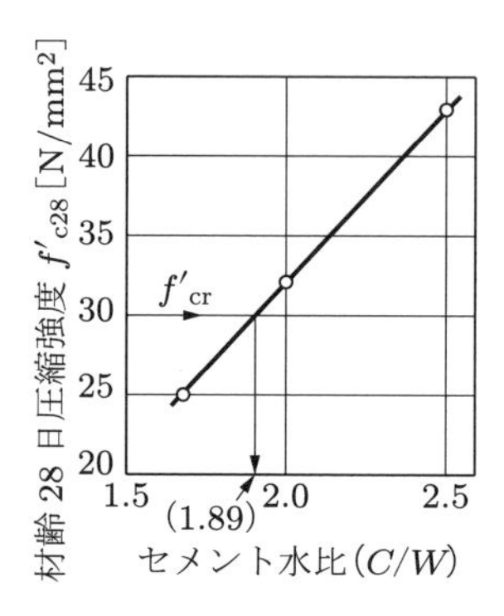

図 5.8　材齢28日圧縮強度とセメント水比

比について検討すると，この例では60%になるので，水セメント比は①の圧縮強度から決まる値を用いる．

5.5.6　計画配合の決定

同じ骨材を用いた場合，所要のスランプを得るのに必要なコンクリートの単位水量は，水セメント比が40〜60%の範囲では，水セメント比が異なってもほぼ等しいことが実験的に確認されている（単位水量一定の法則）．したがって，水セメント比が53%の場合の単位水量も172 kgであるとすれば，単位セメント量は，172/0.53 ≒ 325 kgとなる．

一方，水セメント比が40%と60%の試験配合の値を参考にして細骨材率を決めれば，骨材の各単位量を決めることができる．この細骨材率が40%になったとすれば，

$$\text{全骨材の絶対容積：}\quad V_{\mathrm{A}} = 1 - \left(\frac{325}{3.15 \times 1000} + \frac{172}{1 \times 1000} + \frac{5}{100}\right) \fallingdotseq 0.674$$

単位細骨材量：$S = 0.674 \times 0.40 \times 2.63 \times 1000 \fallingdotseq 709$ kg

単位粗骨材量：$G = 0.674 \times (1 - 0.40) \times 2.65 \times 1000 \fallingdotseq 1072$ kg

以上から，計画配合は表5.11のようになる．

表 5.11　計画配合の例

粗骨材の最大寸法 [mm]	水セメント [%]	空気量 [%]	細骨材率 [%]	単位量 [kg/m^3]				
				水	セメント	細骨材	粗骨材	混和剤
25	53	5	40	172	325	709	1072	0.2

5.5.7　現場配合の計算

以上の計画配合のコンクリート500 Lを，次のような骨材を用いてつくる場合の現場配合の求め方を説明する．

- 川砂のうち，5 mmふるいにとどまるものの重量が4%，砕石のうち5 mmふるいを通るものの重量が8%
- 川砂の表面水率3.5%，砕石の表面水率0.7%

① 骨材中の過大粒，過小粒に対する補正：表面乾燥飽水状態の砂（過大粒を含む）と砕石（過小粒を含む）の計算すべき量をそれぞれ x および y とすれば，

$$0.96x + 0.08y = 709, \qquad 0.04x + 0.92y = 1072$$

が成立するので，これを解くと，以下のようになる．

$$x = 644 \text{ kg/m}^3, \qquad y = 1137 \text{ kg/m}^3$$

② 表面水量に対する補正

- 砂の表面水量：$644 \times 0.035 \fallingdotseq 22.5$ kg
- 砕石の表面水量：$1137 \times 0.007 \fallingdotseq 7.9$ kg
- 計算すべき砂の単位量：$644 + 22.5 = 666.5$ kg/m^3
- 計算すべき砕石の単位量：$1137 + 7.9 \fallingdotseq 1145$ kg/m^3
- 計算すべき水の単位量：$172 - (22.5 + 7.9) \fallingdotseq 142$ kg/m^3

③ 以上をもとに，現場配合（1バッチ＝500 L（0.5m^3））は表5.12のようになる．

表 5.12　現場配合の例

1バッチ [m^3]	水 [kg]	セメント [kg]	川砂 [kg]	砕石 [kg]	混和剤 [kg]
0.5	71	162.5	333.3	572.5	0.1

演習問題

5.1 配合強度27 N/mm^2，空気量4.5%，スランプ7.5 cmのコンクリートの配合設計を行う．所要の配合強度を得るための水セメント比を50%，所要のスランプを得るための単位水量を150 kgとし，細骨材率を40%とした場合のセメント，細骨材，粗骨材の各単位量を求めよ．ただし，これらの密度をそれぞれ，$\rho_C = 3.15$ g/cm^3，$\rho_S = 2.63$ g/cm^3，$\rho_G = 2.65$ g/cm^{3}とする．

5.2 演習問題5.1で計算した配合を用いて試し練りを行った結果，空気量7.0%，スランプ15 cmとなった．このコンクリート中の各材料の単位量を求めよ．

5.3 演習問題5.2のコンクリートにおける過大な空気量を是正するために，演習問題5.1で計算した配合に対して単位AE剤量のみを減じて2度目の試し練りを行った結果，空気量3.8%，スランプ7 cmとなった．このコンクリート中の各材料の単位量を求めよ．

5.4 演習問題5.3のコンクリートにおける過小な空気量を是正するために，演習問題5.1で計算した配合に対して単位AE剤量を増すとともに単位水量を3 kgだけ増加させた結果，空気量4.5%，スランプ7.5 cmを得た．このときの各材料の単位量を求めよ．

5.5 コンクリートの計画配合として各材料の単位量が表5.13(a)のように与えられた場合，これを表(b)の条件に従って現場配合に換算せよ．

表 5.13　コンクリートの配合設計を行うための各種条件

(a) 各材料の単位量

セメント [kg]	水 [kg]	細骨材 [kg]	粗骨材 [kg]
300	160	700	1100

(b) 条　件

種　別	5 mmふるいを通る量 [%]	5 mmふるいにとどまる量 [%]	表面水率 [%]
細骨材	95	5	4
粗骨材	10	90	1

第6章　コンクリートの製造，管理，検査

6.1　概　説

わが国で使用されるコンクリートの多くは，レディーミクストコンクリート工場で製造されている．また，ダム，原子力発電所，山岳トンネル，海洋構造物などの特殊な構造物・施設の工事では，一般に施工者がプラントを現場に設置してコンクリートを製造している．なお，工場製品のように，工場内に設置された一連の設備によって，フレッシュコンクリートの製造から最終製品までを流れ作業でつくっている場合もある．

コンクリートの製造にあたっては，均一な品質のものが定常的に供給されるように適切な管理と検査を行う必要がある．レディーミクストコンクリートに関しては，JIS A 5308「レディーミクストコンクリート」によって，その品質が規定されている．

6.2　材料の貯蔵と管理

6.2.1　セメントおよび混和材の貯蔵

① セメントおよび混和材の貯蔵設備は防湿的な構造・機能を有するサイロまたは倉庫に貯蔵しなければならない．

② サイロの容量は1日使用量の3倍以上あることが必要である．

③ サイロは，セメントや混和材をその品種ごとに区別して貯蔵できるものでなければならない．同一のサイロを鉄板などで仕切って分割して使用する場合，仕切り版が片荷になっても耐えられる構造であるとともに，仕切り板とサイロ内面との隙間や仕切り板の腐食穴から異種のセメントや混和材が混じり合わないような工夫を行う必要がある．

④ サイロは底にたまって出ない部分ができないような構造とする．このために，底部にバイブレーターやエアレーション装置を装備する．

⑤ セメントの貯蔵槽は2個以上備えていることが望ましい．また，使用する頻度の低いセメントや混和材を貯蔵する場合には，長期間の保存により締固まって閉塞することや満空表示装置（レベル計）が誤作動することがないように注意する．

⑥ セメントの温度が過度に高い場合には，少なくとも50℃ 以下に温度を下げてか

ら使用する．

⑦ 袋詰めセメントを倉庫に貯蔵する場合には，地上から 30 cm 以上の高さの床に積み重ねる．積み重ねる袋数は 13 袋以下とする．また，入荷状況を記録するとともに，その順序・種類に応じて貯蔵・管理する．

6.2.2　骨材の貯蔵

① 骨材の貯蔵設備は，種類や粒度の異なる骨材を別々に貯蔵することが可能で，入荷の順に骨材を使用できるように十分な容量をもつことが重要である．また，骨材の受入れや運搬時に骨材が転がって分離しないような構造とする．

② ごみ，雑物の混入を防ぐため，貯蔵場所の床はコンクリート床とし，容易に排水できる構造とするのがよい．

③ 大小粒の分離を防止する．円すい状に貯蔵すると周辺部に大きい粒が集まりやすいので注意を要する．

④ 夏季における温度の上昇，乾燥，降雨による細骨材中の微粒分の流出を防止するための適当な施設を設ける．

6.2.3　混和剤の貯蔵

① 粉末状のものは，吸湿，固化しないように貯蔵する．

② 液状のものは，分離，凍結，変質に注意する．

③ 長期間貯蔵した混和剤や異常を認めた混和剤は，用いる前に試験をして，性能低下していないことを確かめなければならない．

6.3　材料の計量

6.3.1　一　般

① コンクリートの各材料は一練り分ずつ重量で計量しなければならない．ただし，水および混和剤溶液は容積で計量してもよい．

② 土木学会規準「連続ミキサの計量・供給性能試験方法」により，所要の性能を有することを確認された連続ミキサーを用いる場合には，各材料を容積で計量してよい．

③ 計量は現場配合によって行う．骨材が乾燥している場合には有効吸水量の試験を行い，その補正を行わなければならない．

④ 一練りの量は，コンクリートの打込み量，練混ぜ設備，運搬方法などを考慮して決めなければならない．

⑤ 混和剤を溶かすために用いた水，または混和剤を薄めるために用いた水は単位水量の一部とする．

6.3.2　計量誤差

① 計量誤差には計量器自体に基づくものと，材料を計量器に供給するときに生じるものとがある．

- 計量器自体に基づく計量誤差：一般にコンクリート工事に使用される秤の精度は最大容量の0.5%程度である．これは検定重量によってチェックすることができるので，日常の計量器の整備，保守によって十分小さくできる．
- 材料供給装置に起因する計量誤差：偶然的な誤差であるから，ある程度これを避けることはできない．

したがって，計量装置は計量器および供給装置を含めて，各材料の計量誤差が，目標とする計量値に対して適当な限界以内となるように管理しなければならない．

② 土木学会コンクリート標準示方書および JIS A 5308「レディーミクストコンクリート」では，1 回計量分に対し，計量誤差を表 6.1 の値以下でなければならないと規定している．

表 6.1　材料の計算誤差の最大値

材料の種類	計量誤差の最大値 [%]
セメント	1
骨材	3
混和材	2†
混和剤	3

† 高炉スラグ微粉末の計量誤差の最大値は，1%とする．

6.3.3　バッチャー（バッチャープラント）

(1) 概　要　コンクリートの材料を計量する装置をバッチャー（batcher）といい，各材料を受け入れて正確に計量し，これをミキサーに投入する設備全体をバッチャープラントという．バッチャープラントは材料受入れ設備，材料貯蔵槽，材料貯蔵槽からバッチャーへの供給装置，バッチャー，排出装置などから構成されている．ミキサーまで含めてミキシングプラントまたはコンクリートプラントと称することもある（図 6.1）．

(2) バッチャープラント　一般には計量方式と操作方式とによって，図 6.2 のように分類できる．

図 6.2 のうち，個別計量方式は生コン工場のプラント，自動式または全自動式の大規模な工事用のプラントに採用されている方式で，わが国のほとんどのプラントはこの方式をとっている．計量機には主としてプルワイヤー方式と電子管式のものが用い

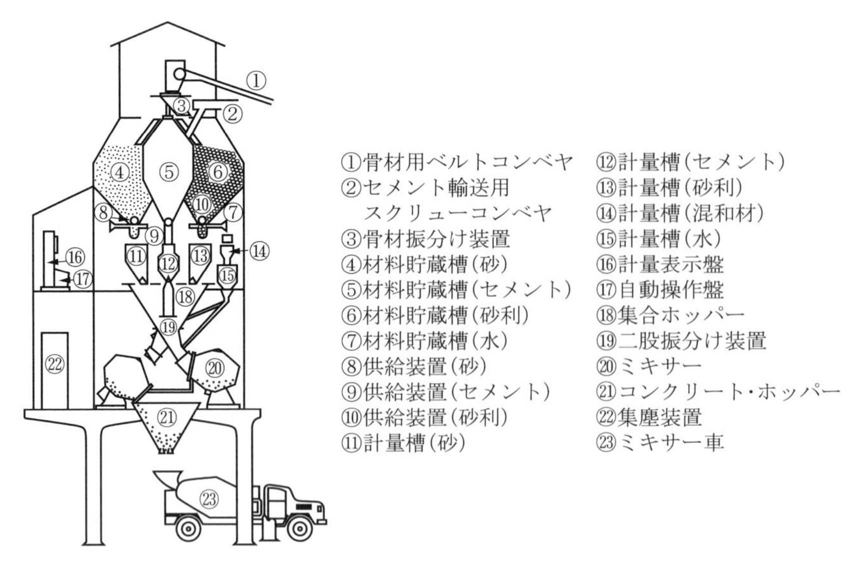

図 **6.1**　コンクリートプラントの一例

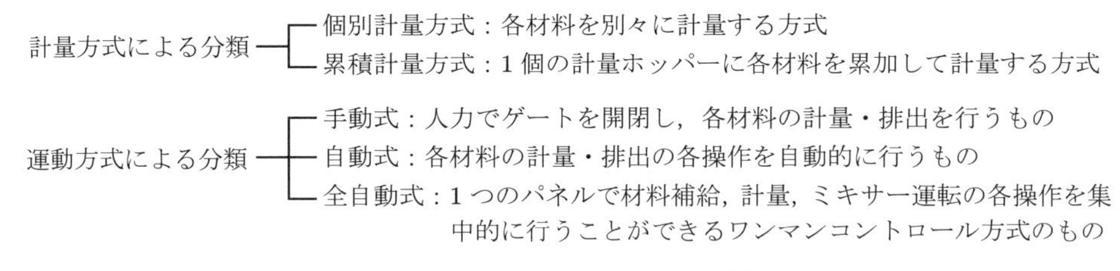

図 **6.2**　バッチャープラントの分類

られている．この方式は各材料を同時にしかも迅速に計量することが可能で計量誤差も少ない．

累積計量方式は小規模なバッチャーに用いられているもので，計量に時間を要し，計量誤差も大きくなりがちである．

6.4　練混ぜ

6.4.1　一　般

各材料は，原則としてバッチミキサー（一練り分の材料を入れて練混ぜるもの）を用い，練上りコンクリートが均等質になるまで十分にこれを練混ぜることが必要である．連続ミキサーを用いる場合には，土木学会の「連続ミキサによる現場練りコンクリート施工指針（案）」によらなければならない．

連続ミキサーを用いる場合，練混ぜ開始後，最初に排出されるコンクリートは用いてはならない．

6.4.2　ミキサーの形式と種類

(1) バッチミキサー　　バッチミキサーとしては，一般に強制練りミキサーと重力式ミキサーが使用されている．これらのバッチミキサーの公称容量 [m^3] は JIS A 8603「コンクリートミキサ」によって，0.5，0.75，1.0，1.5，2.0，2.5，3.0 の 7 種が規定されている．

① 重力式ミキサーは，回転する混合胴の中に材料を入れて練混ぜるミキサーで，混合胴を傾けて練混ぜたコンクリートを排出する傾胴式のものが使用されている（図 6.3）．一般に，硬練りコンクリートの練混ぜに用いられる．

② 強制練りミキサーは，混合槽の中で羽根が回転してコンクリートを練混ぜるもので，回転軸が鉛直で 1 軸のもの（図 6.4）と水平で 2 軸のもの（図 6.5）がある．いずれも所要の練混ぜ時間が重力式ミキサーに比べて短いという特徴がある．

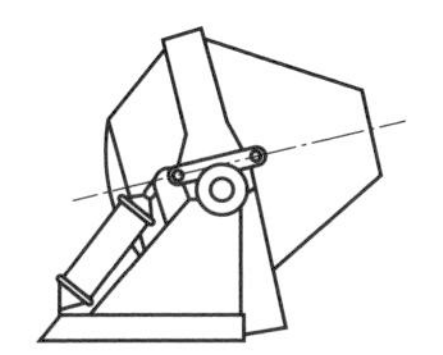

図 6.3　傾胴式ミキサーの一例

図 6.4　強制攪拌式ミキサー（鉛直 1 軸式パンタイプ）

図 6.5　強制攪拌式ミキサー（水平 2 軸タイプ）

(2) 連続ミキサー　　材料貯蔵槽，計量装置，スパイラル形の筒状ミキサーからなる容積計量プラントを総称して連続ミキサーという．

内蔵するベルトコンベヤによって水以外の各材料を連続的に貯蔵槽からミキサー端部に供給し，これに水を加えて練混ぜ，連続的にコンクリートを製造する．通常のコンクリート製造プラント（図6.1）は，材料と練混ぜたコンクリートの移動が重力を利用する鉛直方向であるのに対して，連続ミキサーでは水平方向であるので重心の位置が低く，港湾工事用のプラント船に適している．また，自走式で機動性が優れているために，道路橋床版の補強工事などに用いられている．

6.4.3　練混ぜ時間

① ミキサーによる練混ぜ時間は，試験によって定めるのが原則であるが，これを行わない場合には，その最小時間を，重力式ミキサーを用いる場合1分30秒，強制練りミキサーを用いる場合1分を標準とする．

② 練混ぜは，あらかじめ定めておいた練混ぜ時間の3倍以上行ってはならない．コンクリートをあまり長く練混ぜると，空気量が減少して排出時のコンクリートのワーカビリティーが悪くなり，また排出後の時間の経過にともなうスランプの低下が著しくなる．

6.4.4　ミキサーの練混ぜ性能

① バッチミキサーおよび連続ミキサーは，それぞれ JIS A 1119，JIS A 8603-2 および JSCE-I 502 による練混ぜ性能試験を行い，所要の練混ぜ性能を有することが確認されたものでなければならない．

② ミキサーは同じ形式でも容量が異なれば練混ぜ性能が異なり，また同じミキサーでも，長時間使用して羽根などがすりへった場合には練混ぜ性能が変化する．したがって，使用前には必ず練混ぜ性能試験を行う必要がある．

③ 練混ぜ性能は，練混ぜた1バッチのコンクリートを2分して，それぞれの部分から試料を採取し，単位粗骨材量の差とモルタルの単位容積重量の差という材料の組成比から判定する JIS A 1119「ミキサで練り混ぜたコンクリート中のモルタルの差及び粗骨材料の差の試験方法」と，圧縮強度，空気量，スランプというコンクリートの特性値のばらつきから判定する JIS A 8603-2「コンクリートミキサ第2部：練混ぜ性能試験方法」に定める方法によって調べる．

④ 表6.2に示す規定値で特に粗骨材量の差が5%を超えるような場合には，ミキサーの構造に問題があるか，または羽根がすりへっている場合が多い．粗骨材量の差については規定値を満足したが，モルタルの単位容積重量の差が規定値を超える場合には練混ぜ時間が不足していることを示している．

⑤ ミキサーは練混ぜ中に運転を一時止めて，その後運転を再開するような作動開始負荷に対して十分な動力を備えていなければならない．

⑥ ミキサーは使用の前後に十分に清掃することが大切である．固化した付着物が多

表 6.2　バッチミキサーの練混ぜ性能

項　目	許容値 [%]
コンクリート内の空気量の偏差率	10 以下
コンクリート内のモルタル量の偏差率	0.8 以下
コンクリート内の粗骨材量の偏差率	5 以下
コンシステンシー (スランプ) の偏差率	15 以下
圧縮強度の偏差率	7.5 以下

偏差率は，以下の式により求めた値とする

$$偏差率 = \frac{X_1 - X_2}{X_1 + X_2} \times 100$$

ここで，X_1：採取した 2 つの試料からそれぞれ得られた値のうち大きい方の値，X_2：採取した 2 つの試料からそれぞれ得られた値のうち小さい方の値である．

くなると，練混ぜ性能が低下する．

⑦ 連続ミキサーの練混ぜ性能は，土木学会規準「連続ミキサの練混ぜ性能試験方法」によって試験する．

6.5　レディーミクストコンクリート

6.5.1　一　般

① 整備されたコンクリート製造設備をもつ工場から，随時に購入することができるフレッシュコンクリートをレディーミクストコンクリート（ready-mixed concrete）という．

② レディーミクストコンクリートは，JIS 表示許可工場で，かつコンクリート主任技士，コンクリート技士の資格をもつ技術者のいる工場から購入する．

③ 工場の選定にあたっては，現場までの運搬時間，コンクリートの製造能力，運搬車の数，工場の製造設備，品質管理状況などを考慮する必要がある．

④ 日本においてレディーミクストコンクリートを生産している工場は約 3500 工場で，年間に約 1 億 m^3 のコンクリートを出荷している．これらの工場のうち，約 3000 工場は中小企業法で認められている営利的な組織である協同組合を地区ごとに結成しており，これらは全国で約 250 組合に達する．

現在，レディーミクストコンクリートの販売は，主にこの協同組合を経由して行われている．

6.5.2　種　類

レディーミクストコンクリートの種類は，普通コンクリート，軽量コンクリート，舗装コンクリートに区分され，粗骨材の最大寸法，スランプ，呼び強度* を組み合わせたもので，普通コンクリートの場合について示すと表6.3のようになる．

表 6.3　レディーミクストコンクリートの種類

コンクリートの種類	粗骨材の最大寸法 [mm]	スランプまたはスランプフロー † [cm]	呼び強度													
			18	21	24	27	30	33	36	40	42	45	50	55	60	曲げ4.5
普通コンクリート	20,25	8,10,12,15,18	○	○	○	○	○	○	○	○	○	○	–	–	–	–
		21	–	○	○	○	○	○	○	○	○	○	–	–	–	–
	40	5,8,10,12,15	○	○	○	○	○	–	–	–	–	–	–	–	–	–
軽量コンクリート	15	8,10,12,15,18,21	○	○	○	○	○	○	○	○	–	–	–	–	–	–
舗装コンクリート	20,25,40	2.5,6.5	–	–	–	–	–	–	–	–	–	–	–	–	–	○
高強度コンクリート	20,25	10,15,18	–	–	–	–	–	–	–	–	–	–	○	–	–	–
		50,60	–	–	–	–	–	–	–	–	–	–	○	○	○	–

† 荷卸し地点の値であり，50 cm および 60 cm がスランプフローの値である．

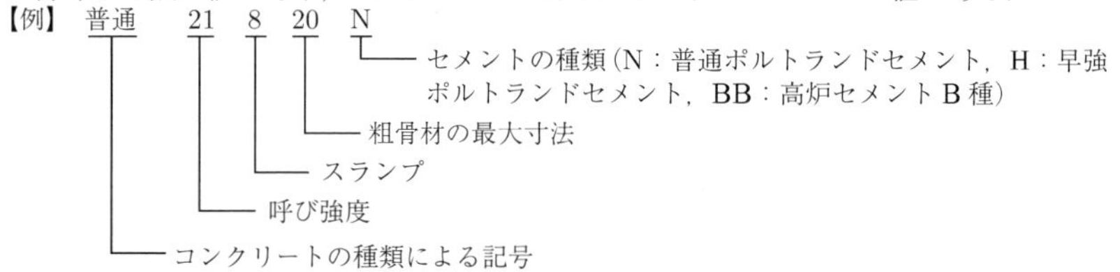

なお，次の事項は，購入者が生産者と協議のうえ，指定することができる．

① セメントの種類
② 骨材の種類
③ 粗骨材の最大寸法
④ 骨材のアルカリシリカ反応性による区分
⑤ 呼び強度が36を超える場合は，水の区分
⑥ 混和材料の種類および使用量
⑦ 塩化物含有量が 0.30 kg/m^3 を超える場合は，0.60 kg/m^3 以下の範囲での値
⑧ 呼び強度を保証する材齢
⑨ 表6.4に示されている空気量と異なる場合は，その上限値
⑩ 軽量コンクリートの場合は，コンクリートの単位容積質量

---

* 呼び強度とはレディーミクストコンクリートの商取引に用いる強度の種類を示す呼び名であって単位はない．呼び強度が27のレディーミクストコンクリートとは，所定の材齢まで養生した場合，27 N/mm^2 が保証されるコンクリートをいう．以上の場合，27 N/mm^2 を呼び強度の強度値という．

表 6.4 空気量［%］

コンクリートの種類	空気量	空気量の許容差
普通コンクリート	4.5	±1.5
軽量コンクリート	5.0	
舗装コンクリート	4.5	
高強度コンクリート	4.5	

⑪ コンクリートの最高または最低の温度
⑫ 水セメント比の上限値
⑬ 単位水量の上限値
⑭ 単位セメント量の上限値または下限値
⑮ 流動化コンクリートの場合は流動化する前のレディーミクストコンクリートからのスランプ
⑯ その他必要な事項

6.5.3 品 質

(1) 荷卸し地点における要求品質 コンクリートは，その荷卸し地点において以下の条件を満足するものでなければならない.

① 強度：1 回の試験結果は購入者が指定した呼び強度の強度値の 85%以上でなければならない．3 回の試験結果の平均値は購入者が指定した呼び強度の強度値以上でなければならない.
② スランプは購入者が指定した値に対して，2.5 cm の場合 ±1 cm，5 cm および 6.5cm の場合は ±1.5 cm，8〜18 cm の場合は ±2.5 cm，21 cm を超える場合は ±1.5 cm の範囲を超えてはならない.
③ スランプフローは，購入者が指定した値に対して，50 cm の場合 ±7.5 cm，60 cm の場合 ±10 cm の範囲を超えてはならない.
④ 空気量は表 6.4 のとおりとする．その許容差は購入者が指定した値に対しても表 6.4 のとおりでなければならない.
⑤ コンクリートに含まれる塩化物量は，荷卸し地点で，塩化物イオンとして 0.30 kg/m^3 以下でなければならない．ただし，購入者の承認を受けた場合には，0.6 kg/m^3 以下とすることができる.

(2) 配合強度の決定

- (1) の①の条件を満足するコンクリートの配合強度は次式によって示すことができる.

① 1 回の試験結果が呼び強度の値の 85%以上でなければならない条件に対し，次

式が成り立つ．

$$m = 0.85S_{\mathrm{L}} + 3\sigma \tag{6.1a}$$

あるいは，変動係数 V を用いて表すと，次式となる．

$$m = \frac{0.85S_{\mathrm{L}}}{1 - 3V/100} \tag{6.1b}$$

② 3回の試験結果の平均値が呼び強度以上でなければならない条件に対し，次式が成り立つ．

$$m = S_{\mathrm{L}} + \frac{3\sigma}{\sqrt{3}} \tag{6.2a}$$

あるいは，変動係数 V を用いて表すと，次式となる．

$$m = \frac{S_{\mathrm{L}}}{1 - \sqrt{3}V/100} \tag{6.2b}$$

ここに，m：配合強度 [N/mm^2]，S_{L}：呼び強度 [N/mm^2]，σ：標準偏差，$V = (\sigma/m) \times 100$：変動係数 [%] である．

- 配合強度の決定にあたっては，式 (6.1)，(6.2) で求めた配合強度のうち，いずれか大きい値をとる．
- 標準偏差または変動係数の値は，その工場における実際の値を用いなければならない．

6.5.4　製造・運搬

(1) 材料の計量および練混ぜ

① 各材料の計量誤差は表 6.1 の値以下でなければならない．

② コンクリートは工場内で均一に練混ぜるものとする．

③ コンクリートの練混ぜ量および練混ぜ時間は，JIS A 1119「ミキサで練り混ぜたコンクリート中のモルタルの差及び粗骨材量の差の試験方法」の定める試験を行って決定する．

(2) 運　搬

① コンクリートは練混ぜを開始してから 1.5 時間以内に荷卸しができるように運搬しなければならない．

② ダンプトラックは，スランプ 2.5 cm の舗装コンクリートを運搬する場合に限り使用することができる．この場合，運搬時間の限度は，練混ぜを開始してから 1 時間以内とする．

③ 運搬車は，その荷のおよそ 1/4 と 3/4 のところから個々に試料を採取してスランプ試験を行った場合，両者のスランプの差が 3 cm 以内になるものでなければな

らない．

④ 輸送計画は，運搬車の走行時間，現場に到着してからの待ち時間，荷卸しから打込みまでの処理時間，現場での受入れ設備などを考慮し，施工業者と生産者が協議して決めなければならない．

(3) 検　査

① 検査には，生産者による製品検査と，購入者による受入れ検査があるが，いずれも6.5.3 項に規定するコンクリートの品質を確かめるために実施するもので，指定した品質の条項に合致すれば合格とする．

② 強度を検査するための試験回数は，原則として 150 m^3 につき 1 回の割合とする．1 回の試験結果は，任意の一運搬車から採取した試料でつくった 3 個の供試体の試験値の平均値で表す．

6.6　品質管理および検査

6.6.1　概　説

① コンクリートの品質管理の目的は，コンクリートの品質を所要の範囲におさめるようにすることである．

② 管理の対象となる品質とは，コンクリートの性質，配合などのうち，強度，スランプ，空気量，水セメント比などのように数量的に表せるものであって，これらは特性値と呼ばれる．

③ 所要の範囲とはいわゆる管理限界のことであり，管理限界としては通常 3σ 限界が用いられる．

④ コンクリートの品質管理は図 6.6 のような手順によって進められる．

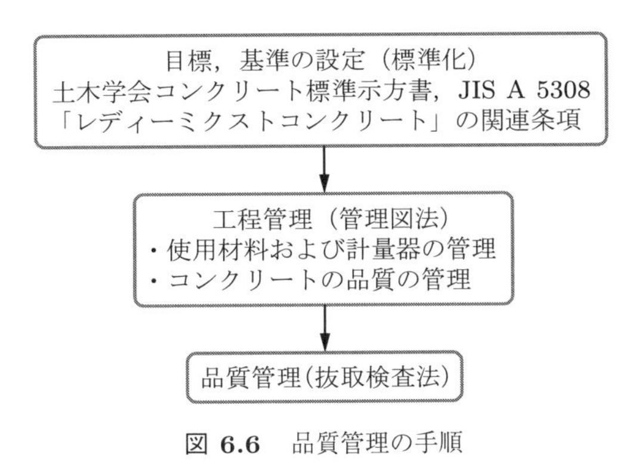

図 6.6　品質管理の手順

6.6.2 品質変動とその統計的な表し方

① 材料およびコンクリートの品質の変動を表すには，一般に平均値と標準偏差（あるいは変動係数，または範囲）が用いられる．同一条件のもとで求めた品質の測定値を $x_1, x_2, \cdots, x_n$ とすると，これらの統計量は次のような式によって示される．

$$平均値（mean,\ average）\ \overline{x} = \sum_{i=1}^{n} \frac{x_i}{n}$$

$$標準偏差（standard\ deviation）\ \sigma = \sqrt{\sum_{i=1}^{n} \frac{(x_i - \overline{x})^2}{n}} = \sqrt{\sum_{i=1}^{n} \frac{{x_i}^2}{n} - \overline{x}^2}$$

$$変動係数（coefficient\ of\ variation）\ V = \frac{\sigma}{\overline{x}}$$

$$範囲（range）\ R = x_{\max} - x_{\min}$$

ただし，$x_{\max}$ および $x_{\min}$ は n 個の測定値のうち最大値および最小値である．

② 母集団の標準偏差 σ を，一組の測定値 $x_1, x_2, \cdots, x_n$ から推定する場合，その推定値 $\widehat{\sigma}$ は次のようにして求められる．

$$\widehat{\sigma} = \sqrt{\frac{n}{n-1}}\sigma \qquad \left(ただし，\sigma = \sqrt{\sum_{i=1}^{n} \frac{(x_i - \overline{x})^2}{n}} \right)$$

③ 簡便に $\widehat{\sigma}$ を求めるには次の式を用いることができる[*1]．

$$\widehat{\sigma} = \frac{R}{d_2} \qquad \left(ただし，\frac{1}{d_2} の値は，表 6.5 のとおりである \right)$$

ただし，$n > 10$ となるときは，R の効率が悪くなるので，これを一群の大きさの n が 10 以下となるように無作為に分割して，各群の中の範囲 R を平均して $\overline{R}$ を求め，次式から $\widehat{\sigma}$ を決める．

$$\widehat{\sigma} = \frac{\overline{R}}{d_2}$$

④ 母平均 μ, 母標準偏差 σ である正規分布 $N(\mu, \sigma^2)$ から, n 個の試料 $x_1, x_2, \cdots, x_n$ が得られる場合, $\overline{x} = \sum_{i=1}^{n} x_i/n$ を実現値とする確率変数の分布は正規分布 $N(\mu, \sigma^2/n)$ となる[*2]（図 6.7）.

⑤ 同じバッチから製造した一群の供試体の試験結果のばらつき，すなわち試験誤差

---

*1　この方法は厳密には正規母集団以外には使えない．また，範囲 R なるものが $x_{\max}, x_{\min}$ との 2 つだけの情報に依存し，ほかの $(n-2)$ 個のデータは単にこれらの間にあるという情報だけしか寄与しないので，②の σ を用いる方法に比べると，その効率は当然低くなる．

*2　元の母集団が正規分布でなくとも，それから抽出された n 個の試料の分布は正規分布に近づく（中心極限定理）．

表 **6.5** $1/d_2$ の値

n	$1/d_2$
2	0.8865
3	0.5906
4	0.4856
5	0.4299
6	0.3946
7	0.3698
8	0.3512
9	0.3367
10	0.3248

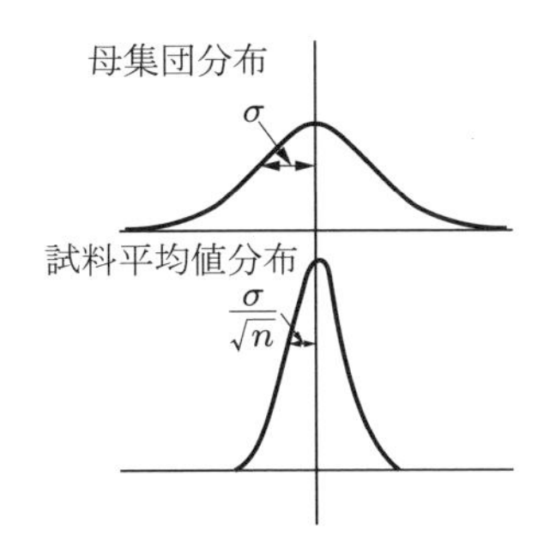

図 **6.7** 試料平均の分布

$V_{\rm t}$ は次の式によって求められる．

$$V_{\rm t} = \frac{1}{d_2} \cdot \frac{R}{\overline{x}} \times 100$$

ここに，R：範囲，$\overline{x}$：平均強度で，$1/d_2$：表 6.5 参照してほしい．

⑥ 統計的な品質管理を行う場合の計算方法は，おおむね正規分布をする試料について示されているが，コンクリートの強度，スランプ，空気量などの特性値は大体において正規分布に近い分布をするので，これらの測定値の統計的な処理は，品質が正規分布をする場合の計算方法によって行う．

6.6.3 施工管理

(1) 材料，機械設備および作業の管理 コンクリート構造物は，いったんコンクリートを打込むと容易につくり直すことができないので，コンクリートの管理のほかに使用材料を管理し，機械設備を整備するとともに，鉄筋の加工，組立ておよび計量，練混ぜ，運搬，打込み，養生などの各作業を土木学会コンクリート標準示方書などに示されている原則に従って入念に行うことが大切である．

(2) 管理試験

① 所要の品質のコンクリートが得られているかどうかは試験によって確認しなければならない．また，均等質のコンクリートをつくるためには，使用する材料が均等質となるように管理する必要がある．このため，工事中に以下のような材料およびコンクリートの試験を行わなければならない．

- 骨材の試験
- スランプ試験
- 空気量試験
- コンクリートの単位容積重量試験

- コンクリートの圧縮強度試験
- その他の試験

② 骨材の粒度および表面水量はコンクリートの品質の変動に大きい影響を及ぼすのでこれを定期的に試験し，その変化に応じて現場配合の修正を行う必要がある．特に，表面水量は1日に2回以上測定することが望ましい．

③ スランプは，コンクリート中の水量の変動や骨材の粒度の変動を敏感に示すので，なるべく頻繁にこの試験を行うことが均等質なコンクリートをつくるうえで大切である．

(3) コンクリートの管理

圧縮強度によるコンクリートの管理　コンクリートの強度試験は，硬化コンクリートの品質を確かめるために必要であるが，一般に材齢28日における圧縮強度を規準としているので，コンクリートの品質を確認するための圧縮強度も，本来は材齢28日で行うことが適当である．しかし，一方において，これでは供試体を採取したあと28日経過しないと試験値が得られないことになり，試験結果を速やかに反映させることが大切である品質管理において大きな欠点となる．そこで，土木学会コンクリート標準示方書では，打設後のコンクリートの管理を行うためには，通常は使用材料の品質管理や製造の品質管理に力を入れるのが合理的であるとしたうえで，製造実績が少ないコンクリートを使用する場合は，製造を開始してしばらくの期間や気温が大きく変化する時期には，圧縮強度の変動を確認するのがよいとしている．

また，試験の結果を速やかに工程の管理に反映させたい場合，型枠を取りはずす時期やプレストレスを導入する時期の目安を知りたい場合には，任意の材齢および養生の供試体を用いて試験を行うこともある．このほか，部材を模擬した試験体から採取したコアの圧縮強度で評価する方法や，部材と同等の温度履歴を与えることができる養生槽内または温度履歴を追従できる装置内で養生した円柱供試体の圧縮強度で評価する方法などがあるので，施工者が必要と判断する方法で行うことなども示されている．

なお，早期材齢における圧縮強度によって，コンクリートの管理を行う場合には，以下のような手順で行うとよい．

① 早期材齢の圧縮強度を用いて管理を行う場合，あらかじめ早期材齢の圧縮強度と材齢28日の圧縮強度との相関関係を求めておくか，あるいは必要に応じて材齢28日の圧縮強度試験も行ってコンクリートの品質が所要の品質を満足していることを確かめておくことが必要である．

② 早期材齢としては一般に材齢7日あるいは3日が望ましい．ただし，これらの材齢における圧縮強度は成形後の供試体温度，養生温度の変動によって試験値が影

響を受けるので注意が必要である.

③ 圧縮強度の試験値は，一般の場合，同一バッチからとった供試体3個以上の圧縮強度の平均値とする.

④ 試験の回数は工事の初期にはなるべく多くし，コンクリートの作業が順調に進むようになるにつれて，これを減じるようにする．一般の場合，1日に打込むコンクリートごとに少なくとも1回，または構造物の重要度と工事の規模に応じて，連続して打込むコンクリートの20〜150 m^2 ごとに1回の試験値が得られるようにする.

● **水セメント比によるコンクリートの管理**

① フレッシュコンクリートを分析して水セメント比を知る方法は，ほかの方法に比べて最も早くコンクリートの品質の程度を知り得る方法である．使用材料に変化がなく，コンシステンシーも普通の変動の範囲内であれば，事前に求めたセメント水比またはセメント空隙比と圧縮強度との関係から材齢28日の圧縮強度を推定して管理を進めることができる.

② フレッシュコンクリートの試験方法としては次のような方法がある.

- JIS A 1112「フレッシュコンクリートの洗い分析試験方法」
- 比重計法：モルタルを水で薄めた液の比重を測定し，セメント量を求める方法
- 反応熱法：セメントと塩酸との接触により反応熱が生じるので，その上昇温度を測定して液中のセメント量を知る方法
- 炎光分析法：セメントのカルシウム分を炎光分析により測定し，セメント量を求める方法

③ 以上の諸方法に関しては，日本コンクリート工学協会「コンクリート品質の早期判定方法」が参考になる.

6.6.4　品質検査

① 構造物に打込まれたコンクリートが所要の品質を有するかどうかを判断するには，既往の工事の経験，工程の管理の資料，工事中に行ったスランプ，空気量，供試体による圧縮強度の試験値などを用いる．圧縮強度の試験値から品質の判定を行うには，抜取検査の方法を準用する.

② 抜取検査には種々の型があるが，コンクリートの圧縮強度による検査には，計量規準型1回抜取検査または計数規準型抜取検査が準用できる.

③ 計量抜取検査では品質を特性値で表し，計数抜取検査では品質を不良個数または欠点数で表す.

④ 圧縮強度の試験により品質の合否を決める場合の許容限界に関して，土木学会コン

クリート標準示方書では，一般の場合について設計基準強度を下回る確率が5%以下であることを規定している．

⑤ 計量抜取検査では，平均強度が④に示した許容限界以上であることを，適当な危険率で推定できれば，コンクリートは所要の品質を有しているものと考えてよい．この点を考慮し，たとえば，JIS A 5308「レディーミクストコンクリート」では，レディーミクストコンクリートの強度は，以下の2点を満足したものでなければならないとしている．

- 1回の試験結果は，購入者が指定した呼び強度の強度値の85 %以上でなければならない．
- 3回の試験結果の平均値は，購入者が指定した呼び強度の強度値以上でなければならない．

⑥ 試験の結果から，コンクリートが所要の品質を満足しているかどうかを検討し，必要に応じて次の処置をとる．

- 所要の品質のコンクリートが得られていることが疑わしい場合には，コンクリートの配合強度を高め，材料，計量設備，練混ぜ方法，運搬方法などを改善して，それ以降に所要の条件に適合しないコンクリートができないようにする必要がある．また，そのコンクリートを使用した構造物またはその部材について，コアによる試験，非破壊試験，載荷試験などを行って，構造物に使用したコンクリートの品質を確かめ，必要があれば構造物のコンクリートの養生期間を延長するなどの処置をとらなければならない．
- 所要の品質のコンクリートが得られていないと考えられる場合には，その原因をよく確かめ，これに応じる処置をとる必要がある．すなわち，このような場合は一般に，材料に欠陥がある場合，配合の決め方が適当でない場合，製造過程の状態が予想以上に悪い場合，供試体の製作方法が悪い場合，試験方法に誤りがある場合などのいずれかである．試験結果をよく検討して原因が供試体の製作や試験方法の不良にあるのではないことが確かめられれば，原因に応じて配合強度を増すとか，材料，計量設備，練混ぜ方法などを改善してコンクリートの品質の変動を小さくする必要がある．

演習問題

6.1 骨材の取り扱いおよび貯蔵について，その注意事項を述べよ．

6.2 ミキサーの練混ぜ性能を試験する方法について述べよ．

6.3 JIS A 5308「レディーミクストコンクリート」によれば，荷卸し地点において試験すべきコンクリートの品質が定められている．この理由を述べよ．また，これらの確認の規準を示せ．

6.4 JIS A 5308 における呼び強度について説明せよ．

6.5 次に示す品質管理試験のうち，試験頻度が最も少なくてよいものはどれかを答えよ．

① 骨材のふるい分け試験　② 骨材の安定性試験　③ スランプ試験

④ 空気量試験　⑤ 圧縮強度試験

第7章　施　工

7.1　概　説

7.1.1　コンクリート構造物の施工にあたっての留意事項

① 所要の強度，耐久性，水密性のコンクリートとなるような施工を行うためには，次の点に留意する必要がある．

- 使用材料の管理
- 材料の正確な計量とその均一な混合
- 分離の少ない方法による運搬と打込み
- 入念な締固め
- 十分な養生

② 所定の位置に，設計図に示された形状・寸法の構造物をつくるためには，次の点に留意する必要がある．

- 型枠が，設計図が示すように組立てられているか否かを点検する．
- コンクリートの打込みによって変形が生じないような型枠・支保工を用いる．

③ 鉄筋コンクリートでは次の点に留意する．

- 設計図が示すように鉄筋が配筋されているか否かを点検する．
- 設計図が示されているかぶりが確保されているか否かを点検する．

7.1.2　コンクリートの生産形態と構造物の施工

わが国におけるコンクリート構造物の建設は，図 7.1 に示すように 3 つの異なる生産形態によって製造されたフレッシュコンクリートまたは成形品を用いて行われている．また，使用材料と配合が決定し，材料が供給された状態からのフレッシュコンクリートの製造・施工の手順を図 7.2 に示す．

コンクリート構造物は，いったんコンクリートを打込んでしまうと，品質の確認が困難である．品質に異常があることが判明した場合でも，これを取り壊すことは簡単ではない．したがって，図 7.2 の各施工段階を通じて，十分な注意を払って施工することが極めて大切である．

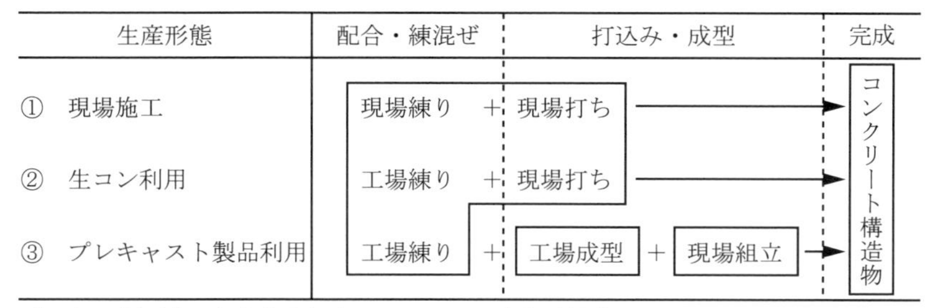

（日本工業標準調査会土木部会コンクリート専門委員会：コンクリート分野の標準化計画案に関する報告書）

図 7.1　コンクリートの生産形態と構造物の施工

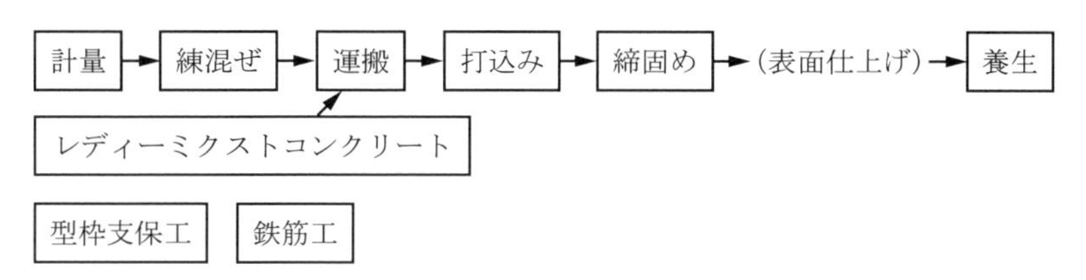

図 7.2　製造・施工の順序

7.2　運　搬

7.2.1　一　般

① コンクリートの運搬は，材料分離，スランプおよび空気量の減少ができる限り少ない方法で速やかに行う．

② コンリートの運搬方法は，表 7.1 に示すように，コンクリートプラントから工事現場までの輸送と，現場内における打込み箇所までの運搬に大別される．それぞれについて，いずれの方法を採用するかは，工事の種類，工期，規模，経済性などを検討して決める．

7.2.2　運搬車

① コンリートの運搬車は，荷卸しが容易なものでなければならない．

② 運搬距離が長い場合には，トラックアジテータやトラックミキサーを用いる．

③ 硬練りのコンクリートを短い区間だけ運搬する場合には，普通のダンプトラックが使用される．

表 7.1　コンクリートの各種運搬方法

分類	運搬機械		運搬方向	運搬時間 運搬距離	運搬量 [m^3]	動力	適用範囲	備考
プラントから現場までの運搬	運搬車	トラックミキサー	水平		1.0〜6/台	エンジン	長距離	ミキサー装備
		トラックアジテータ ダンプトラック ホッパー積載トラック		10〜90 [分]			中距離	–
現場内における運搬		コンクリートバケット	水平 垂直	10〜50 [m]	0.5〜1.0/回	クレーン	一般的	分離が少なく場内運搬に適する
		コンクリートタワー	垂直	50〜120 [m]	0.2〜0.6/回	電動機	高所運搬	水平方向をカート・ポンプ・ベルトコンベヤなどとの組み合わせ方法がある
		カート	水平	10〜60 [m]	0.05〜0.2/台	人力	小規模工事 特殊工事	振動しないカート道が必要
		コンクリートポンプ	水平 垂直	300[m] 90[m]	30〜100/h	エンジン	高所 長距離	使用機種を選び打設速度に注意すれば硬練りにも使用できる
		ベルトコンベヤ	ほぼ水平	5〜100 [m]	10〜50/h	電動機	硬練り用	やや分離が生じる
		シュート	垂直 斜め下	5〜30 [m]	10〜50/h	重力	地下構造物 補助手段	軟練りによいが分離を生じやすい

7.2.3　バケット

① ミキサーから排出されるコンクリートをバケット（図 7.3）に収納し，ただちに打込み場所に運搬する方法は，材料分離が少ない最も優れた運搬方法である．

② バケットの運搬には，トラック，軌道，ケーブルクレーン，ジブクレーンなどが用いられるが，特に，クレーンで運搬する方法は，コンクリートに振動を与えることが少ない，コンクリートを鉛直，水平のいずれかの方向にも運搬できるという利点がある．

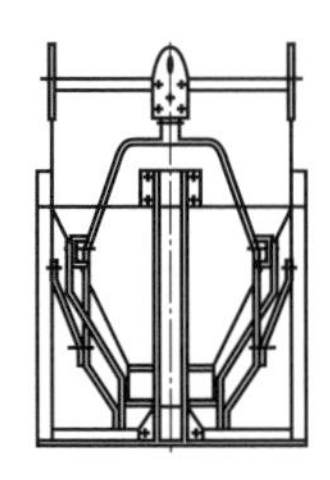
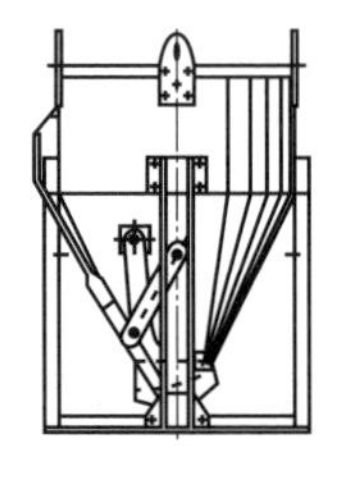

図 7.3　コンクリートバケットの一例

③ バケットの容量は1バッチまたはその整数倍の容積にしておくと便利である．一般の工事では，0.5〜1.5 m^3，ダム工事では3〜6 m^3 の容量のものが使用される．

7.2.4 コンクリートポンプ

(1) 概　要　コンクリートを圧送管またはホースを通して機械的に連続して送り出す装置をコンクリートポンプという．大量のコンクリートを打設現場内の狭い箇所にも自由に搬送できるので，現場内におけるコンクリートの一般的な運搬手段になっている．

(2) 種　類　駆動方式によりピストン式とスクイズ式に大別され，移動方式により定置式と車両搭載式に分類される．車両搭載式のコンクリートポンプをポンプ車と呼ぶ．一般には，圧送管を車両本体とは別に継手を設けて配管するが，ポンプ車にブームを取り付けて圧送管を固定したブーム車は，配管作業が不要なので使用例が増加している．

① ピストン式：図7.4に作動原理を示すように，ピストンの往復運動によってコンクリートを送り出す方式である．当初は電動機の回転運動をクランク機構によって往復運動に変換する機械式（図7.4）が主流であったが，最近では液圧駆動のものが多くなっている．

② スクイズ式：図7.5に示すように，内部が真空の円型のドラムの中を回転するゴム製のローラーによって，可撓性のチューブをドラム内側のゴムパッドに押し付け，チューブ内のコンクリートを絞り出す方式である．

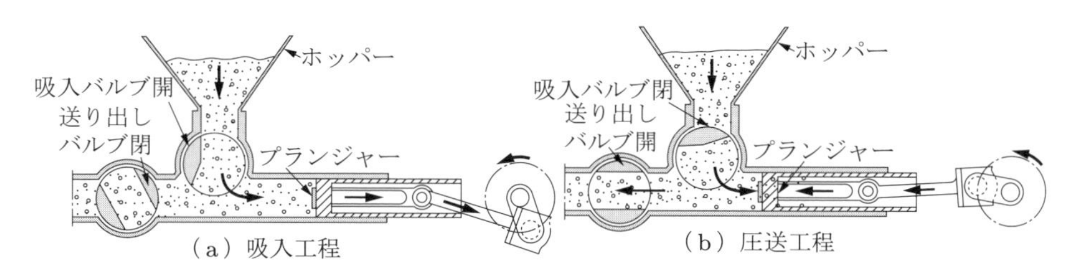

図 7.4　ピストン式ポンプ（機械式）

(3) 性　能　単位時間あたりの吐出量，圧送可能な距離が性能の目安になる．これらは，圧送するコンクリートの品質，圧送管の口径，圧送経路によって相当に異なる．一般的には，最大の吐出量が1時間あたり60 m^3 程度，最大の圧送距離が水平で300 m 程度と考えてよい．ただし，圧送管を水平に90° だけ曲げた場合には，圧送距離にして6 m の損失があり，鉛直方向の1 m は水平方向の3〜5 m に相当する．

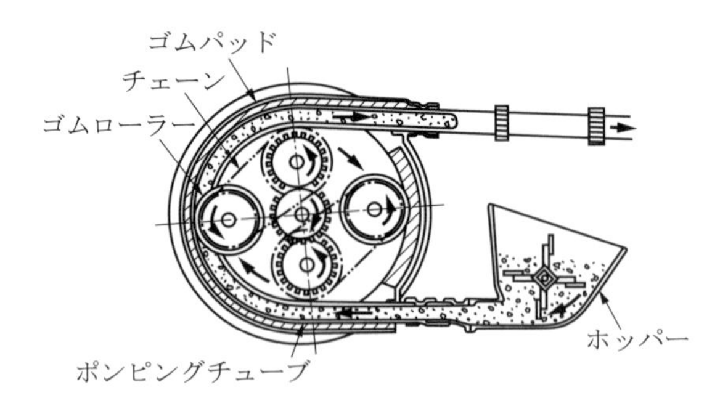

図 7.5　スクイズ式ポンプ [図解コンクリート用語辞典，山海堂]

(4) 圧送可能なコンクリートとスランプの低下

① 普通の骨材を用いたコンクリートでは，スランプが 8～15 cm の範囲が圧送に適している.

② コンクリートは圧送によりスランプが低下する．その割合は圧送距離 100 m あたり 1 cm 程度である.

(5) 圧送で考慮が必要なコンクリート　圧送で考慮が必要なコンクリートまたは施工・環境条件としては，以下のものがある.

① 単位セメント量が 270 kg/m^3 程度未満の貧配合あるいは 350 kg/m^3 程度を超える富配合のコンクリート

② 圧送前のスランプが 8 cm 未満のコンクリート

③ 流動化剤または高性能 AE 減水剤を用いたコンクリート

④ 寒中コンクリートや暑中コンクリートに該当する環境下で施工するコンクリート

⑤ 高所または低所への圧送，および長距離の圧送．特に，水平換算距離で 150 m を超える圧送

⑥ 軽量骨材コンクリート，高強度コンクリート，高流動コンクリート，短繊維補強コンクリート，水中コンクリート，吹付けコンクリートの圧送

7.2.5　コンクリートプレーサ

圧力容器内のコンクリートを圧縮空気により輸送管を通して送り出す装置である(図 7.6)．主にトンネル覆工などの狭い空間におけるコンクリートの打込みに用いられる．圧送能力は 25～35 m^3/h であり，輸送距離は水平距離換算で 150～200 m である.

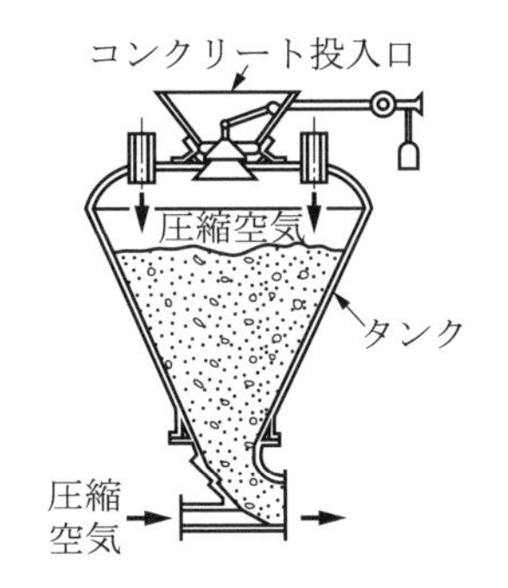

図 7.6 コンクリートプレーサ

7.2.6 ベルトコンベヤ

比較的硬練りのコンクリートを連続的に運搬するのに便利である．しかし，運搬距離が長い場合には日光や空気にさらされて，コンクリートが乾燥したり，スランプが変化したりするので，コンベヤを適当な位置に配置し，コンベヤに覆いを設けるなどの処置を講じる必要がある．また，コンベヤの終端にはコンクリートの分離を防ぐための設備，たとえばバッフルプレートおよび漏斗管を設けることが必要である(図 7.7)．

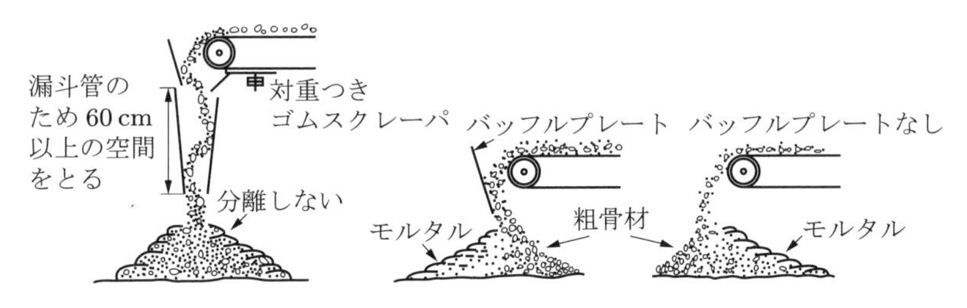

図 7.7 ベルトコンベヤ末端におけるコンクリートの分離防止法

7.2.7 シュート

縦シュートと斜めシュートがある．縦シュートはコンクリートを高いところから下ろす場合で，バケットを使用できない場合に用いられる．斜めシュートはコンクリートの分離を生じやすく，また流下をよくするために水量を増してスランプの大きいコンクリートを使用しがちであるなど不都合な点が多いので，なるべく使用しない方がよい．やむを得ず，斜めシュートを用いるときは，全長にわたって一様な傾きとし，一般に水平 2 に対して鉛直 1 程度とする．シュートの吐き口にはバッフルプレートと漏斗管を設けて材料分離を防ぐようにし，漏斗管の下端はできるだけコンクリートの打込み面近くに保つ必要がある．また，コンクリートが 1 箇所に集まると，コンクリートの横移動が必要になったり，材料分離を生じたりする可能性があるため，コン

図 7.8　シュート末端におけるコンクリートの分離防止法

クリートの投入口の間隔，投入順序などを検討する必要がある（図 7.8）.

7.3　打込み

7.3.1　打込みのための準備

① 設計図による点検：コンクリートの打込み前に，鉄筋，型枠，その他の埋設物などが設計どおりに配置されていること，これらが打込み作業を阻害しないこと，また，打込み中のコンクリートの圧力などによって移動する恐れがないことを確認しておく.

② 設備・人員の点検：運搬装置，打込み設備，人員などがあらかじめ立てた打込み計画に十分合致しているか否かを確認しておく.

③ 清掃および型枠の吸湿：運搬装置，打込み設備，型枠を清掃してコンクリート中に雑物の混入を防止する．型枠面などのコンクリートと接して吸水する恐れのある面はあらかじめ吸湿させておく.

④ 水の処理：根掘り内の水は打込み前にこれを除いておく．打込んだコンクリートが十分硬化するまで，根掘り内に流入する水がコンクリートに接触しないような処置を講じておく.

⑤ ならしコンクリート：コンクリートを直接地面に打込む場合には，あらかじめ，ならしコンクリートを敷いておく.

7.3.2　打込み作業

(1) 概　要　コンクリートの打込みは，材料分離をできる限り少なくし，また打込み後の構造物に施工上の欠陥を形成しないように行う必要がある．そのためには，以下のような点に留意する必要がある.

(2) 打込み中における材料分離を防止するための留意事項

① バケットやホッパーなどからコンクリートを鉛直に打込む場合，一般にこれらの吐き口から打込み面までの高さは 1.5 m 以内とする.

② 壁などのように型枠の高さが大きい場合に，上からコンクリートを投下すると，コンクリートが型枠や鉄筋に衝突して分離を生じやすい．このような場合には型

枠の適当な場所に投入口を設けるか，または縦シュートを用いてコンクリートを打込む（図 7.9）.

③ コンクリートは，型枠内に投入したあと，ふたたび横方向に移動させないようにして打込む．このためには，なるべく目的の位置に近い場所にコンクリートを打込む必要がある.

④ コンクリートはその表面が一区画内でほぼ水平になるように打込む.

⑤ コンクリートの打込み中に表面に浮かび出たブリーディング水は，これを取り除いてから，コンクリートを打込まなければならない.

⑥ コンクリートの打込み中に，粗骨材が分離してモルタルのまわらない部分ができた場合には，この粗骨材をモルタル分の多いコンクリート中に埋め込んで十分に締固める.

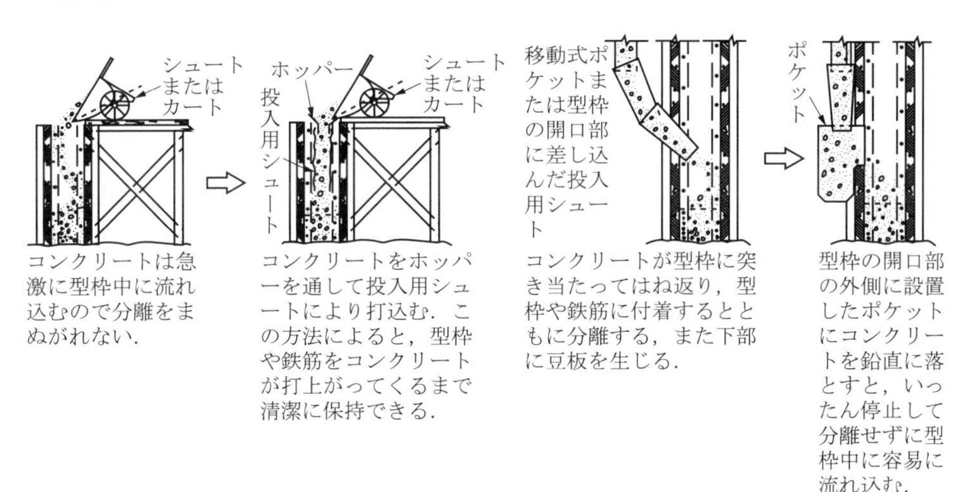

図 7.9 深くて狭い型枠にコンクリートを打込む方法

(3) 打込み後の材料分離を防止するための留意事項

① コンクリート打込みの 1 層の高さは，内部振動機による締固めを前提とした場合，40～50 cm 以下を標準とする.

② 柱や壁のように高さの大きいコンクリートを連続して打込む場合には，コンクリートの打上りにともなって水が分離して上昇し，上部のコンクリートの品質が低下したり，鉄筋の下面に水がたまってコンクリートとの付着を害したりする恐れがある．このような場合には，コンクリートの打込み速度を遅くする.

③ コンクリートの打込み速度は，一般の場合，30 分に 1.0～1.5 m 程度とするのがよい.

(4) 接合不良やひび割れなどの不連続部分の発生を防止するための留意事項

① 一区画内のコンクリートは，計画した打継目以外では，打込みが終了するまで連続して打込まなければならない．

② 床版などの広い面積にコンクリートを打込む場合には，端から中央に向かって打込む．

③ 傾斜面のコンクリートを打込むときは，低い方から打込む（図7.10）．

④ 張出し部をもつ構造物のコンクリート，スラブ，はりのコンクリートが壁，柱のコンクリートと連続している構造物では，断面の異なるそれぞれの部分でコンクリートの沈下量に差がある．このような場合，一度にコンクリートを打込むと断面の変わる境界面にひび割れを生じやすい．これを避けるためには，まず壁または柱のコンクリートを打込んだあと，1〜2時間経過してコンクリートの沈下がほぼ終わってから，はり，スラブ，張出し部分などのコンクリートを打込む（図7.11）．

⑤ コンクリートを2層以上に分けて打込む場合，上層と下層が一体となるように施工しなければならない．また，コールドジョイントが発生しないように，施工区画の面積，コンクリートの供給能力，打重ね時間間隔などを定めなければならない．許容打重ね時間間隔は，表7.2を標準とする．

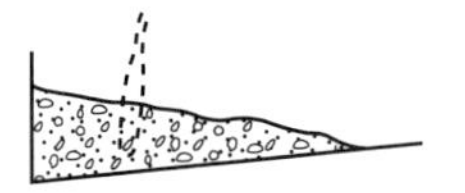

傾斜面では下方から打ち始める．新しく打ったコンクリートの重みで締固められる．振幅でよく締まる．

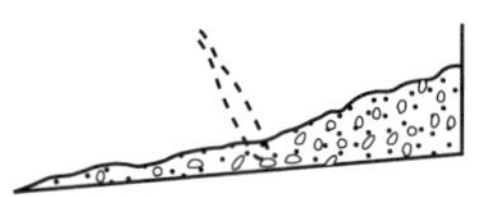

斜面の上方から始めると上方のコンクリートは，特に下方で振動機をかけると流れ始め，支えを失った状態となってコンクリートは引きちぎられる傾向を示す．

図 7.10　傾斜面におけるコンクリートの打込み方法

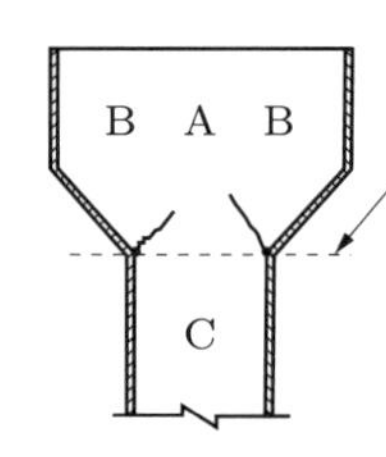

ここでいったんコンクリート打ちを中止し，約2時間後にA，B部分を打込む．連続して打込むとA，B部分の沈下の差によってひび割れを生じる．

図 7.11　張出し部分の構造物のコンクリートの打込み方法

表 7.2　許容打重ね時間間隔の標準

外気温 [℃]	許容打重ね時間間隔 [時間]
25以下	2.5
25を超える	2.0

7.3.3　打足し

多少固まり始めたコンクリートの上に新コンクリートを打込むことを打足しという．多少固まり始めたコンクリートとは，振動機をかけた場合，ふたたび流動する状態になるコンクリートをいう．このような場合，上層のコンクリートを締固める際に，振動機を下層のコンクリート中に適当な深さまで差し込んで再振動し，これを狭い間隔で行えば，上・下層を一体化させることができる．

7.4　締固め

7.4.1　一　般

① コンクリートは打込み直後に十分に締固めて，気泡や空隙の少ない密実なコンクリートにすると同時に，鉄筋の周囲および型枠のすみずみにまで十分いきわたるようにしなければならない．

② 現場のコンクリート締固めは，内部振動機を用いる振動締固めによって行うのが原則である．

③ 硬練りコンクリートの強度，水密性，耐久性は，材料や配合以外に締固め方法とその程度によって大きく左右されるので，特に締固めには注意が必要である．

7.4.2　振動機

(1) 種　類　次の3種に大別される．

① 内部振動機：コンクリート中に直接差し込んで締固めるもので，一般には棒形のものが使用されている．JIS A 8610「コンクリート棒形振動機」では，振動部に直接原動機が付いた直結形と，原動機と振動機がフレキシブルシャフトによって連結されたフレキシブル形が規定されている．

② 型枠振動機：型枠の外部から振動を与えて内部のコンクリートを締固めるもので，トンネルのライニングや高い壁などのようにコンクリートを内部振動機によって締固めることが困難な場合に用いられる．JIS A 8611「コンクリート型枠振動機」では，型枠に取り付けて使用する取り付け型と，手で持って型枠に押しつけて用いる手持ち型が規定されているが，前者が多く使用されている．

③ 表面振動機：コンクリート舗装のように，薄く広がりをもったコンクリートを表面から振動を与えて締固めるものである．一般に，コンクリート舗装用のフィニッシャーのように表面仕上げ機に組み込まれているものが多い．

(2) 性　能　振動機の性能は，主として振動数によって決まる．JISでは振動数に関し，棒形振動機で8000 rpm以上（ただし，誘導電動機直結の場合は7000 rpm以上），型枠振動機で3000 rpm以上と規定されている．振動機の性能は定期的に検査する必要がある．性能試験については上記の JIS にその方法が規定されている．

7.4.3　振動締固め

① 振動機の形式，大きさ，数は，1 回に締固めるコンクリートの全容積を十分に振動締固めするのに適するものであることが必要である．1 台の内部振動機で締固められるコンクリートの容積は現場の状況で異なるが，一般に小型のもので 1 時間に 4〜8 m^3，2 人で扱う大型のもので 30 m^3 程度である．

② 内部振動機はなるべく鉛直に一様な間隔でコンクリートに差し込むことが必要である．その間隔は一般に 50 cm 以下とすればよい．振動の有効半径は振動数が一定の場合，振動時間とコンクリートのコンシステンシーによって左右される．上記の間隔で中練りコンクリートを有効に締固めるための締固め時間は，1 箇所あたり 10〜20 秒が適当である（表 7.3）．

③ 振動機は前の層のコンクリート中に 10 cm 程度入り込むくらい差し込むことが必要である．振動機は徐々に引き抜き，あとに穴が残らないようにする．

④ 振動機で型枠内のコンクリートを横方向に移動させてはならない．

⑤ 振動締固めの不足より，むしろ過度の振動を与えた方が失敗が少ない．

表 7.3　コンクリートのスランプと，振動時間あるいは振動有効半径の関係

スランプ [cm]	0〜3	4〜7	8〜12	13〜17	18〜20	20 以上
振動時間 [s]	22〜28	17〜22	13〜17	10〜13	7〜10	5〜7
振動有効半径 [cm]	25	25〜30		30〜35	35〜40	

7.4.4　再振動

コンクリートをいったん締固めたあと，適切な時期にふたたび振動を加えることを再振動という．再振動を適切な時期に行うと，コンクリートがふたたび流動性を帯びて空隙や余剰水が少なくなり，コンクリート強度および鉄筋との付着強度の増加，沈下収縮の防止などに効果がある．再振動を行う適切な時期は，再振動によってコンクリートの締固めが可能な範囲でできるだけ遅い時期がよい．ただし，振動の影響が，すでに凝結を始めたコンクリート内の鉄筋に伝達されて，その周辺のコンクリートに損傷を与えないように注意しなければならない．また，再振動を行うと，側圧が大きくなる場合があるので，型枠は，あらかじめ再振動を想定した設計を行っておく必要がある．

7.5 養 生

7.5.1 一 般

① コンクリートの打込み後の一定期間を硬化に必要な温度および湿度に保ち，さらに有害な作用を受けないように保護することを養生という．

② 養生として，湿潤養生，温度制御養生，有害な作用に対する保護を行う．土木学会コンクリート標準示方書では，これらの養生の基本を表 7.4 のように取りまとめて示している．

表 7.4 養生の基本

目 的	対 象	対 策	具体的な手段
湿潤状態に保つ	コンクリート全般	給水	湛水，散水，湿布，養生マットなど
		水分逸散抑制	せき板存置，シート・フィルム被覆，膜養生剤など
温度を制御する	暑中コンクリート	昇温抑制	散水，日覆いなど
	寒中コンクリート	給熱	電熱マット，ジェットヒータなど
		保温	断熱性の高いせき板，断熱材など
	マスコンクリート	冷却	パイプクーリングなど
		保温	断熱性の高いせき板，断熱材など
	工場製品	給熱	蒸気，オートクレーブなど
有害な作用に対して保護する	コンクリート全般	防護	防護シート，せき板存置など
	海洋コンクリート	遮断	せき板存置など

7.5.2 湿潤養生

① コンクリートの打込み後，一定期間コンクリートを湿潤状態に保つ養生を湿潤養生という．

② 養生はコンクリートの打込み直後から始まる．打ち終わったコンクリートの表面はただちにシートなどで覆い，湿潤養生を開始できる状態になるまでの間，日光の直射，風，にわか雨などを防がなければならない．これを初期養生という．

③ 湿潤養生としては，養生用マットや湿布，湿砂などでコンクリート表面を覆う方法，散水または湛水によって外部から水を供給する方法，打込み後のコンクリート表面に膜のできる養生剤を散布して保有水分の蒸発を防ぐ膜養生などがある．

④ 養生用マットなどを用いる養生方法は，適時散水して絶えず湿潤状態にしておく必要がある．この種の養生は，打込み後，コンクリートの表面を荒らさずに作業ができる状態になったらただちに開始する．

⑤ 膜養生は，一般にコンクリート舗装や床版などの広い露出面積をもった構造物の

養生に用いられる．膜養生剤は，コンクリート表面の水光りが消えた直後に散布する．やむを得ず散布が遅れるときは，膜養生剤を散布するまでコンクリートの表面を湿潤状態に保っておく．

⑥ 土木学会コンクリート標準示方書では，普通ポルトランドセメント，混合セメントB種，早強ポルトランドセメントを用いる場合，それぞれについて，湿潤状態に保つ期間の標準を，表7.5のように規定している．

表 7.5　湿潤養生期間の標準日数

日平均気温 [℃]	普通ポルトランドセメント	混合セメントB種	早強ポルトランドセメント
15以上	5日	7日	3日
10以上	7日	9日	4日
5以上	9日	12日	5日

7.5.3　温度制御養生

① 打込み後，一定期間コンクリートの温度を制御する養生を温度制御養生という．

② 気温が著しく低い場合には，セメントの水和反応が阻害され，強度発現が遅れたり，初期凍害を受ける恐れがある．必要な温度条件を保つために給熱または保温による温度制御を一定期間行う必要がある．日平均気温4℃以下になる場合には寒中コンクリート（7.10節）として扱う必要がある．

③ 気温が著しく高い場合には，初期強度が促進されるが，長期強度の伸びが小さく，耐久性も低下する．日平均気温25℃以上になる場合は，暑中コンクリート（7.11節）として扱う必要がある．

④ 部材寸法が大きく，セメントの水和反応による発熱で温度上昇が大きくなる場合または部材内の温度差が大きくなることが予想される場合には，温度応力によるひび割れが発生する恐れがあるので，パイプクーリングや表面保温またはこれらを併用し，コンクリートの温度や温度差を制御する必要がある．

⑤ コンクリートの硬化を促進する目的で，蒸気養生，給熱養生，その他の促進養生を行う場合には，コンクリートに悪影響を及ぼさないように，養生開始時期，温度の上昇速度，冷却速度，養生温度，養生期間などを適切に定める必要がある．

7.6　継　目

7.6.1　一　般

継目は構造物の強度，耐久性，外観に大きい影響を与える．継目の施工をおろそかにすると構造物の弱点となり，特に地震時にはその崩壊を引き起こすこともつながる．継目は一般に打継目と伸縮継目に大別される．

7.6.2　打継目

(1) 概　要

① コンクリートを複数回に分けて施工するときに生じる継目のことで，その方向により，水平打継目と鉛直打継目とがある．

② コンクリートは構造物が一体となるようになるべく連続して打込むことが望ましいが，実際には型枠の側圧，鉄筋の組立て，マスコンクリートの温度上昇，1日に打込むことが可能なコンクリート量などによる制限があるので，ある区画に分けてコンクリートを打込まなければならない．

(2) 打継目の位置および構造

① 打継目はできる限りせん断力の小さい位置に設け，打継面を部材の圧縮力を受ける方向と直角にするのが原則である．たとえば，床版やはりではスパンの中央近くで鉛直方向に設ける．

② やむを得ず，せん断力の大きい位置に打継目を設ける場合には，打継目に，ほぞまたは溝の凸凹を設けてせん断力に抵抗させるか，適当な鋼材を差し込むなどの方法で補強する（図 7.12）．

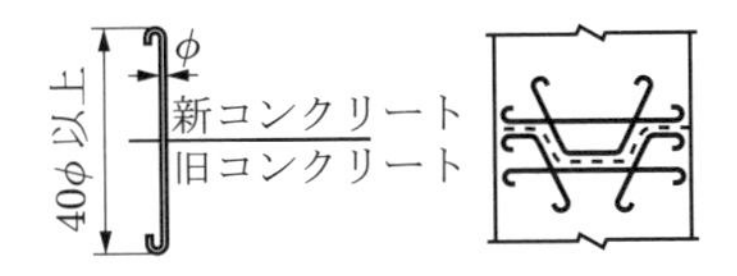

図 7.12　せん断力の大きい位置に設ける打継目

7.6.3　水平打継目の施工

① 旧コンクリートの表面のレイタンス，品質の悪いコンクリート，ゆるんだ骨材，その他新しいコンクリート構造物との付着を害するものを完全に取り除き，十分に吸水させる．

② 旧コンクリートの打継面の処理方法には，硬化前処理方法と硬化後処理方法ならびにこれらの併用方法とがある．

(1) 硬化前処理方法　旧コンクリートが固まる前に，高圧の空気および水でコンクリート表面の薄い層を除去し，粗骨材粒を露出させる方法である．この方法はコンクリートを打込んでから適当な時間（レイタンスは除去できる程度にやわらかいが骨材がゆるむことのない程度に硬化している時期）に行えば効果的でしかも経済的であるが，処理の時期を誤るとコンクリートを害したり，新コンクリートを打込むまで処理面を保護する必要があったりするなどの難点もある．

(2) 硬化後処理方法　旧コンクリートが完全に硬化したあとで行われる処理方法で，この場合には湿砂吹付け（サンドブラスト）を行ったあとに水で洗浄する方法がとられる．比較的狭い処理面では，水をかけながらワイヤーブラシで十分にこすって粗にする方法が行われる．最近は鋼材のさび落としなどに用いられていたショットブラスト処理も行われている．

① 処理された旧コンクリート面は十分に吸水させておき，新コンクリートを打込む前にセメントペーストを塗るか，またはモルタル（コンクリート中のモルタルと同配合）を敷いてただちにコンクリートを打込み，旧コンクリートと密着するように締固める．モルタルを敷く厚さは一般に 15 mm 位が適当である．

② 新しいコンクリートを打込む前に型枠を締直し，打継目に段違いなどが生じないようにする．

(3) 逆打ち工法

① あらかじめ地中深く固定された鉄骨や鋼管を支柱として，周囲を掘削しながらコンクリートを下方に打継いでいく工法を逆打ち工法という．

② この場合，打継目は常に旧コンクリートの下面になり，その下に打継がれる新コンクリートのブリーディング水や沈下のために，打継目は密着しない．そのために，図 7.13 に示すような直接法，注入法，充てん法と呼ばれる施工方法が用いられる．

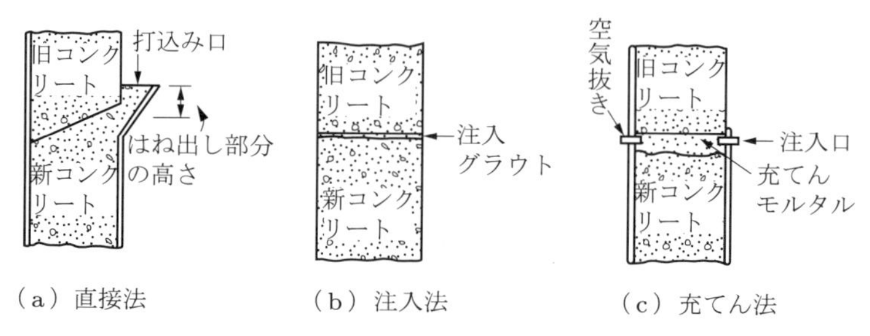

図 7.13　逆打ちコンクリートの打継ぎ [土木学会コンクリート標準示方書]

7.6.4 鉛直打継目の施工

① 旧コンクリートの表面は湿砂吹付けなどによってこれを粗にし，十分吸水させたあとにセメントペーストまたはモルタルを塗り，ただちに新しいコンクリートを打継ぎ，締固める．

② 新しいコンクリートの打継面には分離した水が集まる傾向があるので，打継ぎ後，コンクリートが振動によってふたたびプラスチック（やわらかみを帯びる状態）になる範囲でなるべく遅い時期に再振動締固めを行えば，分離した水を追い出して満足な打継目をつくることができる．

7.6.5 アーチの打継目

① アーチの打継目はアーチ軸に直角となるように設ける．

② アーチの幅が広いときはスパン方向の鉛直打継目を設けてもよい．ただし，この場合の打継目は一方のスプリンギング* から他方のスプリンギングまで通す必要がある．

7.6.6 合成樹脂による新旧コンクリートの打継ぎ接着

① 防潮堤または護岸堤防のかさ上げ工事などにともなう新旧コンクリートの打継ぎ施工では，打継面の強度や水密性が特に要求されるが，このような場合には打継面にエポキシ樹脂接着剤を使用してコンクリートを打継ぐと効果的である．

② 接着剤として用いるエポキシ樹脂は，湿潤接着用（一般に硬化剤として水分の影響を受けることの少ないものを用いている）のものであることが必要である．

③ 表 7.6 は，新旧コンクリートの打継ぎ接着強度に及ぼすエポキシ樹脂接着剤の効

表 7.6 エポキシ樹脂による新旧コンクリートの打継ぎ接着効果

新しいコンクリートの材齢 [週]	接着剤を用いない場合の曲げ強度 [N/mm^2]	接着剤を用いたコンクリートの曲げ強度 [N/mm^2]	備 考
1	1.21	3.17	旧コンクリート／新コンクリート（図）接着剤
2	1.82	3.37	
3	2.28	3.78	旧コンクリートの曲げ強度は 3.92 N/mm^2

* スプリンギング（springing）とは，アーチの始まる点（支点）のことである．日本語では「起拱点」ともいう．

果を示したものである．

④ 打継ぎ施工にあたっては，旧コンクリート面は高圧水ジェット，酸処理などによって完全に弱い部分や不純物を取り除き，十分に乾燥したのちにブラシなどを用いて接着剤を塗布する．新しいコンクリートは接着剤が硬化し始める前に打込む．

⑤ 施工はエポキシ樹脂とコンクリートとの接着に関する知識がないと失敗することが多いので，専門の施工業者と打ち合わせて実施する必要がある．

7.6.7　伸縮継目

(1) 概　要　鉄筋コンクリート構造物やコンクリート舗装において，構造物あるいは部材を所定の間隔で区切り，膨張や収縮によるひび割れを防止，低減するために設けられる伸縮可能な継目をいう．

(2) 伸縮継目と構造物の絶縁

① 伸縮継目では相接する構造物あるいは部材が絶縁されている必要がある．

② 構造物の種類や設置場所によっては，コンクリートだけを絶縁し，鉄筋を通す場合がある．

③ 完全に絶縁した伸縮継目で，伸縮継目に段違いが生じる恐れがある場所には，ほぞ，または溝をつくるか，ダウエルバーを設ける（図 7.14）．

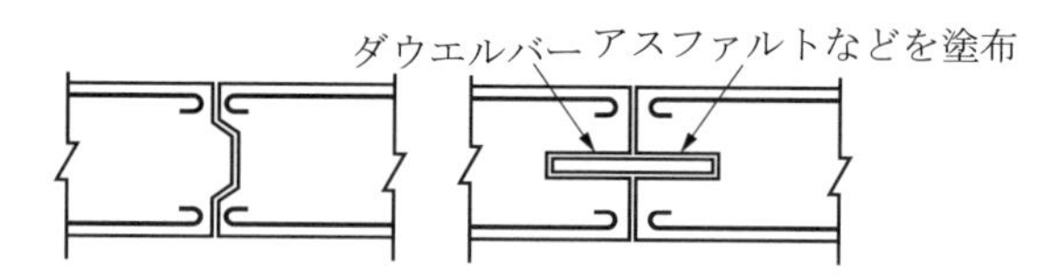

図 7.14　完全に絶縁した伸縮継目で段違いの生じる恐れがある場合の継目の構造

(3) 継目の間隔　継目の間隔は構造物の種類，断面，継目構造などによって異なるが，一般には薄い壁の場合 6〜9 m，暑い壁では 15〜18 m の間隔に設けている．継目の幅は 1〜3 cm のものが多い．

(4) 目地材　伸縮継目の間隔には土砂その他の入り込む恐れがあるので目地材が用いられる．目地材としては，アスファルト系，ゴム発泡体系，樹脂発泡系などの目地板，シール材，充てん材が用いられている．特に，水密性を要する構造物の伸縮継目には適度な伸縮性をもった止水板が使用される．止水板としては，塩化ビニル製，ゴム製，金属製などが用いられている（図 7.15）．

7.6.8　ひび割れ誘発目地

(1) 概　要　コンクリート構造物の場合は，セメントの水和熱や外気温による温度変化，乾燥収縮など，外力以外の要因によっても変形が生じ，このような変形が拘

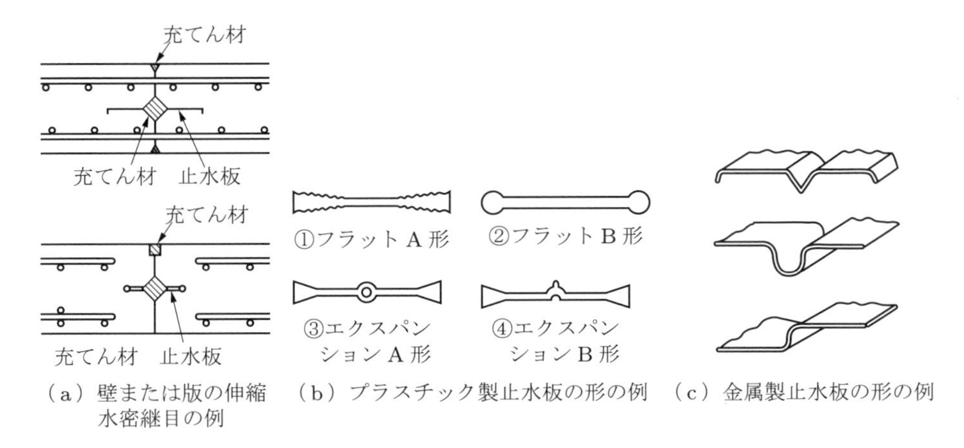

図 **7.15**　水密性を要する伸縮継目と止水板の例

束されるとひび割れが発生することがある．このため，あらかじめ定められた位置にひび割れを集中させる目的で断面欠損部を設け，ひび割れを人為的に生じさせる箇所を，ひび割れ誘発目地と呼ぶ．ただし，ひび割れ誘発目地を設ける場合には，誘発目地の間隔および断面欠損率を設定するとともに，目地部の鉄筋の腐食を防止する方法，所定のかぶりを保持する方法，目地に用いる充てん材の選定などについて十分な配慮が必要である．

(2) 継ぎ目の間隔　ひび割れ誘発目地の間隔はコンクリート部材の高さの 1～2 倍程度とし，断面欠損率を 50%程度以上とすることで確実にひび割れを誘発できる場合が多い．なお，断面欠損率は，両表面の溝状欠損部の深さと断面内に埋設して付着を切った部分の壁厚方向の幅の合計を元の壁厚で除した値である．

(3) 目地材　水密構造物にひび割れ誘発目地を設ける場合は，その位置にあらかじめ止水板を設置しておくなどの止水対策を施し，コンクリート欠損部にはシーリング材や樹脂モルタルなどを充てんする．

7.7　鉄筋工

7.7.1　鉄筋の加工

① 鉄筋の加工は設計図に示された形状寸法に正しく一致するように，鉄筋の種類に応じた適当な曲げ機械を用いて，その材質を害さないように行うことが必要である．

② 鉄筋は常温で加工するのが原則である．やむを得ず加熱をする場合には，熱間圧延によって製造した普通の鉄筋では加熱温度を 400～950 ℃とし，ゆっくりと冷却すれば有害ではないが，工事の現場では加熱温度や冷却速度の調節が困難であ

る．そこで，土木学会コンクリート標準示方書では，鉄筋を熱して加工するときは，あらかじめ材質を害さないことが確認された加工方法で，加工部の鉄筋温度を適切に管理して行うことが重要としている．

③ 設計図に鉄筋の曲げ半径が示されていないときには，表7.7に示した曲げ内半径以上で曲げなければならない．

④ 加工によってまっすぐにすることのできないような鉄筋は用いてはならない．

⑤ いったん曲げた鉄筋を曲げ戻すと材質を害する恐れがあるので，曲げ戻しは行わないようにする．

表 7.7 フックの曲げ内半径

種 類		曲げ内半径 r	
		フック	スターラップおよび帯鉄筋
普通丸鋼	SR 24	2.0ϕ	1.0ϕ
	SR 30	2.5ϕ	2.0ϕ
異形棒鋼	SD 35A, B	2.5ϕ	2.0ϕ
	SD 30	3.0ϕ	2.5ϕ
	SD 40	3.5ϕ	3.0ϕ
	SD 50	3.5ϕ	3.0ϕ

7.7.2 鉄筋の組立て

① 鉄筋は組立てる前に清掃し，浮きさび，泥，油など，鉄筋とコンクリートとの付着を害する恐れのあるものを除去する．

② 鉄筋は設計図に示されたとおりの正しい位置に固定し，コンクリートの打込みの際に移動しないように十分堅固に組立てることが必要である．鉄筋の組立て誤差の許容値は部材の寸法ならびに重要度，誤差の方向などによって異なるが，普通のスラブなどの場合では，かぶりおよび有効高さでは 5 mm 程度，折曲げ，定着，継手などの位置では 20 mm 程度である．鉄筋を正しい位置に固定するために組立て用鉄筋が用いられる．

③ 鉄筋が交差する要所は，直径 0.8 mm 以上の焼なまし鉄線または適当なクリップで緊結する必要がある．鉄線の代わりに点溶接を用いることがあるが，局部的加熱によって材質が害される恐れがあるので注意を要する．

④ 鉄筋とせき板との間隔を正しく保持させるために，モルタル製あるいはコンクリート製のスペーサーを使用しなければならない．ただし，はりの引張り側にモルタル塊を使用すると弱点になりやすいので注意を要する．

⑤ 鉄筋の組立てを終了した時点で，鉄筋の本数，直径を確認し，折曲げの位置，継

手の位置および長さ，相互の位置および間隔，型枠内での支持状態などを検査しなければならない．

⑥ 組立ててから長時間を経過した場合には，コンクリートを打つ前にふたたび組立て検査を実施し，また清掃する．

7.7.3　鉄筋の継手

鉄筋の継手は部材の弱点となりやすいので，設計では鉄筋の種類，直径，応力状態，継手位置などを考慮して継手を選定する．また，土木学会コンクリート標準示方書では鉄筋の継手を設けるときには，継手の位置と方法は次のような原則に従ってこれを定めると規定している．

① 継手位置は相互にずらし，一断面に集めない．

② 応力の大きい部分では，継手をできるだけ避ける．

7.8　型枠および支保工

7.8.1　概　説

① 型枠は，一般にコンクリートに接するせき板（面板）とこれを支持する，さん木（中横リブ，中継リブ），横ばた，縦ばた，緊結材（フォームタイまたはセパレーターなど）から構成されている（図 7.16）．支保工は型枠に作用する諸荷重を地盤に伝えるもので，一般に支柱と足場からなっている（図 7.17）．

② 型枠および支保工は，完成した構造物の位置，形状，寸法が正確に保持されるように堅固であり，また取りはずしが安全容易なものであり，所定の繰り返し使用に対して十分な耐久性を有することが必要である．

③ 型枠および支保工の設計にあたっては，土木学会コンクリート標準示方書ならびに労働安全衛生規則（厚生労働省令）に準拠しなければならない．

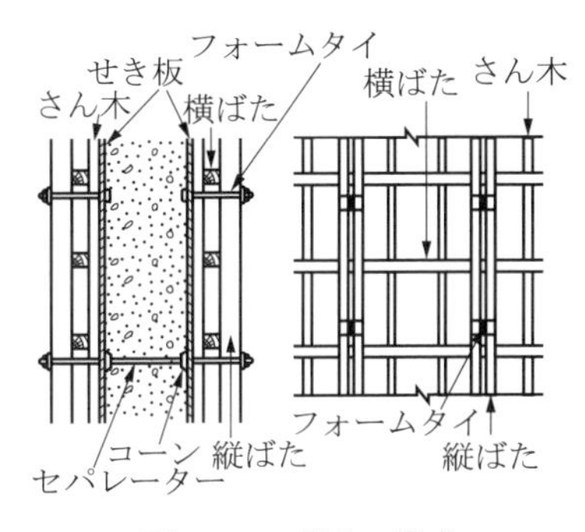

図 7.16　型枠の構成

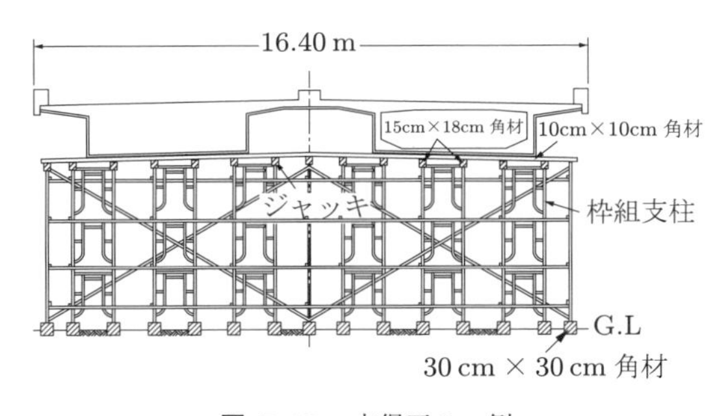

図 7.17　支保工の一例

7.8.2　型枠および支保工の材料と構造

(1) 型枠の材料

① 合板製ならびに鋼製のものが用いられており，合板製型枠については日本農林規格「コンクリート型枠用合板」が，鋼製型枠に関しては JIS A 8652「金属製型わくパネル」の規定が，それぞれある．

② 合板製型枠（通称コンパネ）はせき板に合板を使用するものであって，材質の不均一性や乾湿による伸縮や反りが少ないこと，加工が容易であるなどの利点がある．

③ 鋼製型枠は頑強であり，相当多くの繰り返し使用に耐える点に特徴がある．しかし，ほかの型枠に比べてコンクリートが付着しやすいこと，さびを生じるとコンクリート表面が汚染されることなどのため，維持修理に手間がかかることが欠点である．

(2) 型枠の構造

① 図 7.16 は木製型枠の構造を示したものである．

② 図 7.18 は鋼製型枠の構造を示したものである．

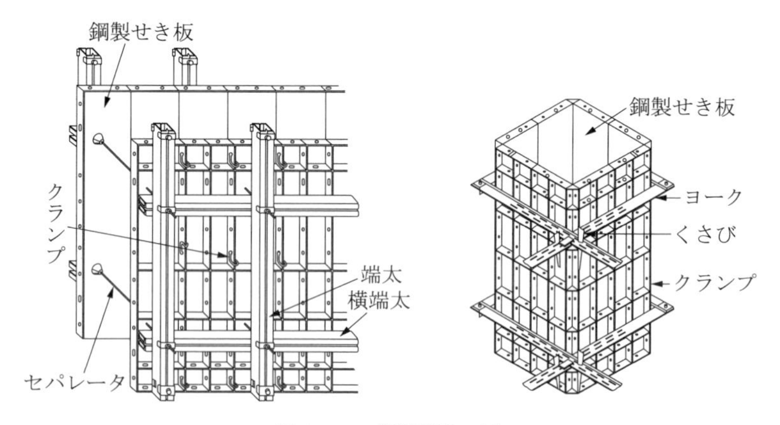

図 7.18　鋼製型枠の例

(3) 支保工の材料と構造

① 鋼管支保工が一般に用いられているが，木製のものもある．

② 鋼管支保工には以下のようなものがある．

- 単管支柱：最も基本的な鋼管支柱で伸縮自在な構造を有する（図 7.19）．
- 枠組み支柱：組立てが簡単であるため多用されている（図 7.20）．
- 組立鋼柱：大きい荷重を受ける場合に用いられ，3 本または 4 本の単柱を組み合わせた三角柱体と四角柱体（図 7.21）とがある．
- 支保はり：地上から直接立ち上がらず，柱に埋め込んだ支承（ブラケット）で

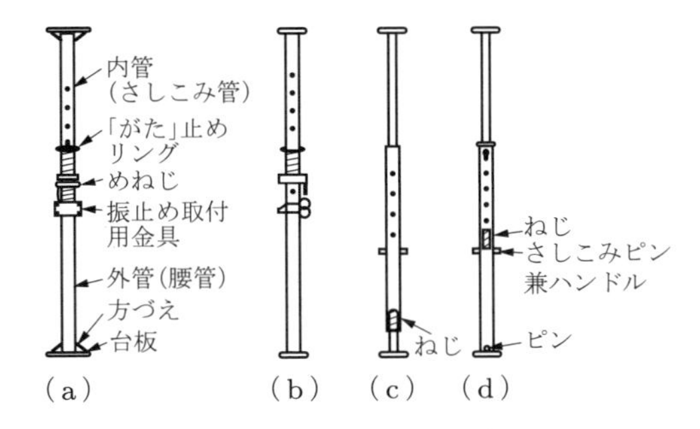

図 **7.19**　鋼管支柱の種類

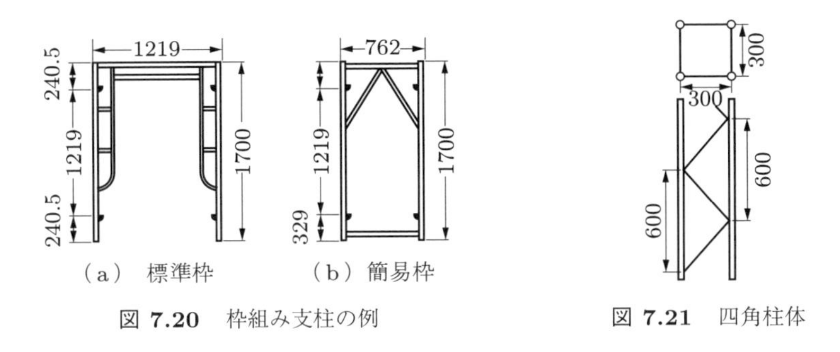

(a)　標準枠　　(b)　簡易枠

図 **7.20**　枠組み支柱の例　　　図 **7.21**　四角柱体

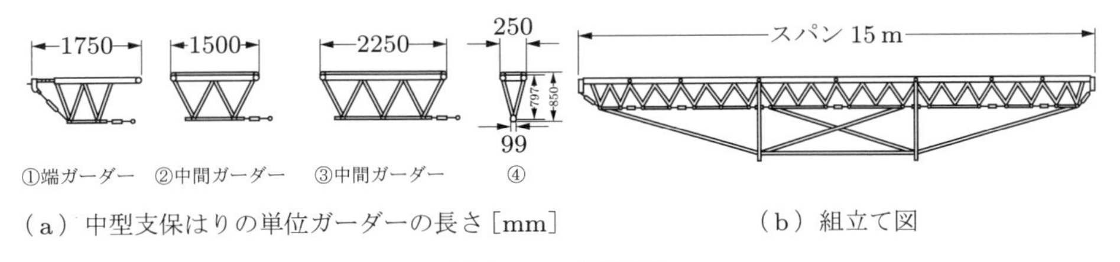

(a)　中型支保はりの単位ガーダーの長さ [mm]　　(b)　組立て図

図 **7.22**　支保はり

支持するもので，それ自体は一種のけたになっている（図 7.22）．

③　型枠間の間隔を保ち，側圧に抵抗するために各種の緊結材（フォームタイ：図 7.16）が用いられる．

7.8.3　型枠および支保工の設計

(1) 荷　重　　型枠および支保工の設計においては，コンクリートによる側圧などのほか，作業時に生じる各種の荷重を考慮しなければならない．一般には，これらの荷重を便宜上，次のように分けて考え，設計を行っている．

①　鉛直方向荷重：鉛直方向荷重には，コンクリート重量，型枠および支保工の自重などの死荷重と，コンクリート運搬車，機械設備などの作業荷重がある．計算に

用いるコンクリートの単位容積質量は，普通骨材を用いた場合 2.4 t/m³ とする．鉄筋コンクリートでは，さらに鉄筋の質量として 0.15 t/m³ を加算する．死荷重以外の作業荷重および衝撃荷重は，計算の便宜上，等分布荷重におきかえて，一般に 2.50 kN/m² 以上を考える．

② 水平方向荷重：水平方向荷重としては，作業時の振動，型枠の傾斜，衝撃，通常考えられる偏載荷重などがある．設計に際しては，「労働安全衛生規則第240条第3項」による照査水平方向荷重を用いて安全性を検討する．照査水平方向荷重に関しては，型枠がほぼ水平で，支保工をパイプサポート，単管支柱，組立支柱，支保ばりなどを用いて現場合わせで組立てる場合には，設計鉛直荷重の5%，また，支保工を鋼管枠組支柱によって工場製作精度で組立てる場合には，設計鉛直荷重の2.5%に相当する水平荷重が支保工頂部に作用するものと仮定して検討することになっている．実際に作用する水平方向荷重が照査水平方向荷重よりも大きい場合には，実際に作用する荷重によって安全性の検討を行う．

③ コンクリートの側圧：型枠の設計は，フレッシュコンクリートの側圧を考慮して行う．

(2) 型枠に加わる側圧　型枠内にコンクリートを打込むと，その重量により型枠に側圧が作用する．

① コンクリートの側圧は，配合，打込み速度，打込み高さ，締固め方法，打込み時のコンクリートの温度などによって左右されるほか，流動化コンクリートの使用，部材の断面寸法，鉄筋量などによっても影響を受ける．

② スランプが 10 cm 以下のコンクリート（普通ポルトランドセメント使用，単位重量 23.5 kN/m³）を内部振動機を用いて打込む場合の側圧算定には次の式または図 7.23 が参考となる．

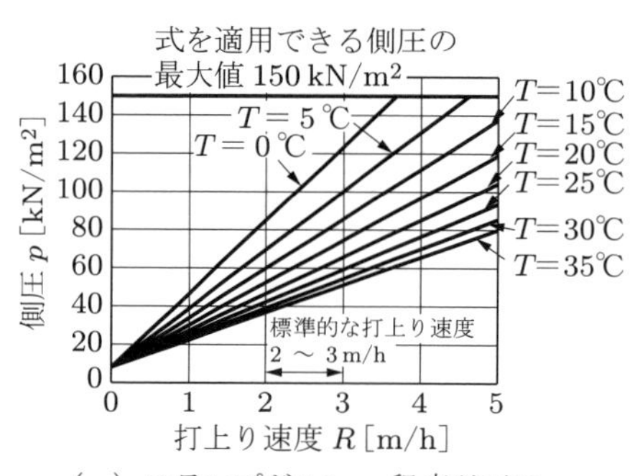

（a）スランプが 10 cm 程度以下のコンクリートの側圧（柱の場合）

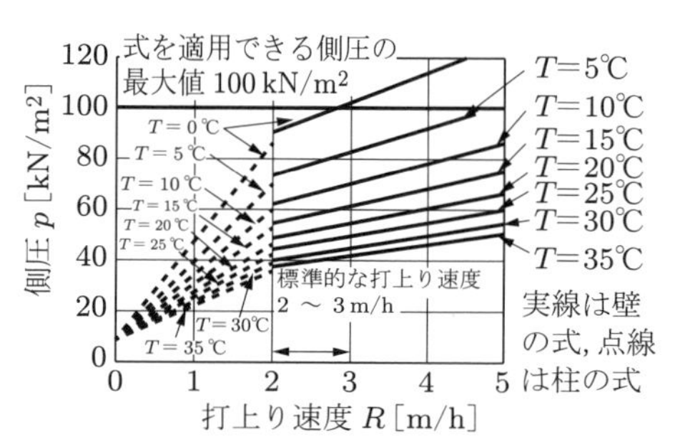

（b）スランプが 10 cm 程度以下のコンクリートの側圧（壁の場合）

図 7.23　コンクリートの側圧［土木学会コンクリート標準示方書］

- 柱の場合：

$$p = \frac{W_c}{3}\left(1 + \frac{100R}{T+20}\right) \leqq 150\ \mathrm{kN/m^2}$$

- 壁の場合で $R < 2$ m/h のとき：柱と同一の式を用いてよい．
- 壁の場合で $R \geqq 2$ m/h のとき：

$$p = \frac{W_c}{3}\left(1 + \frac{150+30R}{T+20}\right) \leqq 100\ \mathrm{kN/m^2}$$

ここに，p：側圧［kN/m^2］（ただし，$p > p_w$ と計算された場合には $p = p_w$），p_w：液圧［kN/m^2］，W_c：コンクリートの単位重量［kN/m^3］，T：型枠内のコンクリート温度［℃］，R：打上り速度［m/h］である．

以上のようにして求めた最大側圧とそれより上の部分の分布（図 7.24）に基づいて型枠を設計する．

③ 人工軽量骨材コンクリートの場合には，上記の側圧 p の値をコンクリートの単位重量比によって減じてよい（$p' = p \times \gamma/23.5$，$\gamma$ は単位重量 [kN/m^3]）．

④ 再振動を行う場合，型枠振動機を用いる場合，軟練りのコンクリートを打込む場合，凝結遅延剤などを用いる場合には，上記の側圧 p の値を適当に割増す必要がある．

⑤ 高流動コンクリートあるいは流動性の高い高強度コンクリートの側圧は，液圧に近い側圧分布を示す場合が多いので，原則，液圧が作用しているものとして，次式を用いて設計するものとする．

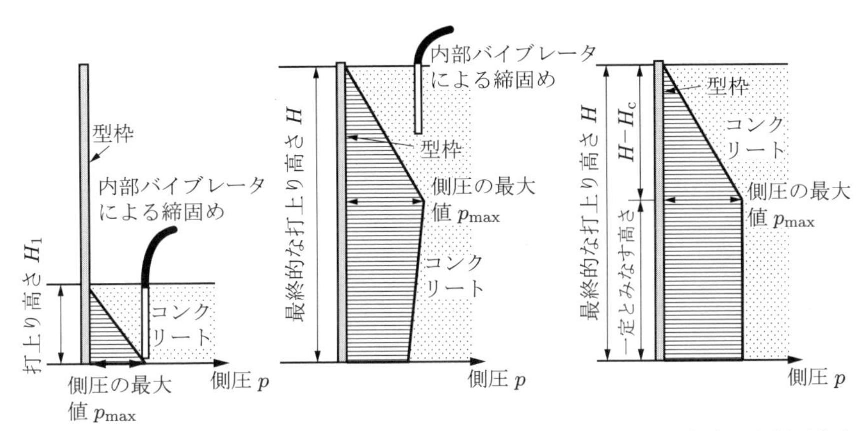

図 7.24　コンクリートの側圧分布（スランプが 10cm 程度以下のコンクリートの場合）
[土木学会コンクリート標準示方書]

$$p_{\mathrm{w}} = \gamma H$$

ここに，p_{w}：液圧 [kN/m^2]，γ：コンクリートの単位重量 2.35 [kN/m^3]，H：フレッシュコンクリートの打込み高さ [m] である．

(3) 型枠設計上の留意事項

① 組立ておよび取りはずしが容易にできるように設計する．

② せき板またはパネルの継目は部材軸に直角または平行に設ける．また，これらの継目はモルタルの漏れない構造とする．

③ 型枠の角に適当な面取り材をつけて，コンクリートの角に面取りができるようにする．

④ 必要のある場合には，型枠の清掃，検査およびコンクリートの打込みに便利なように，型枠の底部その他の適当な位置に一時的開口部を設ける．

(4) 支保工設計上の留意事項

① 施工条件などを考慮して材料，形式などを慎重に選定する．特に，座屈や横方向の荷重に対して安全なように十分なつなぎ材，すじかいなどを用いて固定することが必要である．

② 構造物に衝撃を与えずに安全に取りはずすことができるように，ジャッキ，くさびなどを用いた構造とする．

③ 継手や支柱とはりの接合部などは十分に荷重を伝えるような構造とする．

④ 打込まれたコンクリートの自重による型枠のたわみ，支保工の沈下などを考慮して，支保工を適当に上げ越ししておく必要がある．

7.8.4　型枠および支保工の施工

(1) 型枠の施工

① 荷重を受けたとき，形状および位置を正確に保てるように，適当な締付け材などを用いて固定する．締付け材としては，ボルトまたは棒鋼を用いる．

② せき板の内面にはく離剤を塗布する．

(2) 支保工の施工

① 組立てに先立って基礎地盤を整地し，所要の支持力が得られるように，また，不等沈下などを生じないように，必要に応じて補強などの措置をとる．

② 組立てに際しては，支保工が十分な強度と安全性をもつように，傾き，高さ，通りに注意する．

③ 継手は軸線を一致させる．

(3) 型枠および支保工の検査

① 型枠および支保工はコンクリートの打込み直前に検査する．

② 打込み中には，型枠のはらみ，モルタルの漏れ，沈下，傾き，接合部のゆるみ，その他の異常を検査し，必要に応じて適切な処置をとる．

7.8.5 型枠および支保工の取りはずし

(1) 一般的事項

① 型枠および支保工は，コンクリートがその自重および施工中に加わる荷重を受けるのに必要な強度に達するまでは，取りはずしてはならない．

② コンクリートが必要な強度に達した時期を判定するためには，構造物と同じ状態で養生した標準供試体の圧縮強度によって行うのが原則である．

(2) 型枠取りはずしの時期

① 型枠および支保工を取りはずす時期は，セメントの種類，コンクリートの配合，気温，天候，構造物の重要性などによって異なる．

② 土木学会コンクリート標準示方書では，鉄筋コンクリートにおける型枠を取りはずしてよい時期のコンクリートの圧縮強度の参考値を表 7.8 のように示している．しかし，強度に基づく取りはずし時期の判定は，構造物の損傷と災害の防止を目的としたもので，鉄筋コンクリートの耐久性を考慮したものではない．所要の強度に達したコンクリートでも，二酸化炭素や塩化物などの腐食因子の浸透に対する抵抗性は小さい．型枠を取りはずしたあとに，セメントの水和反応が滞りなく進行するように，十分な湿潤養生を行う必要がある．

③ 型枠を取りはずす順序は，比較的荷重を受けない部分をまず取りはずし，その後残りの重要な部分を取りはずすものとする．たとえば，水平部分は鉛直部分より遅く取りはずす．

表 7.8 型枠を取りはずしてよい時期のコンクリートの圧縮強度の参考値

部材面の種類	例	コンクリートの圧縮強度 [N/mm^2]
厚い部材の鉛直または鉛直に近い面，傾いた上面，小さいアーチの外面	フーチングの側面	3.5
薄い部材の鉛直または鉛直に近い面，45° より急な傾きの下面，小さいアーチの内面	柱，壁，はりの側面	5.0
橋，建物などのスランブおよびはり，45° よりゆるい傾きの下面	スラブ，はりの底面，アーチの内面	14.0

7.8.6 特殊な型枠と支保工

(1) スリップフォーム　型枠を鉛直方向に移動するものと，水平方向に移動するものとがある．前者は，主として高橋脚，サイロなどに適用され（図 7.25），後者は水路やトンネルなどのライニングに用いられる．この型枠による工法の特徴は，施工

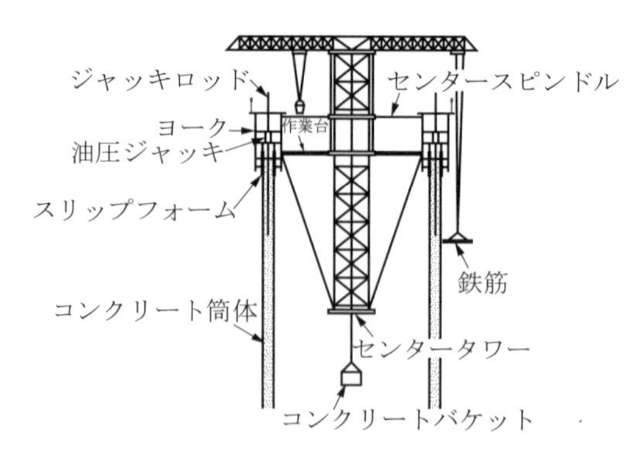

図 7.25　スリップフォーム工法によるサイロの施工

速度が早くて経済的であり，また継目なしの一体構造の構造物をつくる点にある．

(2) 特殊な支保工　高架橋などに用いられる各種の移動支保工，トラスを利用した支保工，アーチ橋を片持ち架設する架設作業車などがある．

7.9　表面仕上げ

7.9.1　一　般

① コンクリートの表面に一様な外観を与えるためには，同一工場製のセメント，同じ骨材，同じ配合のコンクリートを用い，打込み方法を変えないようにする．

② あらかじめ定められた区画内のコンクリートは，連続した一作業で終わらなければならない．

③ 打継目があらかじめ定められていない場合には，正しい直線の継目が得られるように施工することが大切である．

7.9.2　せき板に接する面の仕上げ

① 露出面となるコンクリートの表面は，完全にモルタルで覆われた平らな面になるように打込み，締固めることが必要である．打込みの際に適当な器具を用いてスページングを行うとよい（図 7.26）．

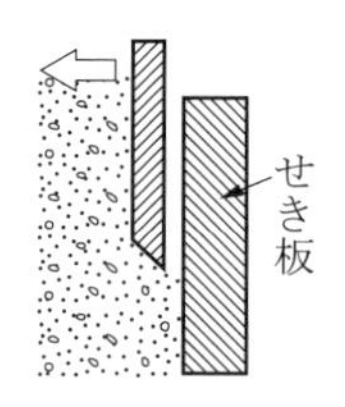

図 7.26　スページング

② コンクリート面に生じた突起や“すじ”はこれを除去して平らにし，豆板や欠けた箇所は不完全な部分を取り除いて水で濡らしたあと，適当な配合のコンクリートまたはモルタルで穴埋め（パッチング）をして平らに仕上げる必要がある.
③ 型枠を取りはずしたあと，温度応力，乾燥収縮などによって発生したひび割れはその程度に応じて補修をする必要がある.

7.9.3 せき板に接しない面の仕上げ

① 締固めを行ってほぼ所定の高さおよび形にならしたコンクリートの上面は，浮水がなくなるかまたは浮水を取り去ってから仕上げを行わなければならない．仕上げには，木ごてを用いるのがよい．過度のこて仕上げをすると，表面にセメントペーストが集まって収縮ひび割れを生じたり，レイタンスができてすりへりに対する抵抗力を減じたりする恐れがある.
② 仕上げ作業後，コンクリートが固まり始めるまでの間に発生したひび割れ部は，表面を軽くたたいて埋め戻す（この行為をタッピングという）または再仕上げによってこれを取り除く必要がある.
③ 平滑で密実な表面を必要とするときには，指で押してもへこまない程度に固まったときに，金ごてで強い力を加えてコンクリート上面を仕上げるのがよい.

7.9.4 すりへりを受ける面の仕上げ

① 通路や工場の床面などのように表面がすりへりを受ける場合には，水セメント比およびスランプの小さいコンクリートを入念に締固めて平らに仕上げたあと，養生期間を延長する必要がある.
② すりへりに対する抵抗性を増すために，鉄粉，カーボランダムその他を含んだ特殊散布材料を用いる場合には，その使用方法について十分に注意を払うことが必要である.

7.9.5 装飾仕上げ

単体仕上げ，みがき出し仕上げ，洗い出し仕上げ，砂吹付け仕上げ，工具仕上げ，モルタル塗り仕上げ，テラゾー仕上げ，モルタル吹付けによる仕上げなどがある.

7.10 寒中コンクリート

7.10.1 一　般

① コンクリート打込み後の養生期間中に，コンクリートが凍結する恐れがある場合に施工されるコンクリートを寒中コンクリートといい，日平均気温が4℃以下になることが予想される場合に適用する.

② フレッシュコンクリートは，−0.5〜−2.0℃で凍結する．コンクリートの強度は凍結によって著しく損なわれる（図7.27）．

③ 寒中コンクリートの施工にあたっては，コンクリートが凍結しないように，また外気温が氷点下に達するような気象条件においても所要の強度と耐久性が得られるように，材料，配合，練混ぜ，運搬，打込み，養生，型枠，支保工などについて適切な処置をとる必要がある．

④ 寒中コンクリートの施工方法は，気温によって以下のように異なるほか，構造物の種類と規模などによっても異なる場合があることを考慮しておく必要がある．

- 4℃以上：通常の施工方法でよい．
- 4〜0℃：保温で対応できる．
- 0〜−3℃：水または水と骨材の加熱と同時にある程度の保温が必要である．
- −3℃以下：本格的な寒中コンクリート施工方法による．必要に応じて，保温と給熱を組み合わせた施工方法で対応する．

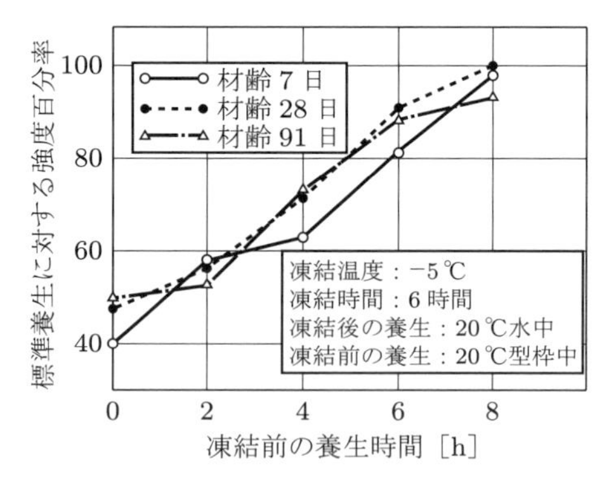

図 7.27　凝結過程で凍害を受けたコンクリートの強度

7.10.2　材料と配合の選定に関する基本的事項

① AE コンクリートを用いることを原則とする．

② セメントはポルトランドセメントを用いることを原則とする．

③ コンクリートの単位水量は，初期凍害を少なくするため，所要のワーカビリティーが得られる範囲で極力少なくしなければならない．

7.10.3　打込み時のコンクリートの温度管理

① 打込み時のコンクリート温度は，構造物の断面寸法，気象条件などを考慮して5〜20℃の範囲でこれを定める．

② コンクリートの練上り温度は，気象条件，運搬時間などを考慮して，打込み時に所要のコンクリート温度が得られるようにする必要がある．

③ 所要の練上り温度にするために材料を加熱する場合，水または骨材を加熱することとし，セメントは直接これを熱してはならない．材料を熱したとき，練上りコンクリートの大体の温度 T［℃］は，次式で計算することができる．

$$T = \frac{C_s \cdot (T_a \cdot W_a + T_c \cdot W_c) + T_m \cdot W_m}{C_s \cdot (W_a + W_c) + W_m} \tag{7.1}$$

ここに，W_a および T_a：骨材の質量［kg］および温度［℃］，W_c および T_c：セメントの質量［kg］および温度［℃］，W_m および T_m：練混ぜに用いる水の質量［kg］および温度［℃］，C_s：セメントおよび骨材の水に対する比熱の比で，0.2 と仮定してよい．

④ 打込み終了時のコンクリートの温度は，運搬，打込み中の熱損失のためにミキサーで練混ぜたときの温度よりも低下する．その程度は，運搬，打込み時間 1 時間につき，コンクリート温度と気温との差の 15%程度である．

すなわち，次式となる．

$$T_2 = T_1 - 0.15 \cdot (T_1 - T_0) \cdot t \tag{7.2}$$

ここに，T_0：気温［℃］，T_1：練混ぜたときのコンクリート温度［℃］，T_2：打込み終了時のコンクリート温度［℃］，t：練混ぜてから打込み終了までの時間［h］である．したがって，寒中コンクリートの施工にあたっては，所要の打込み時の温度に，運搬，打込み中の熱損失を加えた温度を，練混ぜるときに得るようにする必要がある．

7.10.4　養生に関する基本的事項

① 養生方法および養生期間は，7.5.2 項で述べた湿潤養生によるほか，外気温，配合，構造物の種類および大きさなどを考慮して定める．

② コンクリートは，打込み後の初期に凍結しないように十分に保護し，特に風を防がなければならない．また，コンクリート温度および外気の温度を測定し，コンクリートの品質に悪影響を及ぼす可能性がある場合には，施工計画を変更し，適切な対策を講じなければならない．

③ 厳しい気象作用を受けるコンクリートは，表 7.9 に示す初期凍害を防止できる強度が得られるまでコンクリートの温度を 5 ℃以上に保ち，さらに 2 日間は 0 ℃以上に保つことを標準とする．

④ 表 7.9 の強度を得るために必要な養生日数は，セメントの種類，配合，養生温度などによって異なるので，試験で定めるのが原則であるが，5 ℃および 10 ℃で養

表 7.9　初期凍害を防ぐために養生終了後に必要となる圧縮強度の標準 [N/mm²]

型枠の取りはずし直後に構造物がさらされる環境	断面の大きさ		
	薄い場合	普通の場合	厚い場合
コンクリート表面が水で飽和される頻度が高い場合	15	12	10
コンクリート表面が水で飽和される頻度が低い場合	5	5	5

生する場合の大体の目安として，土木学会コンクリート標準示方書は表 7.10 を示している．

⑤ 寒中コンクリートの養生方法は，保温養生と給熱養生とに分類される．このうち，保温養生は断熱性の高い材料でコンクリートの周囲を覆い，セメントの水和熱を利用して所定の強度が得られるまで保温するものである．また，給熱養生は，気温が低い場合あるいは断面が薄い場合に，保温のみで凍結温度以上の適温に保つことが不可能なとき，給熱により養生するものである．

⑥ 風はコンクリート表面を凍結させたり，コンクリートから水分を奪ったりして極めて有害であるから，打込み後はただちにこれを防がなければならない．

⑦ 給熱によってコンクリートの温度が上昇すると，コンクリートからの水分蒸発が著しくなるので，散水などの方法でコンクリートの乾燥を防がなければならない．

⑧ 保温養生または給熱養生が終わったあと，コンクリートの温度を急激に低下させると，コンクリート表面にひび割れが生じる恐れがあるので注意する．

表 7.10　5℃および 10℃における養生日数の目安 [日]

型枠の取りはずし直後に構造物がさらされる環境	養生温度 [℃]	セメントの種類		
		普通ポルトランドセメント	早強ポルトランドセメント	混合セメント B 種
コンクリート表面が水で飽和される頻度が高い場合	5	9	5	12
	10	7	4	9
コンクリート表面が水で飽和される頻度が低い場合	5	4	3	5
	10	3	2	4

水セメント比が 55%の場合の標準的な養生期間を示した．水セメント比がこれと異なる場合は適宜増減する．

7.11　暑中コンクリート

7.11.1　一　般

① 高温度および急激な乾燥という夏季に特有の気象条件において，コンクリートのひび割れや長期強度の低下などの影響を受けないように施工するコンクリートを

暑中コンクリートという.

② コンクリートは打込み時の気温が 30 ℃を超えると，高温がコンクリートに及ぼす影響は顕著になる．日平均気温が 25 ℃を超える時期に施工する場合には，暑中コンクリートとしての施工ができるように準備しておく必要がある.

③ 暑中コンクリートの施工にあたっては，高温によるコンクリートの品質低下を防ぐために，練混ぜ，運搬，打込み，養生などについて，適切な処置を取らなければならない.

7.11.2 コンクリートの温度管理

① 練立てのコンクリートの温度が高いと，以下のような現象が起こる.

ⓐ スランプが小さくなる.

ⓑ 空気量が変動しやすい.

ⓒ 水和熱が急速に発生し，初期における温度上昇が大きい.

ⓓ 水分の蒸発を促進するので急激な乾燥を起こしやすい.

ⓔ 長期強度が低下する.

ⓕ 凝結硬化作用が促進されるので表面がこわばりやすい.

特に，ⓒは温度ひび割れの主要因となり，ⓓ，ⓕはプラスチック収縮ひび割れを引き起こす原因となる.

② 打込み時におけるコンクリートの温度は35 ℃以下とする．このためには，水，骨材，セメントなどの温度を極力低くする処置を講じる.

③ 材料の温度からコンクリートの練上り温度を推定する場合には，式 (7.1) を用いる．練混ぜ後から，運搬，打込み終了時までのコンクリート温度上昇量を計算をする場合には，式 (7.2) を用いる.

7.11.3 材料と配合の選定

凝結遅延形の減水剤および AE 減水剤を使用する．単位水量と単位セメント量の少ない配合とする.

7.11.4 施工上の留意事項

① コンクリート打ちに先立って，型枠，地盤，基礎などは十分に濡らしておく.

② コンクリート打込み終了までの時間は 1.5 時間を超えてはならない.

③ コンクリートを打ち終わるか，または施工を中止したときは，ただちにコンクリートの露出面を日光の直射や熱風から保護する.

④ コールドジョイントが生じないように，打込みは適切な計画に基づいて行う.

⑤ コンクリート打込み後，少なくとも 24 時間は露出面を絶えず湿潤状態に保つ.

⑥ 昼間を避けて夜間に工事を行うことも方策の一つである.

演習問題

7.1 コンクリートの運搬方法を列挙し，各々の特徴と使用上の留意点をあげよ.

7.2 コンクリートの打込みの際に留意すべき点をあげよ.

7.3 コンクリートの振動締固めの際に注意すべき点をあげよ.

7.4 コンクリートの養生の目的を述べよ.

7.5 型枠および支保工の取りはずしの際に留意すべき点を述べよ.

7.6 再振動締固めの適用とその効果について述べよ.

7.7 水平打継目ならびに鉛直打継目の施工方法について述べよ.

7.8 鉄筋の継手の種類ならびにこれを設ける位置についての注意事項をあげよ.

7.9 寒中コンクリートの施工において，材料と配合の選定についての基本方針をあげよ.

7.10 寒中コンクリートの施工において，材料の取り扱い，コンクリートの練混ぜ，打込みに関する注意事項をあげよ.

7.11 フレッシュコンクリートが凍結したとき，その強度はどのようになるかを説明せよ.

7.12 寒中コンクリートの施工において，コンクリート打込み後の養生に関する基本的な注意事項を示せ.

7.13 暑中コンクリート施工上の要点を述べよ.

7.14 夏期の高温がコンクリートの強度に及ぼす影響について論ぜよ.

7.15 暑中コンクリートにおけるプラスチック収縮ひび割れ発生の原因とその対策について述べよ.

第8章　特殊コンクリート

8.1　概　説

8.1.1　一　般

各種のコンクリート構造物に所要の性能を付与するために，使用材料，機能，施工方法，構造形式，製造方法などが特殊なコンクリートを用いたり，特殊な施工環境下でコンクリートを施工する場合がある．本章では，これらのコンクリートを特殊コンクリートと総称し，さらに，以下のように分類して，それぞれに関連するコンクリートについて概説する．

① 特殊な構造物を対象として用いられるコンクリート
- 舗装コンクリート
- ダムコンクリート
- 放射線遮へいコンクリート

② 特殊な施工法を用いるコンクリート
- 高流動コンクリート
- 水中コンクリート
- 吹付けコンクリート
- 真空処理コンクリート

③ 特殊な材料を用いたコンクリート
- ポリマーコンクリート
- 繊維補強コンクリート

④ 工場製品

8.1.2　関連する規準類など

特殊コンクリートとしては，8.1.1 項で示したほかにも様々なものが開発されているが，これらを施工するにあたっては，高い専門的な知識が要求される場合も多い．このため，土木学会や日本建築学会などの関連学協会では，主要な特殊コンクリートに関して，規準類を定めている．表 8.1 には，土木学会で制定された特殊コンクリートに関連した指針やマニュアルを示すので，必要に応じてこれらを参照するとよい．

表 8.1　特殊コンクリートに関連した指針やマニュアル（土木学会制定分）

指針・マニュアル	制定年
鋼繊維補強コンクリート設計施工指針（案）	昭和 58 年
人工軽量骨材コンクリート設計施工マニュアル	昭和 60 年
連続ミキサによる現場練りコンクリート施工指針（案）	昭和 61 年
水中不分離性コンクリート設計施工指針（案）	平成 3 年
膨張コンクリート設計施工指針	平成 5 年
シリカフュームを用いたコンクリートの設計・施工指針（案）	平成 7 年
連続繊維補強材を用いたコンクリート構造物の設計・施工指針（案）	平成 7 年
鋼繊維補強鉄筋コンクリート柱部材の設計指針（案）	平成 11 年
トンネルコンクリート施工指針（案）	平成 12 年
自己充てん型高強度高耐久コンクリート構造物設計・施工指針（案）	平成 13 年
高強度フライアッシュ人工骨材を用いたコンクリートの設計・施工指針（案）	平成 13 年
エポキシ樹脂塗装鉄筋を用いる鉄筋コンクリートの設計施工指針 [改訂版]	平成 15 年
超高強度繊維補強コンクリートの設計・施工指針（案）	平成 16 年
吹付けコンクリート指針（案）[トンネル編]	平成 17 年
吹付けコンクリート指針（案）[のり面編]	平成 17 年
複数微細ひび割れ型繊維補強セメント複合材料設計・施工指針（案）	平成 19 年
施工性能にもとづくコンクリートの配合設計・施工指針（案）	平成 19 年
ステンレス鉄筋を用いるコンクリート構造物の設計施工指針（案）	平成 20 年
コンクリートのポンプ施工指針［2012 年版］	平成 24 年
高流動コンクリートの配合設計・施工指針	平成 24 年

8.2　特殊な構造物を対象としたコンクリート

8.2.1　舗装コンクリート

(1) 一　般

① コンクリート舗装には，無筋コンクリート舗装，連続鉄筋コンクリート舗装，プレストレストコンクリート舗装，転圧コンクリート舗装などがある．ここでは，最も一般的に適用されている無筋コンクリート舗装について取り上げる．無筋コンクリート舗装におけるコンクリート舗装版には，ひび割れ防止の目的で 1 m^3 あたり 3 kg 程度の鉄網が使用される．

② 舗装コンクリートは厚さが比較的薄く，外的要因の作用にさらされる表面積が大きいので，ほかの構造物に比べて非常に酷使される．ここで，外的要因の作用としては，主として次のものがある．

- 交通荷重による曲げ応力とすりへり作用
- 乾湿の繰り返し作用，凍結融解作用などの気象作用
- 日夜の温度変化による応力の繰り返し作用

③ 舗装コンクリートには，特に次のような性質が要求される．
- 曲げ強度が大きく，そのばらつきが小さいこと
- すりへりに対する抵抗性が大きいこと
- 気象作用に対する耐久性が大きいこと
- 体積変化が少ないこと
- 表面仕上げが容易なこと

④ 舗装コンクリートの強度は材齢 28 日における曲げ強度を規準とする．

⑤ 舗装コンクリートを施工するときは，土木学会コンクリート舗装標準示方書，日本道路協会「セメントコンクリート舗装要綱」によらなければならない．

(2) 舗装コンクリートの配合

① 土木学会舗装標準示方書では，単位セメント量は 280〜340 kg/m^3 を標準としている．耐久性をもとにして単位セメント量を定めるときは水セメント比の値を表 8.2 の値以下とする．

② 粗骨材の最大寸法は 40 mm 以下とする．

③ コンクリートの打込み場所における沈下度は 30 秒（スランプでは 2.5 cm に相当）を標準とする．

④ AE コンクリートの締固め後の空気量は，耐久性をもとにして定める場合，粗骨材の最大寸法に応じて 4.5%を標準とする．

⑤ 配合例を表 8.3 に示す．

表 8.2 コンクリートの耐久性をもとに水セメント比を定める場合の AE コンクリートの最大の水セメント比 [%]

条 件	水セメント比［%］
特に厳しい気候で凍結で凍結融解が繰り返される場合	45
凍結融解がときどき起こる場合	50

表 8.3 舗装コンクリートの配合例

粗骨材の最大寸法 [mm]	沈下度 [s]	スランプ [cm]	空気量 [%]	W/C [%]	s/a [%]	単位量 [kg/m^3]				混和剤
						W	C	S	G	
40	30	2.5	–	46.5	31.5	136	293	630	1380	なし
40	30	2.5	4	41	31	128	284	598	1350	減水剤

(3) 舗装コンクリートの施工　標準的な舗装コンクリート施工の順序は以下のとおりである．

コンクリートの練混ぜ→運搬→敷きならし→締固め→目地→表面仕上げ→初期養生→めくら目地→湿潤養生および目地注入

① 運搬にはダンプトラックを使用するのが原則である．
② コンクリートの敷きならしには一般にスプレッダが用いられる．スプレッダを大別すると，ブレード型，スクリュー型（図8.1），ボックス型の3種となる．
③ 締固めにはフィニッシャーを用い，これに装備された表面振動機によって締固める（図8.2）．
④ 表面仕上げには，フィニッシャーに装備されたスクリードで荒仕上げを行い，人力フロートおよびほうきをもって仕上げる平仕上げと，レベリングフィニッシャーを用いる機械仕上げとがある．
⑤ 表面仕上げが終わってから交通に開放するまで，コンクリートを保護してコンクリートの硬化を十分促進させると同時に，乾燥による収縮のために生じる応力をできるだけ少なくし，初期ひび割れを防ぐため十分養生することが大切である．
⑥ 湿潤養生期間は，コンクリートの曲げ強度が，配合強度の70%に達するまで行う．なお，試験を行わない場合の湿潤養生期間は，普通ポルトランドセメントを用いる場合14日間，早強ポルトランドセメントを用いる場合7日間，中庸熱ポルトランドセメントを用いる場合21日間を目安とする．

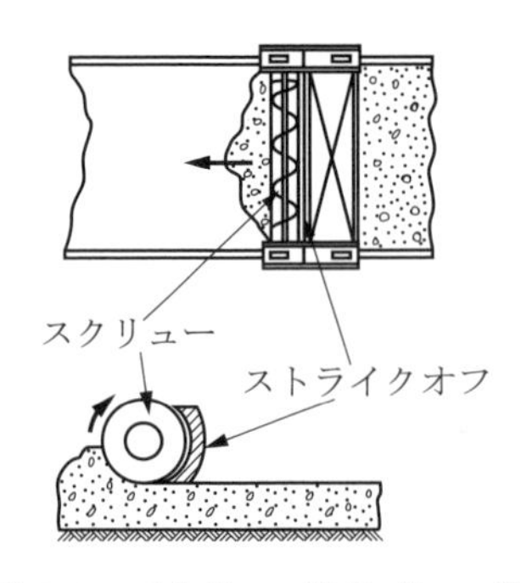

図8.1　スクリュー型スプレッダー

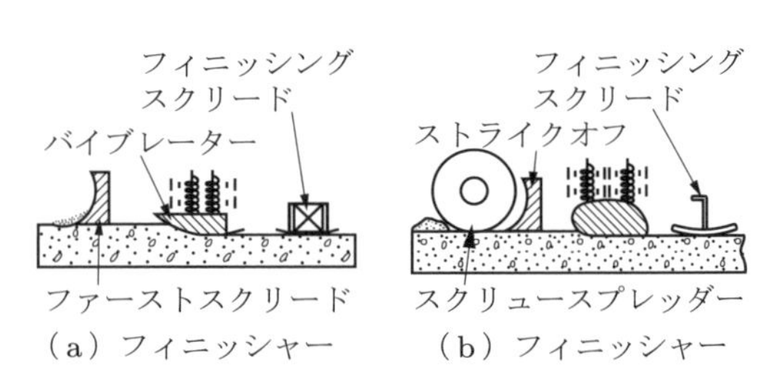

図8.2　表面振動式フィニッシャー

8.2.2　ダムコンクリート

(1) 一　般

① 無筋コンクリート構造物であるコンクリートダムに用いられるコンクリートをいう．
② ダムコンクリートは，一度に打込む量が多く，そのうえ，一体である構造物の寸法が大きい典型的なマスコンクリートである．したがって，セメントの水和熱による温度上昇が著しく，堤体に温度ひび割れを生じやすい．

③ ダムコンクリートにおいて最も重要なことは，材料，配合，施工を通じて，水和熱による温度上昇を極力少なくすることである．

(2) ダムコンクリートの材料と配合

① 水和熱の発生の少ない低熱ポルトランドセメントや高炉セメントC種を使用する．または，フライアッシュや高炉スラグ微粉末のような混和材を添加する．

② 粗骨材の最大寸法を大きくし，硬練りの配合として単位セメント量を極力減じる．

③ 粗骨材の最大寸法は有スランプコンクリートの場合，一般に150 mmとするが，RCD用コンクリートの場合には，80 mmとする．

④ 有スランプコンクリートのスランプは，ウェットスクリーニングを行って40 mmを超える粗骨材を取り除いた場合の値で2〜5 cm程度を標準とする．

⑤ 外部コンクリート（表面から1 mまでのコンクリート，図8.3参照）の水結合材比* は，耐久性あるいは水密性から定められ，その値は60%以下とする．

⑥ 重力式ダムの場合，有スランプコンクリートにおける単位結合材量は，140〜160 kg/m^3 程度，RCD用ダムにおける単位結合材量は120〜130 kg/m^3 程度である．

⑦ 凍結融解作用に対する耐久性を要求される場合にはAEコンクリートを用いる．

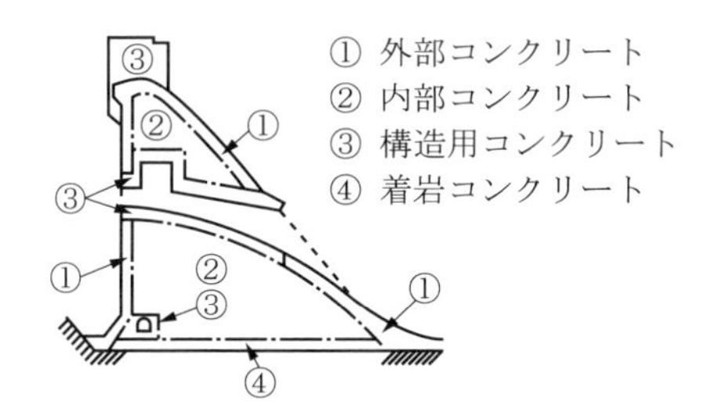

図 8.3 重力式ダム堤体コンクリートの配合区分の例

(3) ダムコンクリートの施工

① 次の4つの工法がある．

ⓐ 柱状工法：縦継目と横継目で分割したブロックに分けてコンクリートダムを築造する工法である（図8.4）．縦継目はダム軸に平行の継目で，その間隔は35〜40 m程度である．横継目はダム軸に直角な継目で，その間隔は15 m程度である．

ⓑ レヤー工法（層状工法）：横継目のみを設け，上下流方向にコンクリートを一体的に打込んでリフト差を設けずにダムを築造する工法である．ダム軸方向に対してのみリフト差を設けて施工することになる．

---

* 単位水量を結合材の量の総和（単位セメント＋単位結合材量）で除した値である．セメント以外に混和材を使用したときに用いられる．

図 8.4　柱状工法による施工状況［国土交通省ホームページ］

ⓒ 拡張レヤー工法：レヤー工法をダム軸方向にも拡張したものである．すなわち，有スランプコンクリートをリフト差を設けずに堤体全体を平面に立ち上げてコンクリートダムを築造する工法である．

ⓓ RCD 工法：スランプゼロのコンクリートを拡張レヤー工法で施工する工法である．ⓐ〜ⓒの工法が，移動式のケーブルクレーンによってコンクリートの運搬を行うのに対して，この工法では，コンクリートの運搬をダンプトラックなどで行い，ブルドーザーによって所定の厚さに敷きならして振動ローラーを用いて締固める．従来の工法に比べて施工速度が大きく，経済性が優れていることが特徴である．

② 1リフトの厚さは，柱状工法の場合 1.5 m または 2.0 m であるが，RCD 工法の場合には 0.75 m を標準とする．

③ 有スランプコンクリートを用いて1リフトのコンクリートを複数の層に分けて締固める場合，コンクリートを打込む一層の厚さは，締固めた場合に 50 cm 程度になるように定める．

④ コンクリートの最小打込み間隔は，柱状工法の場合には中 3 日程度，RCD 工法の場合には中 2 日程度とする．

8.2.3　放射線遮へいコンクリート

① 放射線のうちコンクリートで遮へいするのは，X 線，γ 線，中性子線である．

② X 線，γ 線，速い中性子線の遮へいに対しては，密度の大きい材料を用いるのが効果的である．密度の大きい材料としては，一般に重晶石（$BaSO_4$，密度 4.3〜4.5 g/cm^3），各種の鉄鉱石，鉄片などが用いられる（2.3.6 項参照）．

③ 遅い中性子線の遮へいに対しては，水素（あるいは水）やホウ素が有効である．水素（または水）の含有量を多くするためには，結晶水の多い褐鉄鉱などが用いら

れ，ホウ素を含む鉱物では，ボロカルサイトやコルマナイトなどが用いられる．

④ コンクリートによる放射線の遮へい効果は，壁体の厚さに比例して増加する（図8.5）．

⑤ 重量骨材は非常に高価であるので，壁厚が制限される場合でなければ普通骨材を用いることが多い．

⑥ 重量骨材を用いる場合には，施工中における材料分離に対する特別な注意が必要であり，プレパックド工法を用いると有利な点が多い．

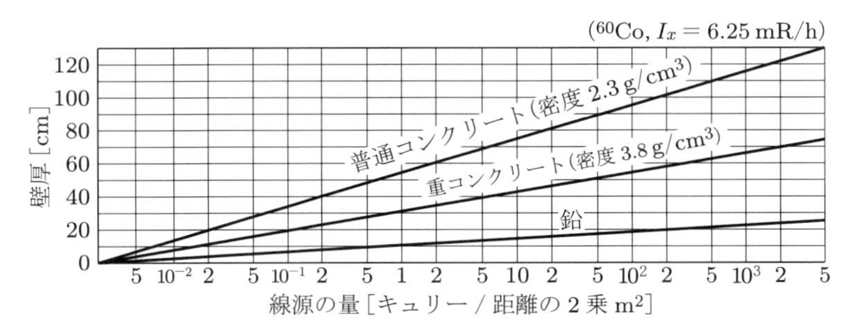

図 8.5　^{60}Co 線源の量と壁厚との関係

8.3　特殊な施工法を用いるコンクリート

8.3.1　高流動コンクリート

(1) 一　般

① 高流動コンクリートは，フレッシュ時の材料分離抵抗性を損なうことなく，流動性を著しく高めたコンクリートと定義される．

② 高流動コンクリートの最大の特徴が，締固め作業を行わなくても自重のみで型枠内のすみずみまで均質に充てんする性能，すなわち，自己充てん性を有することである．

③ 自己充てん性を有することで，コンクリート施工時の品質のばらつきが最小化できる．それにより，構造物の信頼性向上が図れるだけでなく，工事の省力化，省人化，合理化が図れ，さらには，工場製品に高流動コンクリートを用いれば，締固め時の振動により発生する騒音を防止するのに大きな効果がある．

(2) 高流動コンクリートの材料と配合

① 高流動コンクリートに自己充てん性を付与するために，コンクリートは，高い流動性と材料分離抵抗性の両方を兼ね備えておく必要がある．これを実現するため，高流動コンクリートにおいては，高い減水効果を有し，かつ流動性の保持性能に優れた高性能 AE 減水剤を使用することを標準としている．

② 材料分離抵抗性を確保するうえでは，コンクリートの粘性を高めることも重要であり，これを実現するため，コンクリート中の粉体の量を多くする方法やコンクリートの粘性を高める混和剤である増粘剤を添加する方法などが用いられている．なお，土木学会コンクリート標準示方書では，粉体を用いたものを粉体系，増粘剤を用いたものを増粘剤系，両者を併用したものを併用系とそれぞれ区別して高流動コンクリートを定義している．

③ 粉体系の高流動コンクリートに用いる粉体としては，できるだけ化学反応性の低いものが望ましく，フライアッシュ，高炉スラグ微粉末などのほか，石灰石微粉末などが用いられている．なお，石灰石微粉末に関しては，日本コンクリート工学会が「コンクリート用石灰石微粉末品質規格（案）」として品質規格を制定しており，これに適合するものを使用するとよい．

④ 増粘剤としては，天然高分子のグルコースやメチルセルロース系ポリマーなどがあるが，増粘剤のなかには，高性能 AE 減水剤との相互作用で，それぞれの効果に悪影響を及ぼすものもある．したがって，これらの組み合わせに十分注意し，品質を確認してから使用することが重要となる．

⑤ 高流動コンクリートの配合は，コンクリートが所要の流動性，材料分離抵抗性，自己充てん性を有したうえで，強度，耐久性，その他の必要な性能が得られるように定める．

(3) 高流動コンクリートの性能評価

① 高流動コンクリートの最大の特徴は，その自己充てん性にある．この性能は，打込み対象となる構造物の形状，寸法，配筋状態を考慮して，適切に設定しなければならない．

② 土木学会コンクリート標準示方書では，自己充てん性のレベルとして，表 8.4 に示す 3 つのランクを設定している．

③ 自己充てん性の評価方法は，土木学会規準「高流動コンクリートの充てん装置を

表 8.4　高流動コンクリートの自己充てん性のレベル

自己充てん性のランク	通過できる鋼材の最小あき [mm]	適用断面の特徴
1	35～ 60	複雑な断面形状，断面寸法の小さい部材または箇所に自重のみで均一に充てんできる
2	60～200	鋼材量の目安で 100～300 kg/m^3 程度の鉄筋コンクリート構造物または部材に自重のみで均質に充てんできるレベル
3	200 程度以上	断面寸法が大きく配筋量の少ない部材または箇所，無筋のコンクリート構造物に自重のみで均質に充てんできるレベル

用いた間げき通過性試験方法（案）」によることを原則とし，その結果を，表 8.5 に示す各ランクを満足する特性値と比較することで，自己充てん性のランクを判定する．

なお，この充てん試験に用いる装置の概要を図 8.6 に示す．

表 8.5 自己充てん性の各ランクを満足する特性値

評価手法		自己充てん性のランク		
		1	2	3
高流動コンクリートの充てん試験	障害条件	R1	R2	障害なし
	充てん高さ [mm]	300 以上	300 以上	300 以上

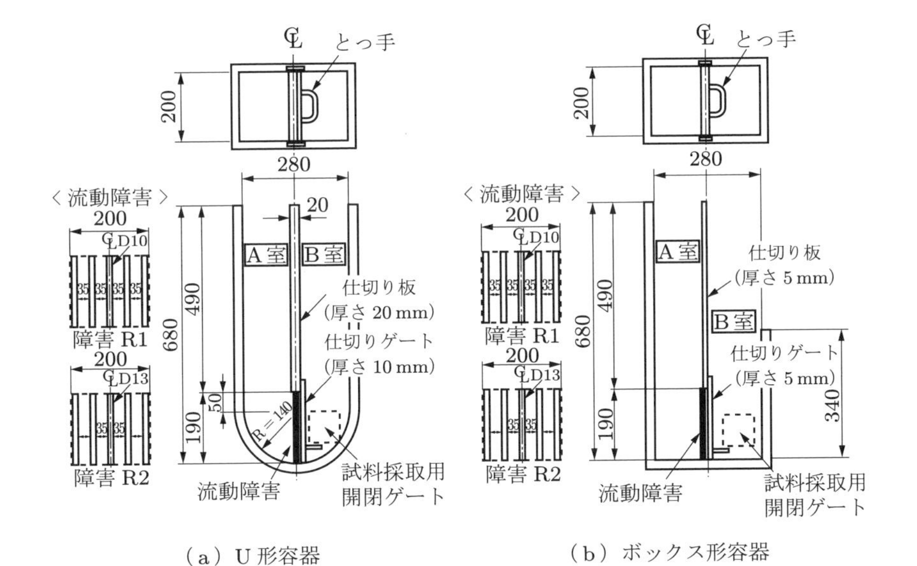

図 8.6 充てん装置の形状および流動障害［土木学会コンクリート標準示方書］

8.3.2 水中コンクリート

(1) 一 般

① 淡水中，海水中，安定液中に打込むコンクリートを水中コンクリートという．

② 水中コンクリートは，海洋や河川などの水面下の広い空間の中でコンクリートを打込む場合と，場所打ち杭あるいは連続地中壁の施工のように狭い箇所にコンクリートを打込む場合がある．

③ 水中にコンクリートを打込む工法として最も一般的に用いられているものは，ト

レミー工法とポンプ工法である．海中に橋脚などをつくる場合にはプレパックドコンクリート工法も多用されている．その他，底開き箱および底開き袋により打込む方法や，特殊な目的に用いられる袋詰め工法がある．

トレミー工法　図8.7に示すようにトレミー管により，コンクリートを自重によって水底に送り込み，水と置換しながら打込む工法である．トレミー管は直径が25〜30 cmの鋼管で，上部にホッパーを設置する．水が混入しないようにトレミー管の先端は常時コンクリート中に30 cm以上埋め込んでおく必要がある．コンクリートの打上りにともない，トレミー管を引き上げていく．1本のトレミーで打込める面積は30 m^2が限度である．

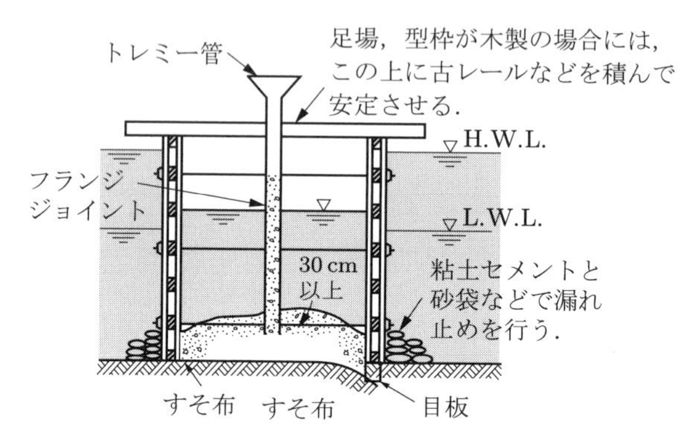

図 8.7　トレミーを用いた水中コンクリートの施工法

ポンプ工法　コンクリートポンプの配管を通じてコンクリートを水底に送り込み，水と置換しながら打込む工法である．トレミー工法と異なる点は，低所圧送になるので配管内が負圧になる場合が多いことである．この場合，配管が水密でないと周囲の水が浸透する恐れがある．

プレパックドコンクリート工法　プレパックドコンクリート工法は，細粒を除いた特定の粒度をもつ粗骨材をあらかじめ型枠に詰め，その空隙に特殊モルタルを適当な圧力で注入し，水と置換しながら空隙を充てんして構造物を構築する工法である．

底開き箱および底開き袋工法　底が開く箱あるいは袋にコンクリートを詰めて水中に沈め，コンクリート打込み箇所に達した際に底を開けてコンクリートを吐き出すことで，水中コンクリートを打設する工法である．

袋詰め工法　水中における型枠の代用，隙間の充てん，海底の整地などの目的に用いられる．袋の容量は30 L程度で，コンクリートの容量は，その2/3程度とする．これは，積み重ねたとき，袋が自由に変形して上下左右の袋がよく密着するためである．

(2) トレミーおよびポンプを用いる一般の水中コンクリートの施工

施工の一般的原則 施工中における材料分離と水との接触による品質低下を防止することが大切である．そのためには，次の点に留意する必要がある．

① コンクリートは静水中に打込むことを原則とする．
② コンクリートを水中に落下させてはならない．
③ コンクリートは，その面をなるべく水平に保ちながら所定の高さまで連続して打たなければならない．
④ 打込み中，コンクリートをかき乱してはならない．
⑤ 一区画のコンクリートを打ち終わったあと，レイタンスを完全に取り除かなければ，次のコンクリートの打込みを始めてはならない．

使用コンクリートの品質 分離の少ない流動性に富んだコンクリートとするために，次のような配合のコンクリートを用いる．

① 水セメント比は50%以下を標準とする．
② 単位セメント量は370 kg/m^3 以上を標準とする．
③ 細骨材率を大きくする（40〜50%を標準とする）．また，粗骨材に砕石を用いる場合には，さらに3〜5%程度増加させる．
④ スランプは締固める必要のない程度（13〜18 cm）に大きくする．
⑤ 強度は，水中で施工を行った場合の強度が標準供試体の強度の0.6〜0.8倍とみなして設定することを標準とする．

トレミー工法の改良について トレミーの筒体部分をフレキシブルなホースにして，外部の水との圧力の釣合いによって筒体内にコンクリートが残ることがないような構造にした特殊なトレミーがある（図8.8）．また，先端に遠隔操作が可能なバルブとコンクリート面を検知するセンサーを取り付けた特殊なトレミーも開発されている．これらのトレミーは，トレミーの下端を常に打込まれたコンクリート中に挿入しておく必要がないため，通常のトレミーに比べて広い面積の施工が可能となる．ただし，その使用にあたっては，工事の諸条件に対する適合性を確かめたうえで，使用方

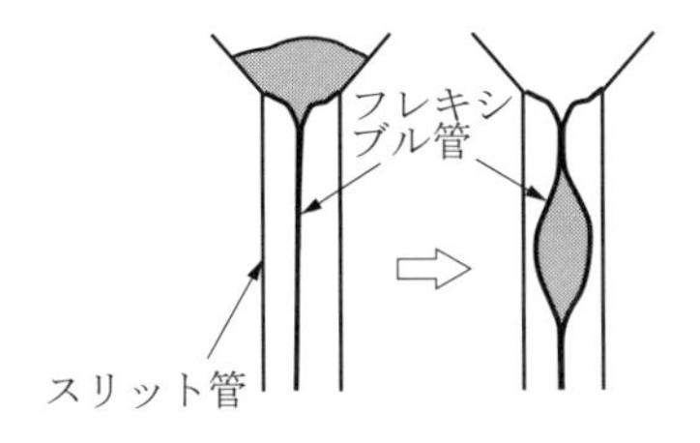

図 8.8 フレキシブルホースを用いたトレミー工法

法を十分に検討する必要がある.

(3) 水中不分離性コンクリートを用いる水中コンクリート

● 概　要　水中不分離性混和剤を混和することにより，材料分離に対する抵抗性を高めたコンクリートを水中不分離性コンクリートという．水中不分離性コンクリートは，比較的狭い空間の充てんなどの目的に適している.

● 施　工　水中不分離性コンクリートの施工はトレミー管またはコンクリートポンプによって行われる．ただし，粘性が大きいのでポンプ圧送性は低下する.

● 性　質

① 水中不分離性コンクリートは落下高さが 50 cm 程度以下であれば水中落下させてもセメント分の流出は少ない（図 8.9).

② 水中不分離性コンクリートの流動性の表示は，スランプフロー [cm] で表す．また，土木学会コンクリート標準示方書では，水中不分離性コンクリートがその施工条件に応じて要求されるスランプフローの値を表 8.6 のように示している．なお，この場合のスランプフローの値は，JIS A 1150「コンクリートのスランプフロー試験方法」に従って行い，スランプコーンを引き上げてから 5 分後に測定す

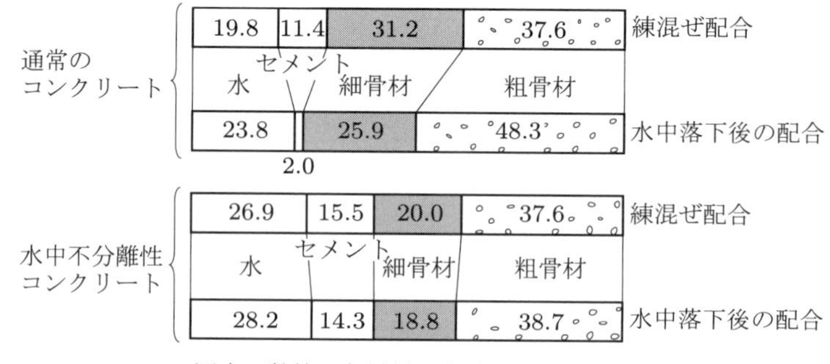

図 8.9　水中不分離性コンクリートの不分離性能［図解コンクリート事典，オーム社］

表 8.6　水中不分離性コンクリートのスランプフロー

施工条件	スランプフローの範囲 [cm]
急斜面の張石（1：1.5〜1：2）の固結，斜面の薄いスラブ（1：8 程度まで）の施工などで，流動性を小さく抑えたい場合	35〜40
単純な形状の部分に打込む場合	40〜50
一般の場合，標準的な RC 構造物に打込む場合	45〜55
複雑な形状の部分に打込む場合，特別に良好な流動性が求められる場合	55〜60

るものとする.

(4) 場所打ち杭および連続地中壁に用いる水中コンクリート

● 配　合

① 粗骨材の最大寸法は，鉄筋あきの 1/2 以下，かつ 25 mm 以下を標準とする.

② スランプは 15〜21 cm を標準とする.

③ 水セメント比は 55%以下を標準とする.

④ 単位セメント量は，360 kg/m^3 以上を標準とする.

● コンクリートの打込み

① コンクリートの打込みに先立って，スライム* の除去を確実に行わなければならない.

② コンクリートはトレミーを用いて打込むのが原則である.

③ コンクリートは設計面より 50 cm 以上の高さに打込み，硬化したあと，これを除去するのを原則とする.

④ 使用した安定液の処理にあたっては，十分な考慮を要する.

(5) プレパックドコンクリート

● 概　要

① プレパックドコンクリートは，図 8.10 に示すように，特定の粒度をもつ粗骨材をあらかじめ型枠に詰めておき，その空隙に特殊なモルタルを注入してつくるコンクリートのことである．この工法は，特に，大規模な海洋コンクリート構造物や広がりのある鉄筋コンクリート部材の施工に適しており，トレミー工法やポンプ工法などの流し込み方式の水中コンクリート工法に比べて，強度や品質の均一性の点で優れ，陸上施工とほぼ同等の品質のコンクリート構造物が得られる.

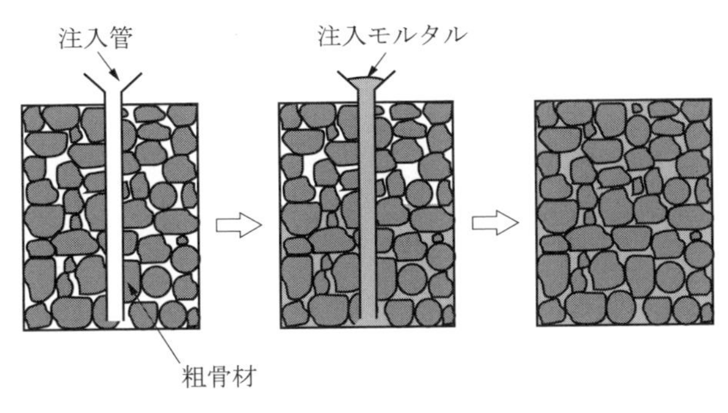

図 8.10　プレパックドコンクリートの施工概要

---

* 掘削孔内の安定液中に浮遊している土砂，掘りくず，鉄筋かごの建て込時に削り落とされた土砂などが孔底に沈澱または堆積したものである.

② プレパックドコンクリートに用いられる注入モルタルとは，流動性が大きく，材料分離が少なく，かつ適度な膨張性を有するモルタルのことである．注入モルタルに適度な膨張性を与えるために，塗料用の金属アルミニウム粉末が流動性を高める混和剤とともに使用される．アルミニウム粉末の添加量は，一般に，セメント重量の 0.01〜0.015%程度である．

③ 注入モルタルはセメント，フライアッシュなどの混和材，1.2 mm 以下の細骨材，混和剤，水などを高速で練混ぜてつくる．高強度のプレパックドコンクリートをつくるために，特殊な流動性を有する高性能減水剤を用いた注入モルタルも実用化されている．

④ あらかじめ投入する粗骨材については，小さな骨材粒子が多量に入っていると粗骨材間の空隙が狭くなって注入モルタルの充てん性が低下するので，土木学会コンクリート標準示方書では，粗骨材の最小寸法の下限を 15 mm と規定している．また，粗骨材の最大寸法は一般には最小寸法の 2〜4 倍程度としてよい．なお，粗骨材の最大寸法と最小寸法との差を小さくすることは注入モルタルの充てん性には大きな支障はないが，粗骨材の実積率が小さくなって注入モルタルの所要量が多くなるので，適切な粒度分布を選定する必要がある．

強　度

① プレパックドコンクリートの強度は，原則として材齢 28 日あるいは材齢 91 日における圧縮強度を規準とする．

② プレパックドコンクリートの強度は，水結合材比，混和材の混合率などによって支配される．図 8.11 は，水結合材比が一定の場合における混和材混合率と圧縮強

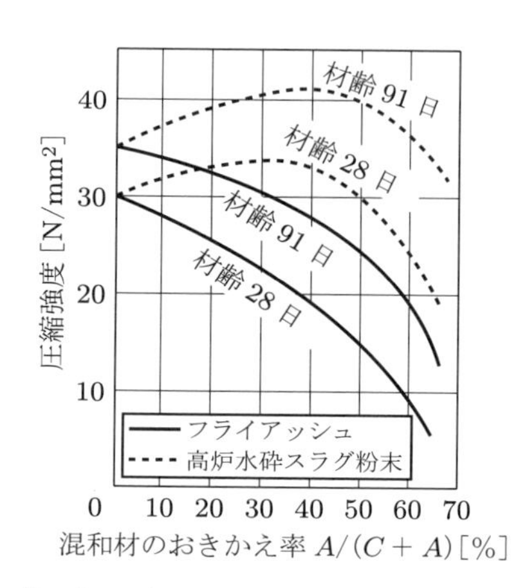

図 8.11　プレパックドコンクリートの圧縮強度と混和材の混合率

度との関係を2種類の混和材について示したものである.

施 工

① 型枠は注入圧に耐える材料を用いるとともに，基礎と型枠の間や型枠の継目などから注入モルタルが漏れないようにする.

② 注入管の水平間隔は2 m程度を標準とする.

③ モルタルの注入は設計または施工計画で定められている打上り面まで継続して行う.

④ 注入は最下部から始めて上方に向かって行われるが，モルタルの上昇速度は，0.3〜2.0 m/h程度とする.

⑤ 鉛直注入管は，管を引き抜きながら注入する．注入管の先端は，一般の場合，0.5〜2.0 mモルタル中に埋め込まれた状態に保つ.

⑥ プレパックドコンクリートの施工においては，注入モルタルの流動性管理が極めて重要である.

8.3.3 吹付けコンクリート

(1) 一 般

① 圧縮空気を利用して，ホース中を運搬したコンクリートまたはモルタル，あるいはそれらの材料を施工面に吹き付けて形成させたコンクリートまたはモルタルをいう．ショットクリート（shotcrete）ともいう.

② 吹付けコンクリートは，トンネルの覆工に使用されるトンネル用吹付けコンクリート，法面の風化や浸食の防止に使用される法面用吹付けコンクリート，コンクリート構造物の補修・補強などに使用される補強・補修用吹付けコンクリートに大別される．なお，ここでは，このうち，トンネル用吹付けコンクリートおよび法面吹付けコンクリートの施工において，特に必要な事項の標準について示す．トンネル用吹付けコンクリートは，山岳トンネルの標準工法であるNATMの支保工を，ロックボルトや鋼製支保工とともに構成する主要な材料であり，地山の肌落ちや補強，風化の防止，地山への内圧の付与，外力の配分などの効果が期待できる．また，法面用吹付けコンクリートは，法面に出てきた岩盤面などの風化，法面の浸食，地山への水の浸透，小規模な崩壊や薄い表層の崩壊などの防止を目的とした吹付け枠工に用いられている.

③ 吹付けコンクリートの施工方式は，乾式工法と湿式工法に大別される．乾式工法は，水以外の材料をミキサーで練混ぜたものを吹付け機に供給し，圧縮空気によってホース中を先端のノズルまで圧送する．ノズル部分で水と混合して施工面に吹き付ける方式である．湿式工法は，全材料をミキサーで練混ぜたものを吹付け機

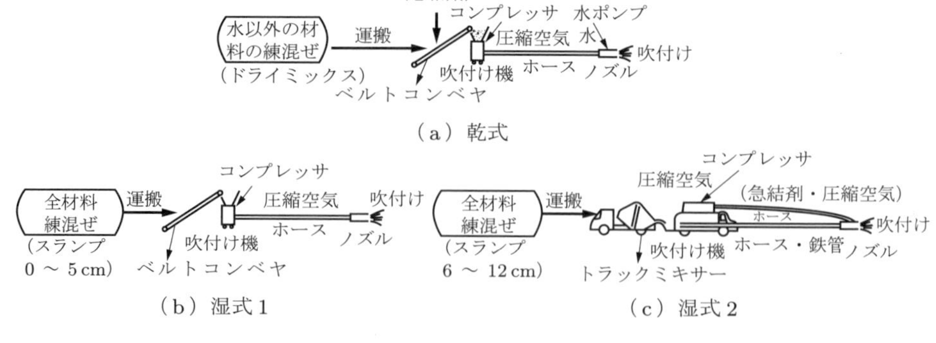

図 8.12　吹付けコンクリートの施工系統図

表 8.7　吹付け機の特徴

方　式	乾式	湿式1	湿式2
コンクリートの品質	ノズルマンの水量調整の技術に左右される	普通コンクリートと同様	
圧送距離 [m]	300 程度まで可能であるが，150～200 が望ましい	最大でも 100 程度まで	
粉塵・跳ね返り	多い	少ない	
急結剤の添加の難易度	容易	困難	容易
機械の大きさ	機械が小さく作業スペースが小さい	同左	機械が大きく作業スペースが大きい
施工能力 [m^3/h]	5～12	同左	8～20
その他の施工性	細骨材の表面水管理が重要 練混ぜてから吹付けまでの時間が長くとれる． 清掃が容易 比較的小面積の部分を何回にも分けて施工するのに適する．	コンシステンシー管理が重要 練混ぜてから吹付けまでの時間が短い． 吹付け終了時または中断時に機械の清掃に手間を要する． 大規模な面積を連続して施工するのに適する．	

に供給し，圧縮空気によって施工面に吹き付ける方式である．これらの工法の施工系統図を図 8.12 に，主な特徴を表 8.7 に示す．

④ 吹付けコンクリート工法の特徴は，施工面の形状や傾きのいかんを問わず，また型枠を用いることなく，広い面積に迅速にコンクリートを施工できる点にある．このために，NATM で施工されるトンネルの1次ライニングや切り土法面の保護工などに多用されている．

(2) 吹付けコンクリートの施工

① トンネルの1次ライニングのように，上向きに吹き付ける場合には，一般に急結剤の添加が必要である．いずれの工法の場合も急結剤はノズルの位置で添加される．

② 急結剤は，セメントの水和反応を促進し，コンクリートの凝結硬化を早める作用を有している．急結剤を使用することにより，吹き付けたコンクリートの自重による表面のたれ下がりや落下を防ぎ，所要の吹付け厚さを確保し，跳ね返り量を低減させるとともに，コンクリートの初期強度を高め，地山の変形や発破の振動に抵抗する十分な強度を確保することができる．ただし，急結剤の種類によってはコンクリートの長期強度を低下させることもあるため，急結剤は土木学会規準「吹付けコンクリート用急結剤品質規格（案）」に適合したものを用いるのがよい．

③ 高速でコンクリートを施工面に吹き付けるため，20～30%程度のコンクリートが跳ね返って落下する．これをリバウンドロスまたは跳ね返り損失という．その量は，湿式工法に比べて乾式工法の場合に多い．

(3) 吹付けコンクリートに対する鋼繊維補強コンクリートの適用　鋼繊維補強コンクリートを用いた吹付けコンクリートは，主に靭性（タフネス）の向上を目的として，トンネル坑口部やトンネル交差部，拡幅部などの構造的に大きな応力が発生する箇所や，断層破砕帯あるいは膨張性地山などの地山条件が悪く，大きな土圧が作用する箇所などに，使用される．また，吹付けコンクリートの曲げ強度，引張強度，せん断強度，靭性を改善することにより，吹付け厚さの減少，吹付けコンクリートのはく落防止も期待できる．

ただし，吹付けコンクリートに鋼繊維を用いた場合は，その種類によっては，練混ぜ時や吹付け時に鋼繊維が変形し，吹付けコンクリートの所要の力学特性および靭性が期待できないことがある．したがって，吹付けコンクリートに用いる鋼繊維は，土木学会規準「コンクリート用鋼繊維品質規格」に適合する鋼繊維のうち，長さが30 mm程度，両端が加工されている形状のものを用いるのがよい．

鋼繊維を用いる吹付けコンクリートの配合，製造，施工方法については，土木学会規準「鋼繊維補強コンクリート設計施工指針（案）」が参考となる．また，ビニロン繊維，ポリプロピレン繊維などの合成繊維を用いる場合には，吹付けコンクリートの所要の品質が得られることをあらかじめ試験により確認する必要がある．

8.3.4　真空処理コンクリート

① 真空処理（vacuum process）とはコンクリートを打った直後，真空マットまたは真空型枠パネルによってコンクリート表面に真空をつくり，表面近くのコンクリートから水および気泡を取り去ると同時に，大気の圧力によってコンクリートに圧力を加える処理である（図8.13）．

② 真空処理の利点は，早期強度が増加し，凍結融解作用およびすりへりに対する抵抗性が改善されるとともに，乾燥収縮も減少することにある．

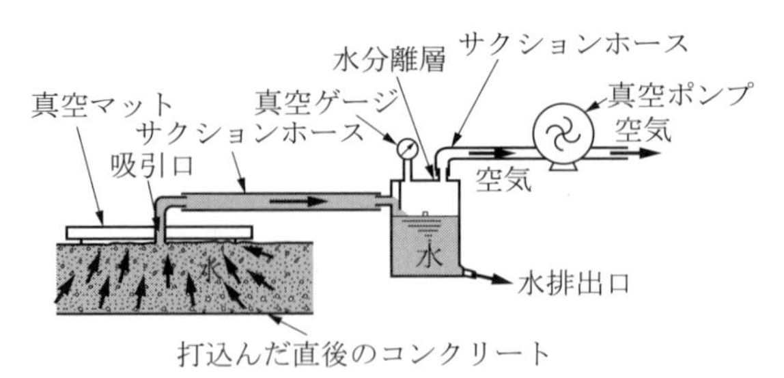

図 8.13　真空処理コンクリート施工装置

8.4　特殊な材料を用いたコンクリート

8.4.1　ポリマーコンクリート

(1) 概　要　骨材を固めるための結合材として，ポリマーをセメントの代わりに用いたもの，あるいはセメントと併用して用いたものを総称して，ここでは，ポリマーコンクリートと称す．

現在利用されているポリマーコンクリートには，おおむね次の3つの種類がある．

① レジンコンクリート

② ポリマー含浸コンクリート

③ ポリマーセメントコンクリート

以下に，それぞれのコンクリートの概要を示す．

(2) レジンコンクリート　レジンコンクリートは，結合材としてセメントの代わりに液状レジンを用い，重質炭酸カルシウム，シリカなどの充てん材および細骨材と粗骨材（いずれも含水率0.5 %以下）を用いてつくる．液状レジンとしては，不飽和ポリエステル樹脂，エポキシ樹脂，メタクリル酸メチルなどのアクリル酸モノマーが用いられる．ポリマーコンクリートの標準配合（質量比）は，液状レジン：充てん材：細骨材・粗骨材＝1:（1.0〜1.5）：（8.0〜8.5）である．このほかに，若干の触媒と促進剤が添加される．

性　質　圧縮強度が80〜160 N/mm^2，引張強度が8〜10 N/mm^2 程度の高強度が得られるが，弾性係数の値はセメントコンクリートに比べてやや小さい．ポリマーコンクリートが，セメントコンクリートに比べて優れている点は，以下である．

- 高強度が得られる
- 耐水，耐食性が大きい
- 耐摩耗性が優れている
- 速硬性である（図 8.14）

また，劣っている点は以下である．

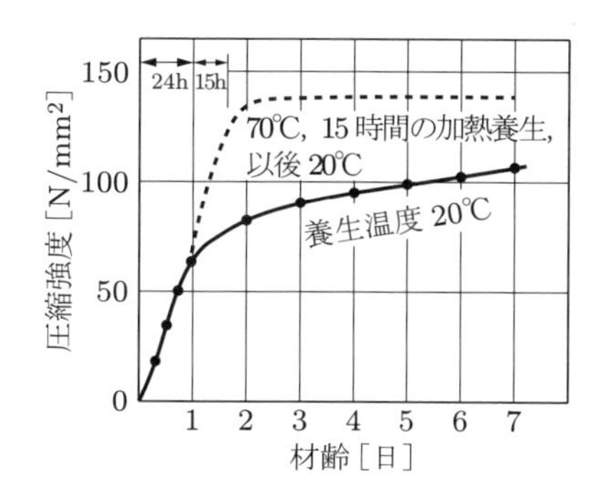

図 8.14 ポリエステル樹脂コンクリートの硬化速度

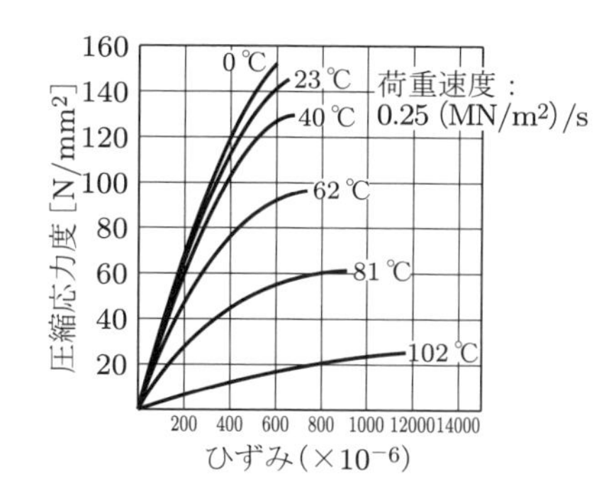

図 8.15 ポリエステル樹脂コンクリートの応力-ひずみ関係の温度依存性

- 硬化収縮が大きい
- 硬化時における発熱が大きい
- 力学的諸性質の温度依存性が著しい（図 8.15）
- 耐火性が小さい
- 高価である

用　途　主な用途は，耐食・耐摩耗ライニングとプレキャスト製品である．前者の代表的なものとしては，耐摩耗性を目的とした河川構造物ライニング，温泉地域などに建設される橋脚の防食ライニング，耐摩耗性とすべり止めを目的とした薄層舗装などがある．後者に関しては，下水道のシールド工法セグメント，温泉地工事用パイル，地下ケーブル埋設用マンホール，側溝ますぶた，歩道板などに利用されている．

(3) ポリマー含浸コンクリート　ポリマー含浸コンクリートは，硬化した通常のコンクリート（セメントコンクリート）を乾燥・脱気し，その内部空隙中にメタクリル酸メチル，スチレン，酢酸ビニルなどの低粘性のモノマーを含浸させ，これに加熱などの処理をすることで，モノマーを重合させてポリマー化してコンクリートと一体化させたものである．

性　質　ポリマーの含浸深さは，その種類やコンクリートの品質によって異なるが，一般に 5 cm 程度である．これにより，以下のようなコンクリートの品質改善が図られる．

- 圧縮，曲げ，引張強度の改善
- 表面の緻密化による物質移動に対する抵抗性の向上
- 凍結融解抵抗性の向上
- 耐薬品性や耐摩耗性の向上など

用　途　パイプやタンクなどの二次製品として活用されている．

(4) ポリマーセメントコンクリート　セメントコンクリートの練混ぜ時にセメント量の10～20％に相当する量のポリマーを添加することで，コンクリートの性能を改善したものである．添加するポリマーとしては，これまでにスチレンブタジエンゴム，ポリ酢酸ビニル，ポリアクリル酸エステルなどが用いられている．

● **性　質**　通常のコンクリートと比較して，以下のような品質改善が図られる．

- 引張強度や伸び能力の改善
- 水密性や物質移動性の改善
- コンクリートとの接着性の改善など

● **用　途**　最近では，ポリマーセメントモルタルとして，補修材として使用されている．

8.4.2　繊維補強コンクリート（鋼繊維補強コンクリート）

(1) 概　要　短繊維をコンクリート中に一様に分散させることにより，コンクリートのひび割れに対する抵抗性，靭性，引張強度，せん断強度などを大幅に改善したコンクリートを繊維補強コンクリート（fiber reinforced concrete）という．短繊維としては主に鋼繊維（steel fiber）が用いられるが，ビニロンなどの合成繊維も使用されている．鋼繊維のコンクリート1 m^3 あたりの体積混入率は1～2%である．

(2) 短繊維によるコンクリートの強化機構　短繊維の混入によって大幅に改善されるコンクリートの力学的性質は靭性である．ひび割れ強度が上昇して引張強度が増すばかりではなく，荷重の増大とともにひび割れが拡大しても耐力が急激に低下しない（図8.16）．このような特性は，コンクリートに比べて弾性係数が格段に高い鋼繊維を用いた場合に顕著に認められる．

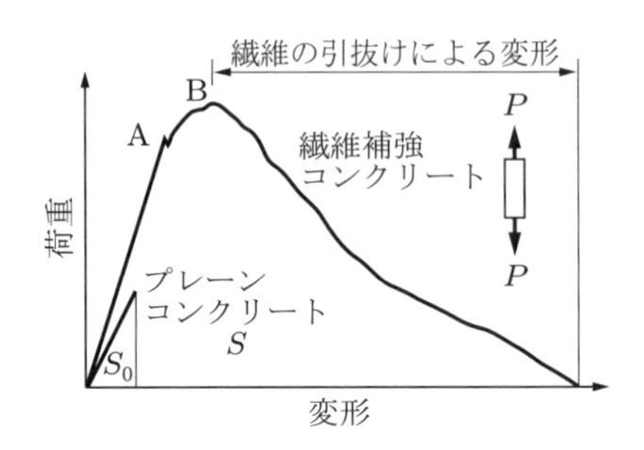

図 8.16　鋼繊維補強コンクリートの引張荷重－変形曲線

(3) 鋼繊維補強コンクリートの材料と配合

● **鋼繊維**　鋼繊維は長さ20～60 mm，直径（または換算径）が，0.2～0.6 mmのものが用いられている．鋼繊維の荷姿は20 kg詰の段ボール箱である．

● **鋼繊維補強コンクリートの配合**

① フレッシュコンクリートに短繊維を混入すると，混入率の増加にともなってコンシステンシーは著しく増大する．このために，所要のスランプを得るための細骨材率と単位水量の値を普通コンクリートに比べて大きくする必要がある．

② 粗骨材の最大寸法は，補強効果の観点から繊維の長さの 1/2 程度を目安とする．

③ 繊維混入率が 1%以下の場合には補強効果は期待できない．また，繊維混入率が 2%以上になると，練混ぜに支障をきたすとともに，コンクリート中への一様な分散が困難になる．

④ 鋼繊維補強コンクリートの配合設計は，土木学会コンクリート標準示方書に規定されている方法によって行う．

(4) 鋼繊維補強コンクリートの性質

● **力学的性質**　引張強度，曲げ強度，せん断強度，靭性は，ほぼ繊維混入率に比例して増大する（図 8.17，8.18）．繊維混入率が 2%の場合の引張強度および曲げ強度は，普通コンクリートの場合の 1.5～1.7 倍程度である．ただし，圧縮強度は繊維を混入してもほとんど変化しない．靭性の大きさは，使用する鋼繊維の形状や強度によって相当な差がある．一般的に使用されている鋼繊維を 2%混入した場合の靭性は，混入しない場合の 60～80 倍程度である（図 8.19）．また，爆発荷重や衝撃力に対する抵抗性は，繊維を混入しない場合の 5～10 倍になる．図 8.20 に，鋼繊維補強コンクリートの曲げ破壊性状を示す．

● **耐久性**　コンクリートの凍結融解作用に対する抵抗性は，鋼繊維を 2%程度混入することにより改善される．また，鉄筋コンクリート部材に鋼繊維を混入すると，鉄筋を防食する効果がある．一般環境では，鋼繊維自体がコンクリート中で腐食するこ

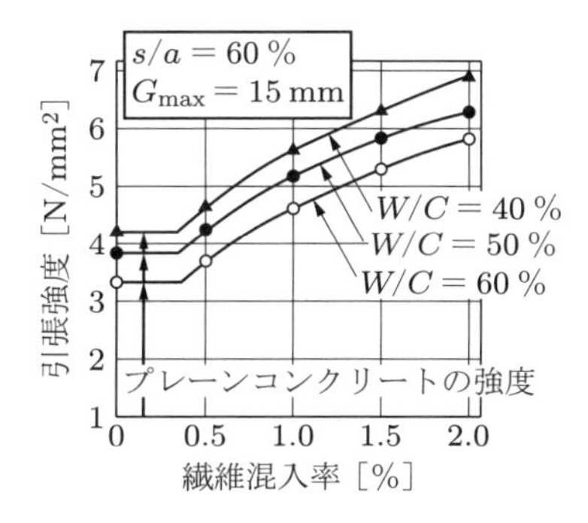

図 8.17　鋼繊維補強コンクリートの引張強度に及ぼす繊維混入率と水セメント比との影響

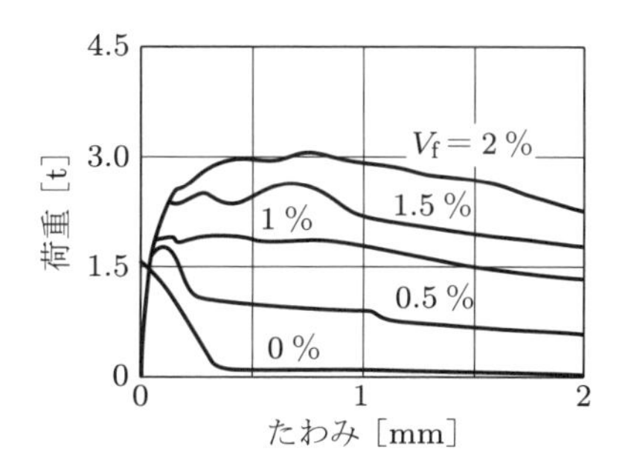

図 8.18　鋼繊維混入率を変えた場合の荷重-たわみ曲線（$W/C = 50\%$, $l = 30$ mm）

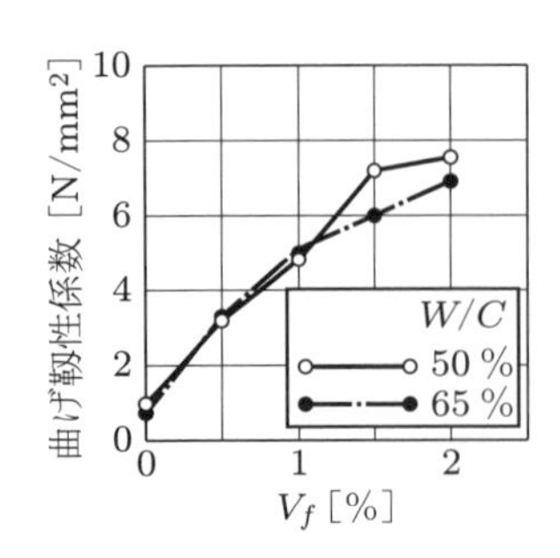

図 8.19　鋼繊維混入率と曲げ靭性係数との関係

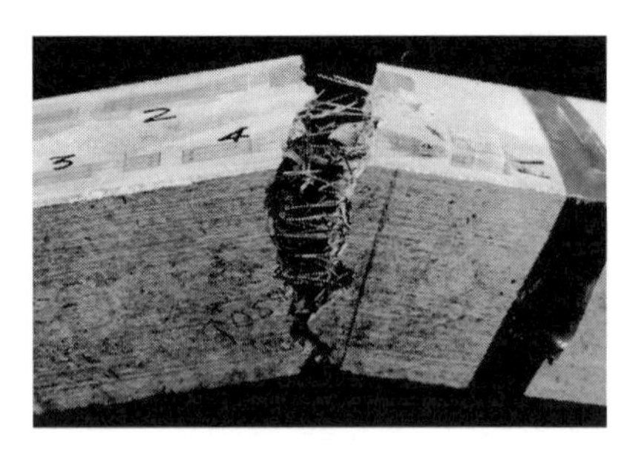

図 8.20　鋼繊維補強コンクリートばりの曲げ試験後の状態

とはほとんどない．

(5) 繊維補強コンクリートの試験方法　一般に，繊維補強コンクリートの靭性は，荷重–変形曲線において所定の変形量に達するまでの曲線と横軸に囲まれた面積の大きさで表している．土木学会コンクリート標準示方書では，鋼繊維補強コンクリートの曲げ靭性を，曲げ靭性係数 σ_{b} によって表している．σ_{b} は，図 8.21 に示すように，載荷点のたわみがスパンの 1/150 となるまでの荷重–たわみ曲線下の面積を有効数字 3 桁まで計測し，次式によって曲げ靭性係数を求める．

$$\sigma_{\mathrm{b}} = \frac{T_{\mathrm{b}}}{\delta_0} \cdot \frac{l}{bh^2}$$

ここに，σ_{b}：曲げ靭性係数 [N/mm^2]，T_{b}：図 8.21 に示す δ_0 までの面積 [N·mm]，δ_0：スパンの 1/150 のたわみ [mm]，l：スパン [mm]，b：破壊断面の幅 [mm]，h：破壊断面の高さ [mm] である．

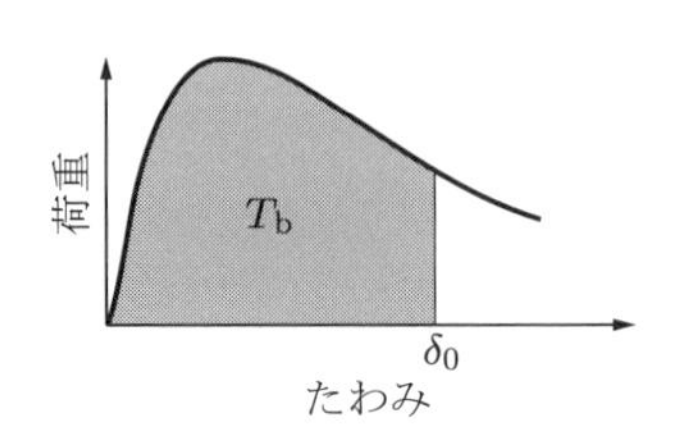

図 8.21　荷重–たわみ曲線

なお，繊維補強コンクリートの引張強度は，JIS に規定されている割裂方法によって求めることができない．

(6) 鋼繊維補強コンクリートの用途　NATM によって施工するトンネルの 1 次ライニングや法面の安定処理には数多くの実施例がある．最近では，高架橋床版の増厚工事への適用例が多い．建築関係では，ひび割れ防止の目的で，ステンレス鋼を用いた鋼繊維が壁塗りモルタルに使用されている.

8.5　工場製品

8.5.1　一　般

① 工場製品とは，管理された工場で継続的に製造されるプレキャストコンクリート製品をいう.

② 工場製品の多くはJISで規定されている.

③ 工場製品の製造にあたっては，関連する規準書や仕様書で規定された条項を守らなければならないが，工場製品の設計および施工において特に必要な事項については，土木学会コンクリート標準示方書に定めている.

8.5.2　工場製品の特徴

① 工場製品を大別すると，雨水ますぶた，遠心力鉄筋コンクリート管，鉄筋コンクリート矢板などのように，あくまでも工場での生産を前提としており，一般に現場打ちによって製作することが考えられないものと，下水道用マンホール，プレストレストコンクリート橋げた，鉄筋コンクリートボックスカルバートなどのように，現場打ちによっても製造が可能であり，それ自体で1つの構造体または構造部材となり得るものの2種となる.

② 後者の製品について，現場打ちコンクリートによって製造する場合と比べて優れている点をあげれば以下のようになる.

ⓐ 現場で型枠，支保工などの設備や準備を必要としない.

ⓑ 現場における養生が不要となり，そのための時間，設備，人員などが節約できる.

ⓒ 工場で製造されるから気象条件に影響されず，計画的な生産ができる.

ⓓ 常時熟練した作業員によって製造することができる.

ⓔ 打込み場所を集中化できるので，良好な設備を備えて省力化が効果的に行える.

ⓕ 一定の品質の材料を用いることが可能である.

ⓖ ⓒ～ⓕなどの要因によりコンクリートの品質管理が容易となり，品質のばらつきを小さくできる.

ⓗ 振動台，加圧振動装置などの特殊な締固め方法によって成形を行うことができる.

ⓘ 蒸気養生などの促進養生を行うことができる.

ⓙ 半永久的に使用できる堅固な型枠を使用するので，寸法精度の優れたものをつくることができる.

8.5.3　コンクリートの強度

工場製品に用いるコンクリートの強度は，次のいずれかの方法によって求めた圧縮強度で表すことが原則である．

① 一般の工場製品は，材齢14日における圧縮強度の試験値
② オートクレーブ養生などの特殊な促進養生を行う工場製品では，14日以前の適切な材齢の圧縮の試験値
③ 促進養生を行わない工場製品や比較的部材厚の大きな工場製品では，材齢28日における圧縮強度

8.5.4　工場製品の製造

(1) 使用材料

● **セメント**　一般に，普通ポルトランドセメントが用いられているが，早期に高強度を必要とするプレストレストコンクリート製品や，早期脱型を要する製品などには早強ポルトランドセメントが用いられる．

● **骨　材**　粗骨材の最大寸法は40 mm以下で製品の最小厚さの2/5または鉄筋の最小水平あきの4/5を超えないことが要求されるが，一般に25 mm以下のものが用いられている．

● **混和材料**　目的に応じ，フライアッシュ，膨張材，高炉スラグ微粉末などの混和材，AE減水剤，高性能減水剤，発泡剤などの混和剤が用いられる．

● **補強材**　鉄筋，メッシュ，鉄線などのほか，プレストレストコンクリート製品ではPC鋼線，PC鋼棒，PC鋼より線などが用いられる．その他，鋼繊維，ガラス繊維なども使用されている．

(2) 配　合　コンクリートの配合は製品の種類と締固め方法などの製造方法によって異なるが，一般には水セメント比が50%以下，スランプが2～10 cmの比較的硬練りの配合が用いられる．表8.8はこれらの配合例を示したものである．

(3) 締固め

① 工場製品で一般に用いられている締固め方法には，振動締固め，遠心力締固め，加圧締固めなどがある．
② 振動締固めは内部振動機，型枠振動機，振動台によって行われる．振動機の性能は振幅と振動数によって決まり，これが締固め効果に影響する．
③ 型枠振動機は矢板，はりなどのような長い製品に用いられる．振動台は板状製品や比較的寸法の小さい製品の締固めに適しており，振動数3000～6000 rpm，振幅0.5～1.5 mmのものが一般に用いられている．

表 8.8　主な製品の配合と材齢28日の圧縮強度 [河野清 他著，最新コンクリート技術選書10 コンクリート工場製品・プレキャストコンクリートの設計と施工，山海堂]

コンクリート製品の種類		粗骨材最大寸法 [mm]	単位セメント量 [kg]	水セメント比 [%]	スランプ [cm]	圧縮強度 [N/mm²]
遠心力締固め製品	ポール，杭	30〜10	400〜520	45〜37	3〜10	40〜 50
	ヒューム管	25〜10	370〜540	50〜37	3〜 8	35〜 48
	スパンパイプ	20〜10	400〜440	45〜38	3〜 7	40〜 45
振動締固め製品	矢板，フリューム，管	25〜15	300〜400	50〜38	2〜 8	30〜 45
	道路用製品	25〜15	320〜370	50〜40	2〜 8	32〜 42
	無筋ブロック	30〜20	240〜300	55〜45	2〜 6	20〜 30
	セグメント	25〜20	380〜450[†1]	45〜35	2〜 6	45〜 55
PC 製品	はり，杭，まくら木	30〜15	420〜500[†1]	45〜32	2〜 6	45〜 62
	高強度パイル[†2]	25〜20	450〜520	32〜40	6〜18	75〜100
即時脱型製品	まくら木	25〜15	400〜420[†1]	40〜30	0	50〜 60
	無筋コンクリート管	20〜15	280〜350	40〜34	0	35〜 45
	フィルター管	15〜10	400〜450	25〜20	0	−
	ブロック類	25〜15	230〜300	45〜35	0	25〜 35
建築用製品	プレハブパネル	25〜20	300〜350	45〜35	0〜 5	30〜 40
	スラブブロック	25〜10	220〜280	45〜35	0	25〜 30

†1 早強ポルトランドセメントを用いることが多い．

†2 オートクレーブ養生，特殊混和剤あるいはケイ砂を加える．

④ 遠心力締固めはコンクリートを詰めた型枠を高速回転して（図 8.22），遠心力でコンクリートを締固めるもので，型枠の回転速度と遠心力との関係は次式によって与えられる．

$$f = m\frac{(2\pi rn)^2}{r} \cdot \frac{1}{mg} = \frac{4r\pi^2 n^2}{g}$$

ここに，f：遠心力 [N]，m：質量 [kg]，r：回転半径 [cm]，n：回転速度 [rps]，g：重力加速度 980 [cm/s^2] である．一般に，遠心力締固めは主としてパイプ，パイル，ポールなどの中空円筒形の製品の成形に用いられる．

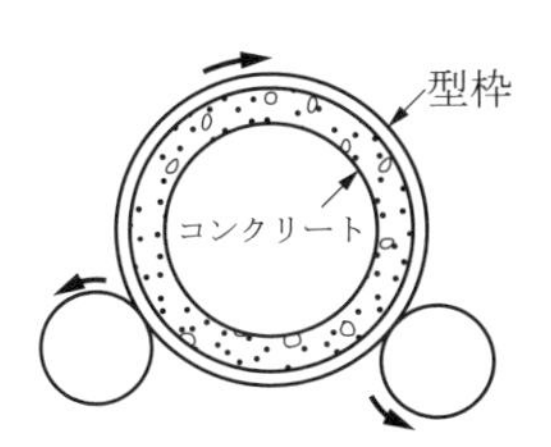

図 8.22　管の遠心成形

⑤ 加圧締固めには，以下のようなものがある．

- 型枠に詰めたコンクリートに機械的に 0.5～1.0 N/mm^2 の圧力を加え，そのまま 100 ℃の蒸気養生を行うプレス工法
- 真空処理によってコンクリート面に大気圧を作用させ，コンクリート中の余分な水分を除いてから蒸気養生するバキューム工法
- 上記の両工法を加味した真空加圧工法

⑥ 加圧締固めは，主として鉄筋コンクリート矢板の成形に用いられている．

(4) 促進養生

① コンクリート製品は成形後，脱型までの養生期間を短縮するため，あるいは材齢のごく初期における強度を高めるために促進養生が行われる．促進養生には，常圧の蒸気養生が一般に用いられているが，特殊な製品には高圧蒸気養生（オートクレーブ養生），加圧養生などが用いられる．

② 蒸気養生を行う場合，コンクリートにひび割れ，変形，長期材齢における強度低下などの有害な影響を与えてはならない．コンクリートに有害な影響を与える養生条件は下記のとおりである．

- 前養生時間が非常に短いとき
- 温度上昇速度が急速な場合
- 養生温度があまりにも高温の場合
- 急冷したとき

③ 鉄筋コンクリート管，遠心力鉄筋コンクリート管，遠心力鉄筋コンクリート杭などの蒸気養生について，JIS ではおよそ次のように規定されている（図 8.23）．

- 型枠のまま蒸気養生室に入れ，養生室の温度を均等に上げる．
- 前養生時間は 2～3 時間とする．
- 温度上昇速度は，1 時間につき 20 ℃以下とし，最高温度は 65 ℃とする．

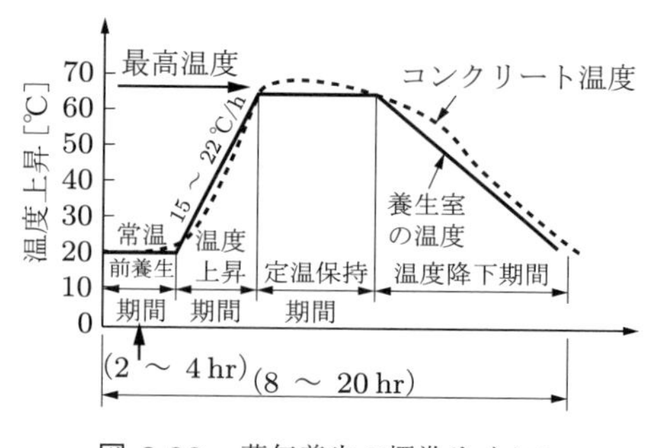

図 8.23　蒸気養生の標準サイクル

- 養生室の温度はこれを徐々に下げ，外気の温度と大差がないようになってから，製品を取り出す．

④ 高温高圧養生は，気密がま（オートクレーブ）に製品を入れ，温度 175〜200 ℃，圧力 8〜15 気圧の高温・高圧で養生するもので，この養生を行うとカルシウムとシリカが化合して安定なケイ酸カルシウムができるので高強度が得られる．主として，杭，ポール，気泡コンクリート製品などの養生に用いられる．

8.5.5　工場製品の種類

(1) 概　要　工場製品の種類は極めて多く，用途も多岐にわたっている．主な土木用工場製品には，道路用製品，管類，下水道およびかんがい排水製品，土留め用製品，ポールおよび杭，道路橋用橋げた，PC まくら木，ボックスカルバート，セグメント，消波ブロックなどがある．

(2) 道路用製品

① 舗装用コンクリート平板，鉄筋コンクリート U 形，コンクリート L 形および鉄筋コンクリート L 形，コンクリート境界ブロック，鉄筋コンクリートガードレール，その他がある（図 8.24，8.25）．

② 一般に，振動締固めまたは遠心力締固めによって製造される．

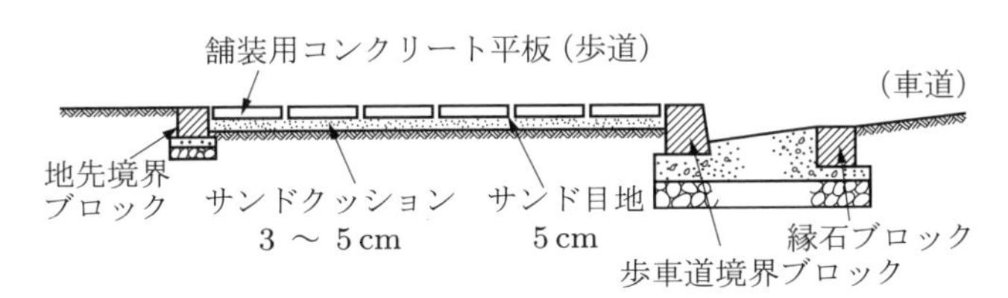

図 8.24　舗装用コンクリート平板および境界ブロック使用例

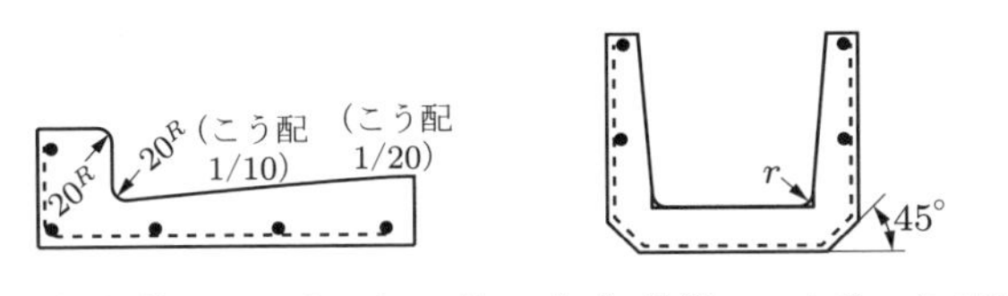

（a）鉄筋コンクリート L 形　（b）鉄筋コンクリート U 形

図 8.25　鉄筋コンクリート L 形および U 形

(3) 管　類

● 遠心力鉄筋コンクリート管

① 回転によって生じる遠心力を利用してつくる鉄筋コンクリート管で，全体の形状により，直管と異形管に区分され，受ける外力によって外圧管と内圧管に区分さ

れる．直管は円筒形のものであり，異形管はT字形，V字形，曲管などの特殊な形状のものである．外圧管は内圧がほとんどかからない下水管や排水管などに用いられ，内圧管は外圧のみでなく内圧としての水圧に耐えるように設計されており，送水管や導水管（サイホン管）に用いられている．

② 直管はその継手部の形状によりA形，B形，C形，NC形などに区分されている（図8.26）．

③ 外圧管は外圧の大きさによって1種，2種，3種（NC形のみ）に分かれ，内圧管は試験水圧の大きさによって，2K，4K，6K（NC形では2Kと4Kのみ）に区分されている．

④ 直管の場合，呼び径（内径）150〜3000 mm，管長2000〜2430 mmのものがある．

⑤ 外圧管は外圧試験を行い，管体に0.05 mmのひび割れを生じたときの試験機の荷重を管の有効長 L で除した値が規定値以上でなければならない．図8.27は，A形管およびB形管の外圧試験方法を示したものである．

⑥ 内圧管は水圧試験を行い，所定の試験水圧を3分間保持しても漏水しないものでなければならない．

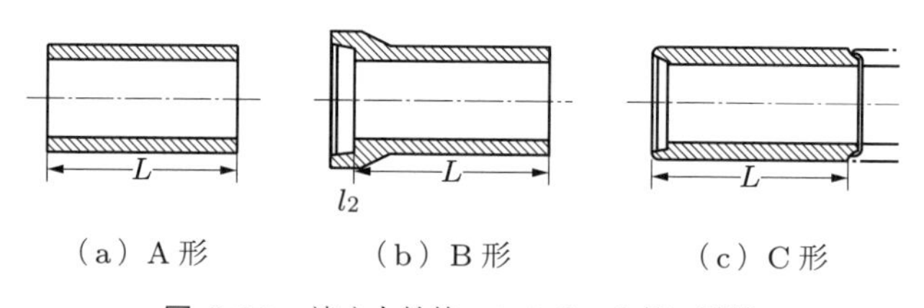

図 8.26　遠心力鉄筋コンクリート管の形状

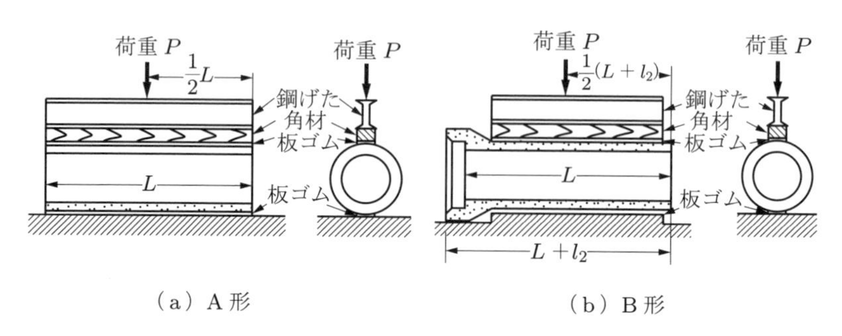

図 8.27　遠心力鉄筋コンクリート管の外圧試験法

その他の管類

① 無筋コンクリート管および鉄筋コンクリート管

② コア式プレストレストコンクリート管

(4) 管類以外の下水道およびかんがい排水用製品

① 下水道用マンホール側塊

② 下水道用マンホールふた

③ 鉄筋コンクリートフリュームおよびベンチフリューム*

④ 組み合わせ暗きょブロック

(5) 土留め用製品

● 概　要　コンクリート矢板，鉄筋コンクリートL形擁壁，鉄筋コンクリート組立て土留めなどがある．

● コンクリート矢板

① 加圧成形によって製造した加圧コンクリート矢板（コンクリートの圧縮強度が60 N/mm^2 以上）と，プレテンション方式によって製造したプレストレストコンクリート矢板（略称，PC 矢板：コンクリートの圧縮強度が 70 N/mm^2 以上）の2種類がある．

② コンクリート矢板の断面形状は，図8.28に示すように，平形，溝形，波形の3種がある．ただし，波形はPC矢板のみである．

③ 加圧コンクリート矢板は，加圧養生方法，加圧真空方法などにより，コンクリートを加圧して製造した鉄筋コンクリート矢板であって，呼び幅が500 mmと1000 mmの2種，長さが2～14 m，1 mあたりのひび割れモーメントが高さと断面形状に応じて5.4～190 kN·mのものがある．

④ PC矢板は平形と溝形の場合，長さが2～14 m，1 mあたりのひび割れモーメントが高さに応じて5～190 kN·m，波形の場合，長さが3～21 m，1 mあたりのひび割れモーメントが高さに応じて15～590 kN·mのものがある．

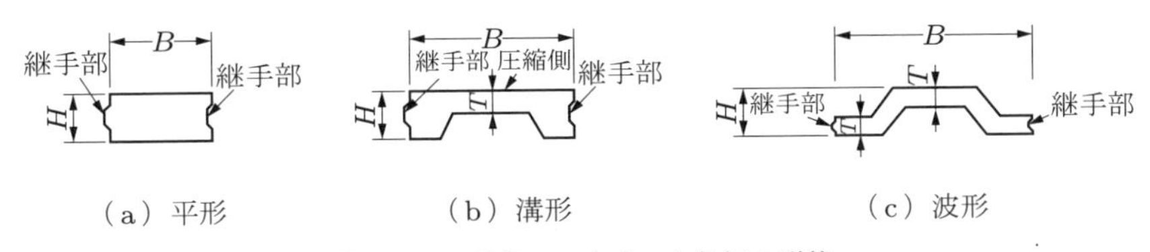

図 8.28　鉄筋コンクリート矢板の形状

(6) ポールおよび杭

● 遠心力プレストレストコンクリートポール　遠心力を利用して製造するプレテンション方式によるプレストレストコンクリートポールであって，主に送電，配電，通信，信号に用いる一種と，鉄道および軌道に用いる二種がある．

---

* フリュームとは，水路式側溝のように，水路側壁と底版が構造的に一体となって，土圧，水圧などの荷重を支持する形式の水路である．

● **遠心力鉄筋コンクリート杭**

① 主として軸方向荷重に対して設計された一種（基礎杭）と，軸方向荷重のほかに水平荷重に対しても設計された二種（モーメント杭）がある．

② 形状は図8.29に示すような中空の円筒形を主体とし，必要に応じて適当な先端部または継手部を設けたものである．

③ 寸法は一種の場合，長さ3〜15 m，外径200〜600 mm，ひび割れモーメント2.9〜68.6 kN·m のものがある．

④ 杭主体の曲げ強さは，図8.30に示すようにして曲げ試験を行い，規定の曲げモーメントを加えたとき，どの箇所にも幅0.2 mm以上のひび割れが出てはならない．また，二種の杭の破壊曲げモーメントは規定の曲げモーメントの2倍以上でなければならない．

⑤ 杭の製造に用いられるコンクリートの品質は，製品と同一養生を行った供試体の圧縮強度が，39.2 N/mm^2 以上のものでなければならない．

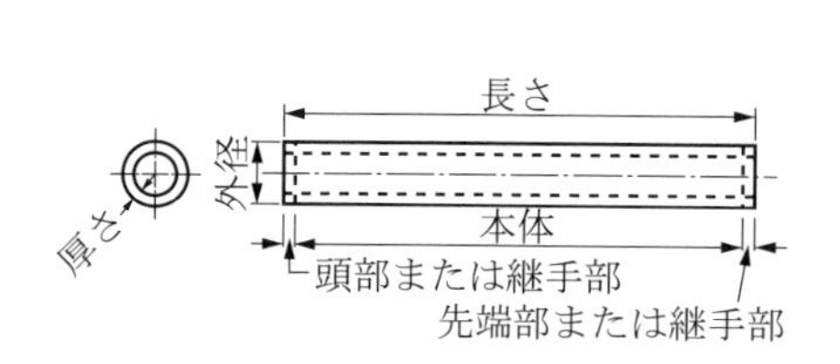

図 8.29　遠心力鉄筋コンクリート杭

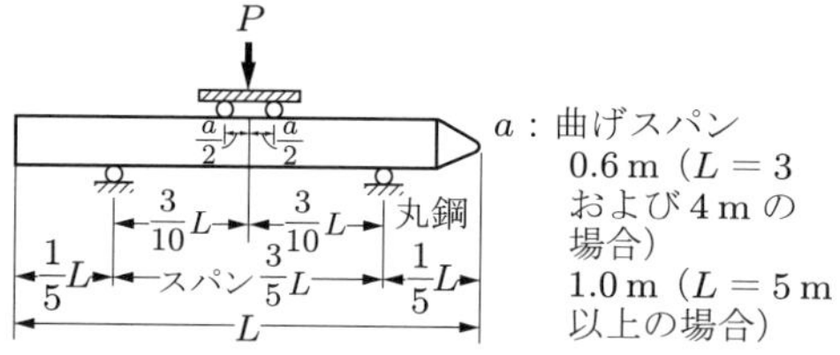

図 8.30　曲げ強さ試験載荷方法

● **プレテンション方式遠心力高強度プレストレストコンクリート杭**　圧縮強度が78.5 N/mm^2 以上のプレテンション方式によるプレストレストコンクリート杭（PHC杭）である．PHC杭は外径によって，300〜1200 mm の12種類があり，有効プレストレスによって，A，B，C の3種に区分されている．また，長さは7 m から1 m ごとに15 m までのものがある．

PHC杭には，大きい曲げモーメントに耐える，運搬，取り扱い，あるいは打込み中におけるひび割れに対する抵抗性が大きい，継手が確実であるなどの特徴があるので，基礎杭のほか，曲げモーメントを受ける橋脚，桟橋，ドルフィンなどの橋梁あるいは港湾構造物に多く用いられる．

(7) 道路橋用プレストレストコンクリート橋げた

● **概　要**　スラブ橋げたおよびけた橋げたの2種の規定がある．

● **スラブ橋げた**　スラブ形式の道路橋に用いられる橋げたである．図8.31にその断面の一例を示す．これを図8.32のように下部フランジを接して並べ，隣接げたの

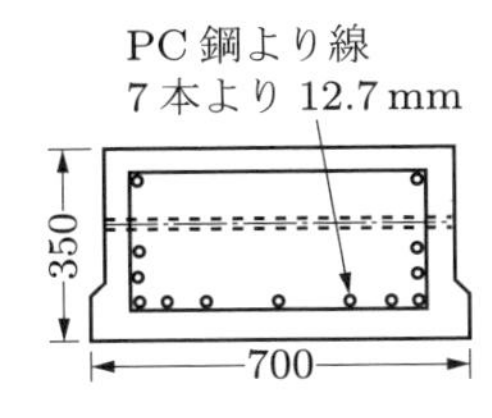

図 8.31 スラブ橋用PCげた断面の一例

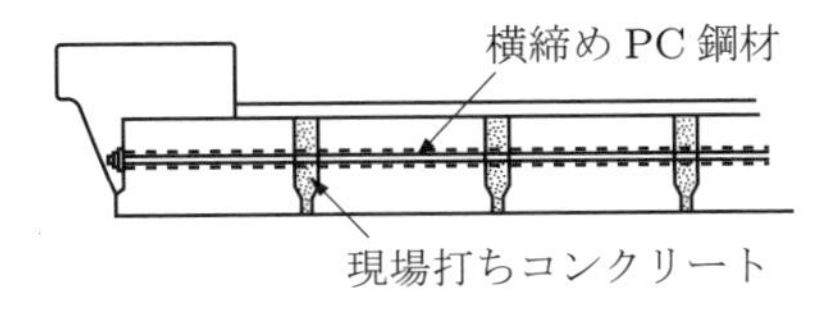

図 8.32 スラブ橋用PCげたの組立て図

隙間に現場打ちコンクリートを打設したあと，横方向にプレストレスを導入してスラブ橋とする．スパンが5 mから1 mごとに24 mまでのものがある．

けた橋げた けた橋形式の道路橋に用いられる橋げたである．この橋げたを図8.33のように並べ，両支点位置，スパン中央の横げた，上部フランジ間に現場打ちコンクリートを打設したあと，横方向にプレストレスを与えてけた橋とする．スパンが18 mから1 mごとに24 mまでのものがある．フランジ間に現場打ちコンクリートを打設し，横方向にプレストレスを与えてけた橋とする．

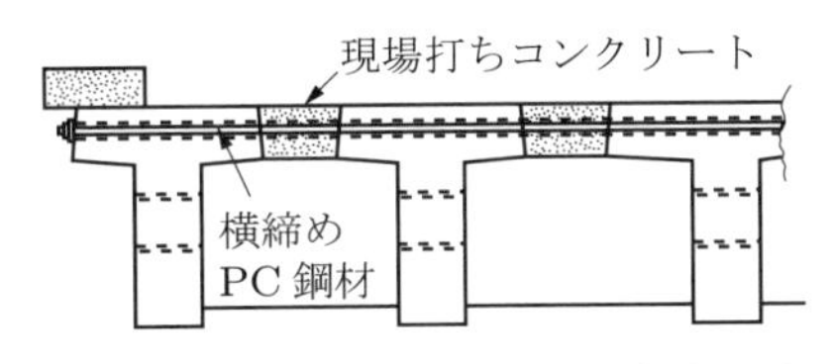

図 8.33 けた橋用PCげたの組立て図

その他の工場製品

① プレストレストコンクリートまくら木（PCまくら木），コンクリート系セグメント，消波コンクリートブロックなどがある．

② PCまくら木には種々の形状，寸法のものがあるが，プレテンション方式によるものはロングライン方式で製作し，PC鋼材として ϕ2.9 mm 2本よりPC鋼線が用いられる．図8.34はPCまくら木の試験方法を示したものであって，中央部およびレール取り付け部分に荷重を加えて曲げ試験を行い，$P_1 = 34$ kN，$P_2 = 49$ kNとしたとき，引張側コンクリートにひび割れを生じなければ合格としている．

③ コンクリート系セグメントには，鉄筋コンクリートセグメント，プレストレストコンクリートセグメントのほか，加圧成形によるプレスコンクリートセグメント，気泡コンクリートを用いたセグメントなどがある．セグメントは，それが用いられる地点の荷重条件，シールドジャッキの推力，使用材料などを考慮して設計されるので断面寸法は一定していないが，1リングが8〜12個のブロックで構成される．

④ 鉄筋コンクリートボックスカルバートは，正方形の断面をした大型の暗きょで函きょとも呼ばれる．その一例は図 8.35 に示すようなもので，大きいものは内法寸法で，幅 2 m，長さ 2.6 m のものもある．下水道用，高速道路や鉄道の盛土区間を通る小河川の横断，農業用水路，山間部の排水などに用いられる．

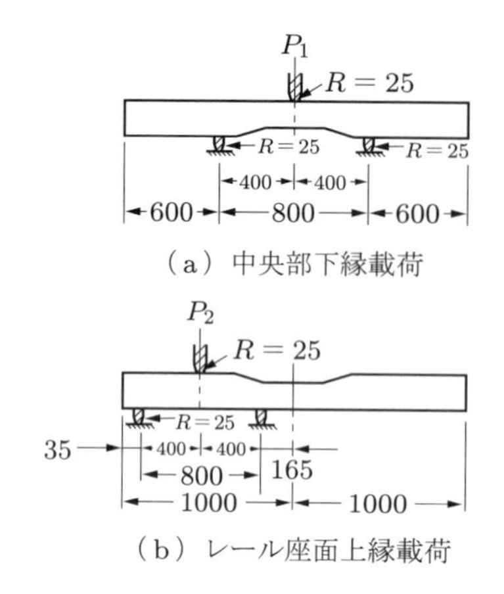

（a）中央部下縁載荷

（b）レール座面上縁載荷

図 8.34　PC まくら木の曲げ強さ試験

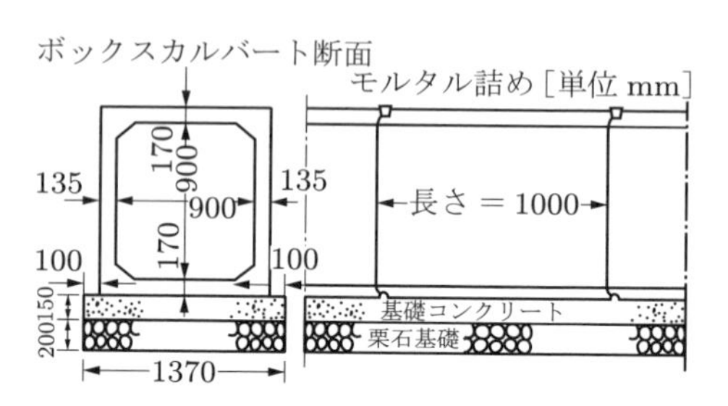

図 8.35　鉄筋コンクリートボックスカルバート

8.5.6　工場製品の JIS の体系の変更

工場製品には，従来から遠心力鉄筋コンクリート管，コンクリート矢板など，20 規格が独立して制定されてきた．それぞれの規格は使用材料，製品の形状・寸法，配筋などの仕様を中心として記述され，試験方法や所要の性能などが規定されている．平成 16 年度から，このような個別製品規格の内容が再編され，基本規格，構造別製品群規格，用途別性能・推奨仕様規格に大分類された．

(1) 基本規格　工場製品の種類，呼び方および表示，性能試験方法，設計方法，材料および製造方法，検査方法など，製品全体に共通する通則から構成されている．

(2) 構造別製品群規格　工場製品を無筋コンクリート（URC），鉄筋コンクリート（RC），プレストレストコンクリート（PC）の 3 種類の構造形式によって区分し，定義，種類，品質，寸法の許容差などを総括的に規定した内容になっている．そして，現行の JIS で定められている製品ごとの曲げ強度などの規格値，形状・寸法，配筋などの詳細仕様が，用途別性能・推奨仕様規格が整備されるまでの間，附属書として記載されている．

これらの規格では，製品はⅠ類およびⅡ類に区分されている．Ⅰ類は，現行の JIS の詳細仕様の流れを反映したもので，附属書の標準仕様の規定によって製造された製品である．Ⅱ類は，標準仕様が示されておらず，受渡当事者間の協議によって定めた要求性能を満足するように製造する製品を指す．

(3) 用途別性能・推奨仕様規格　杭，橋梁用製品，擁壁類，路面排水側溝など，製品の用途を9種類に区分して性能項目と推奨仕様を示している．［構造別製品群規格］の附属書本文には［用途別性能・推奨仕様規格］として用途別の性能規定を定め，附属書に添付した推奨仕様として製品の種類ごとの仕様規定を定める構成になる．

演習問題

8.1 舗装用コンクリートがほかのコンクリート構造物に比べて異なる点を示せ．

8.2 舗装用コンクリートの配合を決める場合の基本的事項を5つあげよ．

8.3 舗装用コンクリートに用いる粗骨材の最大寸法は40 mm以下が適当とされているが，その理由を記せ．

8.4 RCD工法について説明せよ．

8.5 ダムコンクリートとほかの構造物のコンクリートと異なる点をあげよ．

8.6 放射線の遮へいに対してはどのようなコンクリートが有効か．

8.7 放射線の遮へい用コンクリートに対し，強度や耐久性以外に特に要求される性質は何か．また，それを得るために考慮すべき点をあげよ．

8.8 水中コンクリートの打込みの基本原則を5つあげよ．

8.9 水中コンクリートの特性と配合上の要点について述べよ．

8.10 所要の品質をもつプレパックドコンクリートを得るためには，注入モルタルはどのような品質をもつことが必要かを述べよ．また，このような品質の注入モルタルを得るためにはどのような材料を用いることが必要かを述べよ．

8.11 吹付けコンクリートの施工上，特に注意すべき点を述べよ．

8.12 コンクリートの真空処理によって得られる効果をあげよ．

8.13 ポリマーコンクリートの特性について述べよ．

8.14 繊維補強コンクリートの特性について述べよ．

8.15 現場における打込みも可能なコンクリート部材に工場製品を用いることの利点をあげよ．

8.16 工場製品の蒸気養生を行う場合に留意すべき点を4つあげよ．

8.17 オートクレーブ養生とは何かを説明せよ．

8.18 遠心力鉄筋コンクリート管の強さの試験方法を説明せよ．

8.19 プレストレストコンクリート矢板の特徴を記せ．

8.20 遠心力鉄筋コンクリート杭の曲げ強さの試験方法を説明せよ.

8.21 プレストレストコンクリート杭の特徴を記せ.

8.22 プレストレストコンクリートまくら木の試験方法を説明せよ.

演習問題解答

第 1 章

1.1 1.1 節参照

1.2 1.1 節参照

1.3 1.4 節参照

1.4 1.6 節参照

1.5 1.7 節参照

1.6 1.8 節参照

1.7 1.9 節参照

第 2 章

2.1 2.1.2 項 (2) 参照

2.2 2.1.4 項参照

2.3 表 2.1 参照

2.4 2.1.3 項参照

2.5

解表 1　セメント化合物のポルトランドセメントへの影響

略　号	特　性				
	水和反応速度	強　度	水和熱	収　縮	化　学 抵抗性
C_3S	比較的速い	28 日以内の早期	中	中	中
C_2S	遅い	28 日以後の長期	小	小	大
C_3A	非常に速い	1 日以内の早期	大	大	小
C_4AF	かなり速い	強度にはほとんど寄与しない	小	小	中

2.6 2.1.4 項参照

2.7 2.1.6 項 (7) 参照

2.8 表 2.6 参照

2.9 2.1.6 項 (3) 参照

2.10 2.1.7 項 (4) 参照

2.11 2.1.5 項参照

2.12 2.1.7 項 (1) 参照

2.13 2.1.9 項 (2) 参照

2.14 2.2.1 項参照

2.15 2.1.8 項参照

2.16 2.2.3 項 (2) 参照

2.17 2.2.3 項 (3) 参照

2.18 2.2.3 項 (4) 参照

2.19 2.2.3 項 (6) ⑤参照

2.20 2.3.2 項，表 2.18 参照

2.21 細骨材のうち 10 mm のふるいを全通しても 5 mm のふるいにとどまるものについては，粗骨材の一部に加え，また，粗骨材のうち 5 mm のふるいを通過するものについては，細骨材の一部に加えて実質的な細骨材および粗骨材の粒度分布を所定の粒度分布に調整することが可能であるため．

2.22 2.3.1 項 (3) 参照

2.23 2.3.1 項 (2) 参照

2.24 表 2.23，2.3.4 項 (3) 参照

2.25 表乾状態とは，正式には「表面乾燥飽水状態」と呼ばれるもので，細骨材の粒の表面に付着している水がなく，骨材粒の内部の空隙が水で満たされている状態を表す．細骨材においてこの状態とするためには，JIS A 1109「細骨材の密度及び吸水率試験方法」に規定されているフローコーンを用いた試験を実施して表乾燥状態になっていることを確認することにより行う．

2.26 コンクリートを練混ぜる際，骨材中に含まれる水はセメントと接触することはないのに対し，コンクリート表面に付着している表面水はセメントと容易に接触して水和反応に寄与することから，表面水は，練混ぜ水の一部とみなされる．一方，骨材を乾燥した状態で使用した場合には，コンクリートを練混ぜる際に骨材が練混ぜ水の一部を吸収するために，セメントと反応する水の実質量が減少することになる．したがって，コンクリートの配合設計において考える骨材の状態は表乾状態が基本となるため，骨材の密度についても，表乾密度を用いることが基本となる．

2.27 2.3.3 項 (4) 参照

2.28

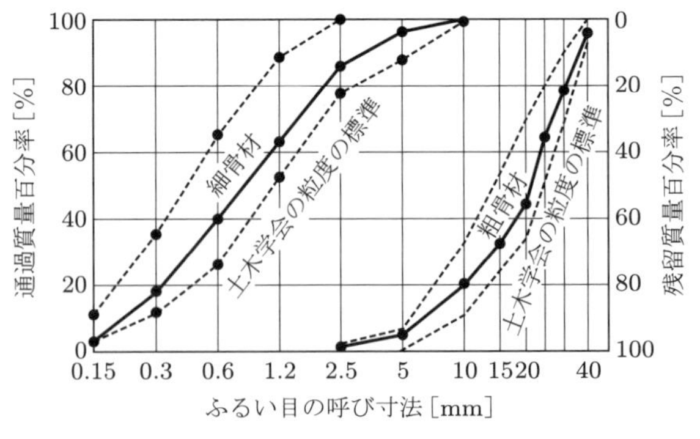

解図 1　骨材の粒度分布

解表 2　粗粒率の計算結果

(a) 細骨材の場合

ふるいの呼び寸法 [mm]	最小の場合		最大の場合	
	各ふるいにとどまる量 [%]	各ふるいにとどまる量の累計 [%]	各ふるいにとどまる量 [%]	各ふるいにとどまる量の累計 [%]
80	0	0	0	0
40	0	0	0	0
20	0	0	0	0
10	0	0	0	0
5	0	0	10	10
2.5	0	0	10	20
1.2	10	10	30	50
0.6	25	35	25	75
0.3	30	65	15	90
0.15	25	90	8	98
F.M.	2.02		3.43	

(b) 粗骨材の場合

ふるいの呼び寸法 [mm]	最小の場合		最大の場合	
	各ふるいにとどまる量 [%]	各ふるいにとどまる量の累計 [%]	各ふるいにとどまる量 [%]	各ふるいにとどまる量の累計 [%]
80	0	0	0	0
40	0	5	5	5
20	30	35	60	65
10	70	100	90	100
5	95	100	100	100
2.5	0	100	0	100
1.2	0	100	0	100
0.6	0	100	0	100
0.3	0	100	0	100
0.15	0	100	0	100
F.M.	7.42		7.72	

2.29 重量で90%以上が通るふるいのうちの最小寸法のふるいの目開きであるので，表2.32の結果では，最大寸法は40 mmとなる．

2.30 2.3.3項(2)参照

2.31 2.3.3項(6)参照

2.32 2.3.5項(2)参照

2.33 鋼材の引張強さが500 N/mm^2 程度までであれば，伸びは20%程度であるが，500 N/mm^2 を超えると若干低下する傾向にある（表2.27参照）．

2.34 鉄筋コンクリート部材に異形棒鋼を使用することで，コンクリートと鋼材の付着性が高まり，両者の一体性が確保されるとともに，コンクリートに発生するひび割れの分散効果も高くなる．これによって，ひび割れ数は増加するものの，それぞれのひび割れ幅が小さくなるため，ひび割れからコンクリート内部への水やその他の物質の侵入速度が遅くなり，耐久性上も有利となる．

2.35 2.5.3項参照

第3章

3.1 3.2.2項参照

3.2 3.2.3，3.3.3項参照

3.3 3.4.3項参照

3.4 3.4.3項参照．このほかに，打込み時の気温が低い場合や，振動締固めやこて仕上げなどを過度に行うとブリーディングは多くなるので，これらを適切に管理することも，ブリーディングをできる限り少なくするために効果的である．

3.5 3.6.1項参照

3.6 3.5.2項参照

第4章

4.1 コンクリートの単位重量は主として使用する骨材の密度によって決まってくる（4.1.1項参照）．

4.2 4.2.5 項 (1) 参照

4.3 表 4.4 参照

- コンクリートの強度が大きいほど，相対的にコンクリートの中性化抵抗性や塩化物イオン拡散抵抗性などの耐久性も高くなる．
- コンクリートの強度が大きいほど，相対的に水密性は高い．

4.4 コンクリートが適切に養生されている場合，その圧縮強度は材齢とともに増加し，一般の構造物に用いるコンクリートでは，標準養生を行った供試体の材齢28 日における圧縮強度以上となることが十分に期待できる．この点を考慮して，コンクリート強度特性は，一般の構造物に対してコンクリート標準供試体の材齢28 日における試験強度に基づいて定めることを原則としている．

4.5

解表 3　コンクリートの配合例

配　合	W/C	単位量 [kg]				空気量 [%]	圧縮強度 [N/mm^2]
		W	C	S	G		
a	0.60	146	243	694	1260	3.5	19.5
b	0.55	147	267	677	1265	3.1	23.5
c	0.50	145	290	649	1252	4.1	25.9
d	0.45	145	322	614	1251	4.2	30.1

配　合	セメント量		水量 [L]	空気量 [%]	空気量 [L]	空隙量 [L]	セメント空隙比
	重量 [kg]	容積 [L]					
a	243	77.14	146	3.5	35	181	0.43
b	267	84.76	147	3.1	31	178	0.48
c	290	92.06	145	4.1	41	186	0.49
d	322	102.22	145	4.2	42	187	0.55

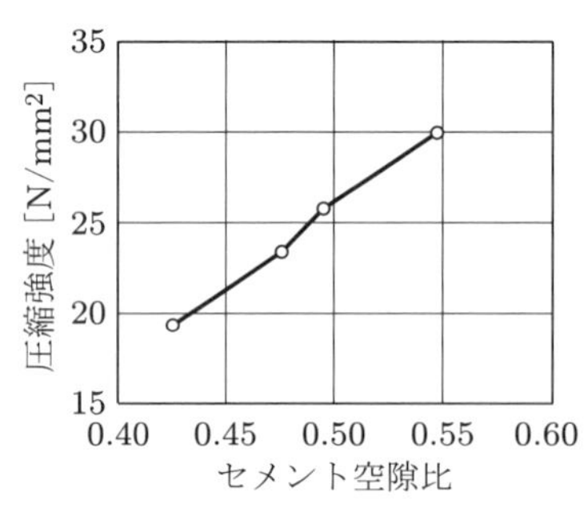

解図 2　セメント空隙比と圧縮強度

4.6 4.2.2 項参照

4.7 4.2.3 項参照

4.8 引張強度 1/10〜1/13，曲げ強度 1/5〜1/7

4.9 引張強度を直接求めるためには，本来ならば，解図 3 に示すようにコンクリートの上下をつかんで引張力を与える引張試験を行う必要がある．しかし，この試験の場合にはコンクリートをつかむ治具をコンクリートに設置するのに手間がかかり，また，まっすぐに引っ張ることにも難しさがともなう．

　一方，割裂試験の場合には，供試体を圧縮することによって引張強度を求めることが

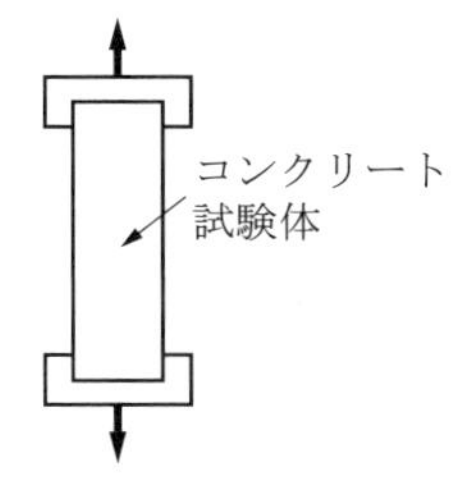

解図 3　引張試験

できるため，試験が簡単であり，手間もそれほどかからないという利点がある．

4.10 4.2.4 項 (3) 参照

4.11 4.2.4 項 (3) 参照

4.12 4.2.5 項 (1) 参照

4.13 4.2.5 項 (2) 参照

4.14 弾性体の曲げ強度試験においては，解図 4 (a) に示すように曲げモーメントによって試験体下縁に生じる曲げ応力度が引張強度に達した時点で破壊する．したがって，この場合には，求める曲げ強度（すなわち，曲げ破壊時の下縁引張応力度）は，引張強度と一致する．一方，コンクリートのように弾塑性体であり，しかも圧縮強度に比べて引張強度が著しく小さな材料では，曲げ破壊時の応力分布は，解図 (b) に示すように，引張部が塑性変形を起こしながら破壊することになる．しかし，曲げ強度試験では，この解図 (b) の破壊状態を解図 (c) に示すように弾性体とみなして計算することから，曲げ強度は見かけ上，引張強度よりも大きな値となる．

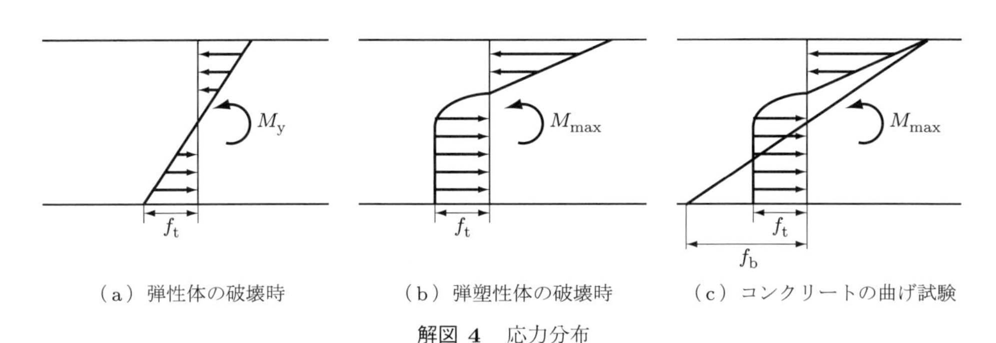

（a）弾性体の破壊時　（b）弾塑性体の破壊時　（c）コンクリートの曲げ試験

解図 4　応力分布

4.15 4.3.5 項参照

4.16 コンクリートの静弾性係数と圧縮強度の関係は，表 4.4 を図化した解図 5 によると，実用的なコンクリートの強度の範囲（24〜60 N/mm^2）では，おおむね比例関係にある．一方，コンクリートを構成するセメント硬化体と骨材の容積比ならびにこれらの弾性係数によってもコンクリートの弾性係数は変化し，骨材の品質が悪く，強度や弾性係数が低い場合には，コンクリートの強度が低くなるとともに，その弾性係数も相対的に小さくなる．

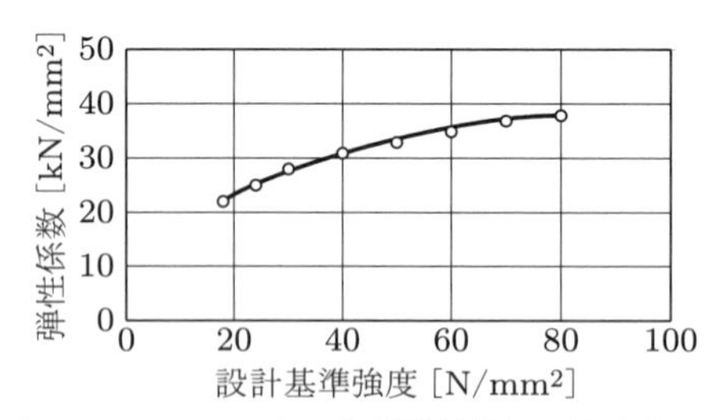

解図 5　コンクリートの静弾性係数と圧縮強度の関係

4.17 4.4.3 項 (2)，(3) 参照

4.18 4.4.3 項 (5) 参照

4.19 4.5.2 項 (2) 参照

4.20 4.5.5 項 (2)，(3) 参照

4.21 4.7.1 項参照

4.22 4.7.1 項の補足参照

4.23 4.7.4 項 (2) 参照

4.24 4.7.4 項 (3) 参照

4.25 4.8.1 項参照

4.26 4.8.3 項参照

4.27 4.8.4 項参照

4.28 4.9.2 項 (2) 参照

4.29 4.9 節参照

4.30 4.11 節参照

4.31 4.12.1 項参照

4.32 4.15.2 項参照

第 5 章

5.1 単位セメント量　$C = W/(W/C) = 150/0.5 = 300\ \mathrm{kg/m^3}$

骨材の絶対容積　$V_\mathrm{A} = 1 - (C/\rho_C + W/\rho_W + V_\mathrm{a}) = 1 - (300/3.15 + 150/1.0 + 45)$
$= 710\ \mathrm{L}$

細骨材の絶対容積　$V_S = V_\mathrm{A}(s/a) = 710 \times 0.4 = 284\ \mathrm{L}$

粗骨材の絶対容積　$V_G = V_\mathrm{A} - V_S = 710 - 284 = 426\ \mathrm{L}$

単位細骨材量　$S = V_S \times \rho_S = 284 \times 2.63 = 747\ \mathrm{kg/m^3}$

単位粗骨材量　$G = V_G \times \rho_G = 426 \times 2.65 = 1129\ \mathrm{kg/m^3}$

解表 4　各材料の単位量 [kg/m^3]

水	セメント	細骨材	粗骨材
150	300	747	1129

5.2 演習問題 5.1 で配合設計を行ったコンクリートの容積に対する試し練りを行ったコンクリートの容積の比 α は，$\alpha = (1-0.045)/(1-0.07) = 1.027$ である．したがって，試し練りを行ったコンクリートの各材料は次のようになる．

単位セメント量　$C = 300/\alpha = 292$ kg/m^3

単位水量　$W = 150/\alpha = 146$ kg/m^3

単位細骨材量　$S = 747/\alpha = 727$ kg/m^3

単位粗骨材量　$G = 1129/\alpha = 1099$ kg/m^3

解表 5　各材料の単位量 [kg/m^3]

水	セメント	細骨材	粗骨材
146	292	727	1099

5.3 演習問題 5.1 で配合設計を行ったコンクリートの容積に対する試し練りを行ったコンクリートの容積の比 α は，$\alpha = (1-0.04)/(1-0.038) = 0.992$ である．したがって，試し練りを行ったコンクリートの各材料は次のようになる．

単位セメント量　$C = 300/\alpha = 302$ kg/m^3

単位水量　$W = 150/\alpha = 151$ kg/m^3

単位細骨材量　$S = 747/\alpha = 753$ kg/m^3

単位粗骨材量　$G = 1129/\alpha = 1138$ kg/m^3

解表 6　各材料の単位量 [kg/m^3]

水	セメント	細骨材	粗骨材
151	302	753	1138

5.4 単位セメント量　$C = 153/0.5 = 306$ kg/m^3

単位水量　$W = 150 + 3 = 153$ kg/m^3

骨材の絶対容積　$V_{\mathrm{A}} = 1 - (C/\rho_C + W/\rho_W + V_{\mathrm{a}}) = 1 - (306/3.15 + 153/1.0 + 45)$
$= 704.9$ L

細骨材の絶対容積　$V_S = V_{\mathrm{A}}(s/a) = 704.9 \times 0.4 = 282.0$ L

粗骨材の絶対容積　$V_G = V_{\mathrm{A}} - V_S = 704.9 - 282.0 = 422.9$ L

単位細骨材量　$S = V_S \times \rho_S = 282 \times 2.63 = 742$ kg/m^3

単位粗骨材量　$G = V_G \times \rho_G = 423 \times 2.65 = 1121$ kg/m^3

解表 7　各材料の単位量 [kg/m^3]

水	セメント	細骨材	粗骨材
153	306	742	1121

5.5　① 骨材中の過大粒，過小粒に対する補正
細骨材として計量する骨材の現場配合での量を x，粗骨材として計量する骨材の現場配合での量を y とすると，

$$0.95x + 0.10y = 700$$
$$0.05x + 0.90y = 1100$$

より，細骨材 $x = 612$ kg/m^3，粗骨材 $y = 1186$ kg/m^3 である．

② 表面水量に対する補正

細骨材の表面水量：$612 \times 0.04 = 24.5$ kg

粗骨材の表面水量：$1186 \times 0.01 = 11.9$ kg

よって，現場配合として計量する細骨材，粗骨材の量は，次のようになる．

細骨材の単位量：$612 + 24.5 \fallingdotseq 637$ kg/m^3

粗骨材の単位量：$1186 + 11.9 \fallingdotseq 1198$ kg/m^3

また，現場配合として計量する水量は，次のようになる．

水の単位量：$160 - (24.5 + 11.9) \fallingdotseq 124$ kg/m^3

③ 現場で計量するセメントの単位量：300 kg/m^3

解表 8　各材料の単位量 [kg/m^3]

水	セメント	細骨材	粗骨材
124	300	637	1198

第 6 章

6.1 6.2.2 項参照

6.2 6.4.4 項参照

6.3 レディーミクストコンクリートは，それ自身が商品である．このため，コンクリートの製造者は，その製造にあたっては，購入者が望む適切な品質を定常的に確保したうえで，供給されるように，適切な管理と検査を行う必要がある．したがって，レディーミクストコンクリートに関しては，JIS A 5308「レディーミクストコンクリート」によって，その品質が規定されている．一方，購入者に対しては，販売したコンクリートが，あらかじめ提示した性能を適切に確保していることを具体的に示すことも，商品を販売する製造者の責務である．すなわち，製造者は，販売する商品に対してその情報を開示し，品質を説明する責任を負っている． このため，JIS では，提示すべき品質をあらかじめ定めている．

確認の規準については，6.5.3 項 (1) 参照

6.4 6.5.2 項参照

6.5 ② 骨材の安定性試験（6.6.3 項参照）

第 7 章

7.1 7.2 節参照

7.2 7.3.2 項参照

7.3 7.4.3 項参照

7.4 7.5.1 項参照

7.5 7.8.5 項参照

7.6 7.4.4 項参照

7.7 7.6.3，7.6.4 項参照

7.8 7.7.3 項参照

7.9 7.10.2 項参照

7.10 7.10.3 項参照

7.11 7.10.1 項参照

7.12 7.10.4 項参照

7.13 7.11.4 項参照

7.14 特に長期強度の低下が生じる．

7.15 7.11.2 項参照

第 8 章

8.1 8.2.1 項 (1) 参照

8.2 8.2.1 項 (2) 参照

8.3 舗装用コンクリートでは，ほかの構造物のコンクリート部材に比べて舗装断面厚さが薄いうえに，表面の高い平滑性が要求される．このため，骨材の最大寸法を抑える必要があり，粗骨材の最大寸法は，40 mm 以下としている．

8.4 8.2.2 項 (3) 参照

8.5 8.2.2 項 (1)，(2) 参照

8.6 8.2.3 項参照

8.7 8.2.3 項参照

8.8 8.3.2 項 (2) 参照

8.9 8.3.2 項 (2) 参照

8.10 8.3.2 項 (5) 参照

8.11 8.3.3 項 (2) 参照

8.12 8.3.4 項参照

8.13 8.4.1 項参照

8.14 8.4.2 項参照

8.15 8.5.2 項参照

8.16 8.5.4 項 (4) 参照

8.17 8.5.4 項 (4) 参照

8.18 8.5.5 項 (3) 参照

8.19 8.5.5 項 (5) 参照

8.20 8.5.5 項 (6) 参照

8.21 8.5.5 項 (6) 参照

8.22 8.5.5 項 (7) 参照

索　引

英　文

あ　行

か　行

さ　行

た　行

な　行

著者略歴

小林　一輔（こばやし・かずすけ）

1954年　東京大学工学部土木工学科卒業
1954年　運輸省運輸技術研究所勤務
1958年　東京大学生産技術研究所勤務
1990年　東京大学名誉教授
1990年　千葉工業大学土木工学科教授
2009年　逝去

武若　耕司（たけわか・こうじ）

1982年　東京大学大学院工学系研究科土木工学専攻博士課程修了
1982年　鹿児島大学助手
1983年　鹿児島大学講師
1986年　鹿児島大学助教授
1995年　イギリス アストン大学在外研究員
1999年　タイ アジア工科大学院（国際機関）助教授
2001年　鹿児島大学助教授 復職
2005年　鹿児島大学教授
2020年　鹿児島大学名誉教授
現在に至る

編集担当　二宮　惇（森北出版）
編集責任　富井　晃（森北出版）
組　　版　アベリー／藤原印刷
印　　刷　藤原印刷
製　　本　同

最新コンクリート工学（第6版）
© 小林一輔・武若耕司 *2015*

【本書の無断転載を禁ず】
1976年3月15日　第1版第1刷発行
1988年1月14日　第2版第1刷発行
1992年3月5日　第3版第1刷発行
1997年4月15日　第4版第1刷発行
2002年4月30日　第5版第1刷発行
2015年8月31日　第6版第1刷発行
2023年3月15日　第6版第6刷発行

著　　者　小林一輔・武若耕司
発 行 者　森北博巳
発 行 所　**森北出版株式会社**
東京都千代田区富士見1-4-11（〒102-0071）
電話 03-3265-8341／FAX 03-3264-8709
https://www.morikita.co.jp/
日本書籍出版協会・自然科学書協会　会員
JCOPY ＜（一社）出版者著作権管理機構 委託出版物＞

落丁・乱丁本はお取替えいたします．

Printed in Japan／ISBN978-4-627-43096-9